Dhananjay Mane
Pankaj Naikwadi

Avaliação da eficácia potente de compostos anti-inflamatórios naturais

Dhananjay Mane
Pankaj Naikwadi

Avaliação da eficácia potente de compostos anti-inflamatórios naturais

Eficácia potente dos compostos anti-inflamatórios naturais

ScienciaScripts

Imprint

Any brand names and product names mentioned in this book are subject to trademark, brand or patent protection and are trademarks or registered trademarks of their respective holders. The use of brand names, product names, common names, trade names, product descriptions etc. even without a particular marking in this work is in no way to be construed to mean that such names may be regarded as unrestricted in respect of trademark and brand protection legislation and could thus be used by anyone.

Cover image: www.ingimage.com

This book is a translation from the original published under ISBN 978-620-8-06433-4.

Publisher:
Sciencia Scripts
is a trademark of
Dodo Books Indian Ocean Ltd. and OmniScriptum S.R.L publishing group

120 High Road, East Finchley, London, N2 9ED, United Kingdom
Str. Armeneasca 28/1, office 1, Chisinau MD-2012, Republic of Moldova, Europe
Printed at: see last page
ISBN: 978-620-8-24633-4

Conteúdo

RECONHECIMENTO 2
RESUMO 4
CAPÍTULO - I 9
CAPÍTULO - II 41
CAPÍTULO - III 64
CAPÍTULO - IV 78
CAPÍTULO - V 123
CAPÍTULO - VI..144
Referências 153
LISTA DE PUBLICAÇÕES 164

RECONHECIMENTO

Em primeiro lugar, agradeço à minha eterna crença na bênção do Senhor Sai e ao meu pai (Dada), que sempre me abençoou. A conclusão desta tese não é apenas a realização dos meus sonhos, mas também a realização dos sonhos da minha família, que sofreu muito com a minha realização.

Agradeço igualmente ao **Dr. Bhaskar T. Shelke, Diretor do** Agasti Arts Commerce e do Dadasaheb Rupwate Science College, Akole, que sempre me ajudou durante o estudo com uma grande exposição de conhecimentos e experiência. Estou em dívida para com a rica fonte de inspiração profunda e o meu estimado guia e professor **Dr. Dhananjay V. Mane** Diretor Regional, YCMOU, Nashik. Professor, PG & Research Center, Dept. of Chemistry, Shri Chhatrapati Shivaji College, Omerga (MS) 413606. A minha gratidão especial para com o Vice-Chanceler do YCMOU, **Dr. Sanjeev Sonawane**, e para com o Diretor da Escola do YCMOU, **Dr. Kalapana Kamlaskar**, e para com **o Dr. Bharat More**, que é uma fonte de inspiração e conhecimento contínuos.

A sua inestimável orientação, encorajamento, motivação constante e liberdade de trabalho fizeram da minha investigação de doutoramento uma experiência muito enriquecedora. Ficar-lhe-ei sempre grato e considero-me extremamente privilegiado por estar associado a ele.

Expresso a minha gratidão e respeito a **Hon. Sunil Datir Presidente**, Akole Taluka Education Society's e ao **Sr. Sudhakar Deshmukh,** Secretário Akole Taluka Education Society's por proporcionar oportunidade, apoio e motivação durante o curso de **doutoramento**. Sonawane, Diretor do Departamento de Química, ao Sr. M. D. Banait, ao Sr. Sandesh Kasar, ao Sr. Arun Wakchaure, ao Sr. Premkumar Mali, ao Sr. Suresh Muthe, à Sra. Jyoti Randhawane, à Sra. Sadhana Bangal, ao Sr. Gaje T.R. e ao Sr. Kailas Bhalerao, que me proporcionaram todas as facilidades necessárias para o trabalho de doutoramento. Agradeço também a todos os membros do corpo docente que me ajudaram em várias fases da minha investigação. Um agradecimento especial a todos os membros do comité que avaliaram o progresso do meu trabalho e me deram sugestões valiosas.

Agradeço humildemente ao Diretor, **Dr. M. J. Chavan**, ao **Dr. Dipak Raut**, ao **Dr. Dinesh Hase** e ao **Sr. Hrishikesh Velis,** à Faculdade de Farmácia de Amrutwahini e a Sangamner pelas suas valiosas sugestões, orientação e ajuda generosa ao longo do meu estudo.

do meu estudo. Estou sempre grato ao **Dr. Narendra Phatangare,** que sempre me acompanhou em todas as tristezas e alegrias.

Reconheço com gratidão o apoio prestado pelos colegas mais velhos, o Sr. Dnyaneshwar Sanap, durante o meu trabalho de doutoramento. Gostaria de agradecer a todos os meus colegas do Agasti College Akole.

As instalações fornecidas para estudos espectrais pelo SAIF, IIT Bombay e Departamento de Química, Savitribai Phule Pune University, Pune, Amruthwahini Pharmacy College, Sangamner são devidamente reconhecidas.

A minha família é sempre uma fonte de inspiração e um grande apoio moral para a minha educação. É impossível exprimir o meu sentimento de gratidão para com a minha **mãe** (Aai), **Ishwar** (filho) e todos os membros da **família Naikwadi**. Os meus agradecimentos especiais à minha irmã **Sonali** pelo seu apoio e bênçãos. Não podia perder esta oportunidade de expressar a minha mais profunda gratidão e respeito. O reconhecimento não estaria completo sem o apoio promissor e a fonte de conhecimento da minha adorável irmã **Sujata**, que me encorajou em todas as fases, não só do trabalho de mesa, mas também durante a conclusão da tese. Sem ela, é praticamente impossível concluir este projeto.

Este feito não teria sido possível sem o amor incondicional, a paciência, o apoio, a compreensão e a motivação da minha cara-metade, a minha querida esposa e melhor amiga **Seema**. O seu apoio para me empurrar para a área da investigação ajudou-me a atingir este importante objetivo e tornou a minha viagem muito agradável, mais fácil e florescente ao longo de todos estes anos.

Local: Akole

Data: 30/04/2024

Pankaj Haribhau Naikwadi

RESUMO

Nome do candidato	: Pankaj Haribhau Naikwadi
Nome do guia Tópico de investigação	: Dr. Dhananjay V. Mane : Avaliação da eficácia potente de compostos anti-inflamatórios isolados naturalmente
Data de registo	: 25st Nov.2019
Local de trabalho	: Departamento de Química, Agasti Arts Commerce e Dadasaheb Rupwate Science College, Akole.

No sistema de medicina tradicional indiano, a utilização da *Woodfordia floribunda* Salisb tem sido enfatizada como anti-artrite e no reumatismo, no tratamento da dor e das perturbações. O objetivo do nosso estudo foi verificar cientificamente esta afirmação, embora alguns estudos já tenham sido realizados. Vale a pena que então são produtos seguros e alternativas eficazes aos compostos sintéticos, uma vez que apresentam comparativamente menos efeitos secundários.

Os testes fitoquímicos revelaram a presença de alcalóides, esteróides e terpenóides, taninos, glicosídeos, saponinas, flavonóides, compostos fenólicos e hidratos de carbono. A análise elementar por espetroscopia de absorção atómica resulta em 196,5 ppm de Fe, 35,6 ppm de Mg, 68,5 ppm de Zn, 55,2 ppm de Cu, 25,6 ppm em *Woodfordia floribunda* Salisb.

O diclofenac padrão mostra 80,48% de inibição após 3 horas com ratos wistar. A identificação de fitoconstituintes por GCMS é A análise GC-MS dos extractos de plantas indicados indicou a presença de algumas biomoléculas importantes e constituintes bioactivos presentes na planta indicada, tais como Phorbol, 4HCyclopropa [5´,6´] benz [1´,2´,7´,8´] azuleno [5,6-b] oxiren-4-one,8-8a-bis (acetiloxi)- 2a{(acetiloxi) metilo}-1, 1a, 1b, 1c, 2a, 3, 3a, 6a, 6b, 7, 8, 8a, dodeca-hidro,4H-pirano-4-ona, 2, 3-di-hidro-3, 5di-hidroxo-6-metilo, Colestenol (3,2-c) isoquinolina-1´ (2´ H)-ona,3´ ,4 -dihidro-6´´ ,7´ -dimetoxi, 2-Furancarboxialdeído, 5-(hidroxilmetilo), 1, 2, 3-Benzenetriol. Ácido 9, 12-octadecanóico [z, z], ácido n-hexadecanóico, octadecano,-etil-5[2-etilbutil], ácido octadecanóico, tetratetracontano, éster mono(2-etil-hexílico) do ácido 1,2-benzenodicarboxílico. 3',8,8'-Trimetoxi-3-piperidil- 2,2´ -binaftaleno-1,1',4,4'-tetrona,Ácido octadecanóico, éster 1{[(1oxohexadecil) Oxy] metil}1,2-etanodílico, Tetratetracontano, Os compostos bioactivos estão presentes no extrato etanólico de *Woodfordia floribunda* Salisb. Contém compostos como o esqualeno. Gama-sitosterol, 4a-Forbol 12,13-dedecanoato, ácido n-Hexadecanóico, 1,2,3-Benzenetriol, Lupulon, (5 в) Pregnano-3,20e-diol,14a,18a-(4-metil-3-oxo-(1- oxo-4-azabutano-1,4-diil)-dicetato, Esteviosídeo, Ácido 8,11,14-E-icosatrienóico (Z,Z), Fitol, Vitamina E, Lupeol, 4,4-6a, 6b, 8a, 11, 1114b-Octametil-1, 4, 4a5, 6, 6a, 6b, 7, 8, 8a, 9, 10, 11, 1212a, 14, 14a, 14b-octahidro-2H-picen-3-ona, etc. Os resultados foram registados de acordo com a base de dados existente no NIST e com base no tempo de retenção. A HPTLC mostrou identificações pontuais dos fitoconstituintes, independentemente dos seus extractos. A potência anti-inflamatória dos compostos separados foi analisada pelo modelo de edema de pata induzido por Carrageen.

Em uma observação final, foi confirmada a presença de Sitosterol (WF01), Esteviosídeo (WF02), Fitol (WF03), Lupeol (WF04), Phorbol (WF05) e AgNPs (WF06). Com o objetivo de padronizar as folhas e a flor de *Woodfordia floribunda* Salisb. O rastreio fitoquímico preliminar levou à presença de alcalóides, esteróides, terpenóides, taninos, flavonóides, saponinas, glicosídeos e hidratos de carbono. O extrato de éter de animais de estimação de *W. floribunda* Salisb (folhas) evidencia a presença de esteróides, di e triterpenos. Os extractos metanólicos de *W. floribunda* Salisb (folhas) revelaram a predominância de conteúdos de glicosídeos. As flores WF 01 (y-Sitosterol), WF 02 (Stevioside), WF 03 (Phytol) WF 04 (Lupeol) e WF05 (Phorbol) que ocorrem naturalmente revelam uma atividade anti-inflamatória moderada.

Em geral, conclui-se que os extractos WFPEE e a fração WFME obtidos a partir das folhas e da flor mostram a presença de esteróides, diterpenos, triterpenos e glicosídeos com uma forte potência anti-inflamatória devido ao y-sitosterol, esteviosídeo, fitol e lupeol. As flores de *Woodfordia floribunda* Salisb mostram uma atividade anti-inflamatória moderada na presença de forbol da classe dos glicosídeos. As AgNPs sintetizadas em verde (WF-06) mostram uma maior potência anti-inflamatória nas folhas de *Woodfordia floribunda* Salisb.

Fitol

Os estudos demonstraram que os diterpenos possuem actividades farmacológicas. O presente estudo teve como objetivo investigar as propriedades anti-inflamatórias do fitol. As actividades anti-inflamatórias do fitol foram avaliadas através da medição do edema da pata induzido por diferentes agentes inflamatórios (por exemplo, carragenina, histamina, Serotonina, bradicinina e prostaglandina. Os resultados mostraram que o fitol (01, 05 e 10 mg/kg) reduziu significativamente o edema da pata induzido pela carragenina, de uma forma dependente da dose. Além disso, o fitol (10 mg/kg) inibiu o edema da pata induzido por histamina, serotonina, bradicinina e PGE2.

O composto líquido isolado é identificado como fitol (WF-03). O nome IUPAC é (7R, 11R) -3, 7, 11, 15-tetrametilhexadec-2-en-1-ol. Através da utilização de IR,[1] H-NMR, C[13] NMR, COSY e caraterização por espetrometria de massa efectuada. Utilizando um modelo de edema da pata causado por carragenina, a eficácia anti-inflamatória do composto isolado foi confirmada. O fitol reduz significativamente a inflamação (70,00%) em comparação com a referência (Diclofenac 5mg/kg). A libertação de serotonina, bradicinina e prostaglandina (49,76%), a libertação de histamina (37,54%) após uma hora e a libertação de prostaglandina (69,21%) apresentam uma percentagem de inibição notável.

Gama-sitosterol

Woodfordia floribunda Salisb mostra uma forte atividade anti-inflamatória indicada nas plantas medicinais indianas por B. D. Basu, K. R. Kirtikar. O Y-sitosterol é fortemente avaliado no éter de petróleo pelo aparelho de soxhlet. Foi separado por cromatografia em coluna e a separação posterior foi confirmada por TLC. A caraterização do composto isolado foi efectuada por massa, IR,[1] H-NMR,[13] C-NMR. Por fim, a potência do Y-sitosterol isolado é confirmada pelo modelo de edema de pata induzido por carragenina.

O composto de éter pet extraído do Y-Sitosterol mostra predominantemente atividade anti-inflamatória (80,48%) com admiração pelo padrão (Diclofenac 5 mg/kg). A libertação de bradicinina (59,3%), enquanto a libertação de histamina (40,0%) e a libertação (70,80%) designam a percentagem de inibição excepcional.

Esteviosídeo

As folhas recolhidas da planta *Woodfordia floribunda* Salisb têm um papel crucial na química medicinal. O composto presente na planta também contém constituintes bioactivos. Na literatura sobre plantas medicinais indianas, B.D. Basu e K.R. kirtikar indicaram que a *Woodfordia floribunda* Salisb apresenta atividade anti-inflamatória. O composto ativo biológico esteviosídeo foi separado por Soxhlet, cromatografia em coluna e técnica de TLC preparativa. O composto isolado foi submetido à técnica de espetroscopia, como massa, IR,[1] H NMR, C[13] NMR e COSY. A partir dos dados espectroscópicos e da literatura, a identificação foi muito fácil. Por último, a potência anti-inflamatória do esteviosídeo isolado foi confirmada utilizando

Modelo de edema da pata induzido por carragenina.

O composto sólido isolado é caracterizado por IR,[1] H-NMR, C[13] NMR, e Massa e confirmou que se trata de Esteviosídeo (WF-04). A potência anti-inflamatória do composto isolado foi verificada pelo modelo de edema da pata induzido por carragenina. O esteviosídeo mostra uma atividade anti-inflamatória significativa (73,01%) em relação ao padrão (Diclofenac 5mg/kg). A libertação de histamina (41,05%) após 1 hora, a libertação de serotonina e bradicinina (63,96%) e a libertação de prostaglandina (74,76%) indicam uma inibição percentual notável.

Phorbol

Os investigadores debruçaram-se sobre os diferentes extractos de *W. floribunda* Salisb e relataram que o extrato etanólico e metanólico tem uma fonte abundante de alcalóides, taninos e esteróides. Também prova o papel e a sua atividade biológica aplicando diferentes modelos e o seu significado. No presente cenário, isolar o composto bioativo e avaliar a sua eficácia anti-inflamatória do composto isolado. Utilizando estas técnicas modificadas de extração de soxhlet e cromatografia em coluna para isolar o composto bioativo Phorbol. Por fim, verificou-se que a eficácia anti-inflamatória do phorbol e a atividade anti-inflamatória significativa utilizando o modelo de edema da pata induzido por carragenina. O presente estudo é o primeiro a ser efectuado para normalizar estes medicamentos sintéticos comercializados. Assim, este estudo pode ser utilizado como uma ferramenta de normalização para perspectivas futuras e pelos investigadores dispostos a trabalhar nestas formulações à base de plantas. Este estudo também constitui a base para os investigadores de nicho alargarem o trabalho sobre estas formulações à base de plantas e trabalharem para explorar o potencial farmacológico destas formulações.

Lupeol

A planta *W. floribunda* Salisb é considerada uma planta medicinal devido às suas propriedades farmacêuticas e também as folhas e a flor são utilizadas para curar as doenças preliminares. As folhas secas foram submetidas a um aparelho de extração soxhlet. Com a ajuda de fracionamento sucessivo e TLC, o composto foi isolado e sujeito a caraterização, como IR,[1] H-NMR,[13] C-NMR, COSY confirmou a estrutura do lupeol (WF-05). Por último, a atividade anti-inflamatória do composto isolado foi avaliada e comparada com o parâmetro padrão, de acordo com o protocolo.

O composto lupeol isolado do extrato de éter de animais de estimação *W. floribunda* apresenta uma atividade anti-inflamatória significativa. O lupeol (WF-05) é um triterpenóide pentacíclico amplamente distribuído no reino vegetal. O composto isolado apresenta baixa citotoxicidade em células saudáveis e é sinergicamente utilizado em terapias combinadas. Por último, a eficácia anti-inflamatória do lupeol foi administrada a ratos Wistar em doses de 1 mg/kg, 5mg/kg e 10mg/kg com o modelo de edema da pata para determinar a sua potência anti-inflamatória *in vivo*. O diclofenac (5mg/kg) foi utilizado como padrão. O Lupeol mostra uma potência anti-inflamatória significativa devido à libertação de prostaglandinas (57,29%), histaminas (47,37%) e bradicininas (52,91%).

AgNPs

A utilização de extractos de plantas na síntese verde de nanopartículas de prata tem várias vantagens em relação aos processos convencionais, uma vez que são benéficos, simples de melhorar e amigos do ambiente. As caraterísticas estruturais e morfológicas das nanopartículas de Ag foram investigadas utilizando UV-Visível, FTIR, TEM, FESEM e XRD. As Figs. 2, 3 e 4 mostram micrografias TEM e FESEM com Ag-EDS. As Figuras 2 e 3 mostram que as nanopartículas de Ag produzidas eram esféricas. As nanopartículas de Ag produzidas tinham um tamanho médio de 23,18 nm e situavam-se na gama dos nanómetros. A imagem EDS confirma que a amostra contém Ag. O EDS e o FTIR confirmaram a pureza do pó de nanopartículas de Ag produzido com a técnica biossintética. O tamanho do pó de Ag foi validado por análises TEM e FESEM. A estrutura investigada das moléculas é apresentada de seguida.

A abordagem ecológica das reacções de síntese é mencionada a seguir

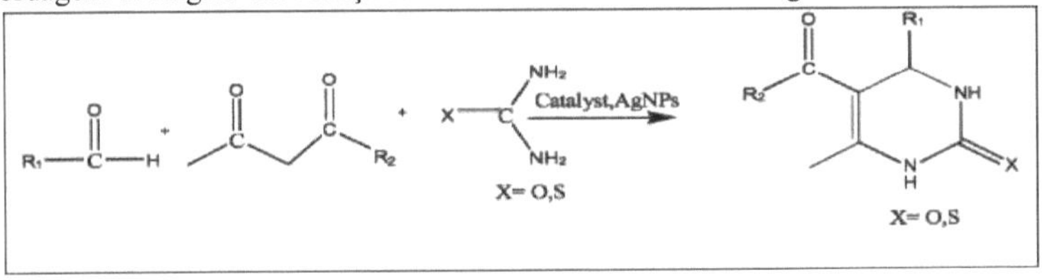

Os dados comparativos do catalisador utilizado na reação de Biginilli com o resultado do catalisador AgNPs são apresentados a seguir.

Catalisador	PPA	H3BO3	CuCl2.2H2O- HCl	NH4Cl	AlCl3	ZnCl2	CAN	AgNPs D1
Temperatura	1200C	1050C	1000C	1100C	95 C^0	75 C^0	800C	900C
Tempo	125 min.	110min.	110 min.	90 min.	120min.	150 min.	60min.	30 min
Rendimento (%)	65%	62%	55%	50%	68%	58%	72%	85%

Catalisador	PPA	H3BO3	CuCl2.2H2O- HCl	NH4Cl	AlCl3	ZnCl2	CAN	AgNPs D2
Temperatura	1200C	1050C	1200C	1000C	900C	85 C^0	800C	95 C^0
Tempo	130 min.	110min.	95 min.	90 min.	120 min.	95 min.	70min.	35 min
Rendimento (%)	62%	53%	50%	68%	55%	72%	65%	87%

Catalisador	PPA	H3BO3	CuCl2.2H2O- HCl	NH4Cl	AlCl3	ZnCl2	CAN	AgNPs D3
Temperatura	1000C	1150C	1000C	1200C	900C	85 C^0	800C	75 C^0
Tempo	120min.	100 min.	130 min.	125min.	100min.	90min.	80 min.	30 minutos
Rendimento (%)	58%	50%	63%	67%	53%	69%	75%	82%

Catalisador	PPA	H_3BO_3	$CuCl_2 \cdot 2H_2O$- HCl	NH_4Cl	$AlCl_3$	$ZnCl_2$	CAN	AgNPs D4
Temperatura	1200C	1100C	1000C	1200C	1000C	900C	800C	75 C^0
Tempo	130 min.	120 min.	110min.	110min.	130 min.	100min.	90min.	35min.
Rendimento (%)	60%	64%	58%	52%	70%	74%	68%	80%

A síntese ecológica de AgNPs a partir das folhas de *Woodfordia floribunda Salisb* é um catalisador mais eficiente do que outros catalisadores. Este catalisador é considerado mais económico em termos de energia, tempo e rendimento com uma abordagem ecológica.

INTRODUÇÃO

CAPÍTULO - I
INTRODUÇÃO

1.1 Importância do problema e história da medicina tradicional

Desde tempos remotos que as plantas medicinais têm um valor muito importante. O primeiro remédio da antiguidade é o medicamento obtido a partir da planta[1] . Este medicamento não tem efeitos secundários. Mas previne doenças desde a antiguidade civilizações em países como a Índia, a China e a África do Sul utilizavam frequentemente medicamentos obtidos a partir de plantas para curar doenças[2] . O investigador descobriu que a medicina tradicional é utilizada pelas pessoas nos últimos anos. A Organização Mundial de Saúde (OMS) afirmou que aproximadamente 70-80% das pessoas dependem de plantas medicinais para curar doenças preliminares. Destes, 10-15% das pessoas consideram a importância das plantas medicinais e o seu papel significativo na vida quotidiana. Alguns dos 1% concentraram-se na investigação e na descoberta da sua importância e da forma de utilizar a planta para curar doenças. O medicamento obtido a partir da planta tem um papel crucial na medicina tradicional. A utilização de medicamentos baseia-se nos antecedentes históricos da medicina herbácea.[3] Atualmente, o conhecimento etnofarmacológico e etnobotânico está a difundir-se entre as populações tribais, embora grande parte dele seja, na melhor das hipóteses, empírico e careça de apoio científico formal .[4]

A medicina herbal é muito eficaz no tratamento do reumatismo e de outras doenças humanas. Atualmente, os métodos tradicionais são substituídos por novas metodologias modificadas para o tratamento de doenças e também da saúde humana[5-6] . Em todo o mundo, a medicina tradicional é comummente utilizada. Está facilmente disponível e pode ser aprovada. [st]No século XXI, a utilização da medicina herbal é o melhor remédio para curar doenças[7] . Principalmente nos países ocidentais, os médicos utilizam continuamente a medicina herbácea para fins farmacêuticos[8] . No topo do país, a maior parte das empresas obtém o medicamento a partir de plantas medicinais. O diclofenac, o naproxeno, o ciclopropano e outros medicamentos anti-inflamatórios foram obtidos a partir de recursos à base de plantas[9] . Desde a antiguidade, os produtos à base de plantas têm desempenhado um papel importante nos cuidados de saúde e na prevenção de muitas doenças. As civilizações históricas da Índia, da China e do Norte de África apresentaram provas escritas dos recursos herbais e da sua utilização na cura de várias doenças .[10]

1.2 Declaração do problema

A origem da ciência natural é a planta e inclui também outros animais e microorganismos[12] . Na maioria dos casos, as invenções medicinais são feitas com ingredientes naturais que são extraídos de matérias-primas[13] . Nas fases iniciais da investigação, muitas plantas medicinais de uso comum foram analisadas quimicamente, o que levou à separação de compostos activos. A medicina herbal tem uma longa história de associação entre a natureza e os metabolitos bioactivos na química[14] . O isolamento de compostos bioactivos das plantas é um desafio, pelo que os cientistas continuarão a procurar inspiração na natureza para desenvolver novos medicamentos. As ervas medicinais derivadas de plantas fornecem uma gama molecular para estudos de descoberta de medicamentos e os resultados podem parecer óbvios à primeira vista[15] . Stephen e

Horace proporcionam o desenvolvimento de novos medicamentos porque contêm uma riqueza de compostos complexos não disponíveis noutros locais. Tem sido uma tarefa difícil para os cientistas sintetizar compostos naturais utilizando estratégias semi-sintéticas ou artificiais[16] . A colheita excessiva de certas espécies de plantas selvagens colocou-as em perigo, pelo que é possível sintetizar produtos químicos sintéticos para satisfazer a elevada procura de compostos naturais[17] . A abordagem sintética da medicina herbal baseia-se no seu mecanismo básico. Alguns dos alcalóides derivados de plantas são também utilizados para a recuperação preliminar. A medicina herbal é a nova ciência que obtém os melhores remédios para controlar o crescimento de bactérias nocivas. Para a síntese de novas moléculas, a fitoterapia desempenha um papel importante[18] . Atualmente, os investigadores de produtos naturais desenvolveram numerosas técnicas. Estas dividem-se principalmente em duas categorias .[19]

Estratégias mais antigas:

• Centrado na química dos constituintes bioactivos encontrados na natureza, e não na sua eficácia.

• Produtos químicos isolados e identificados a partir de recursos herbais, que foram depois testados quanto à sua atividade biológica. (Principalmente in vivo).

• Pesquisei sobre quimiotaxonomia.

• Com base em factos etnofarmacológicos, a reputação folclórica ou a utilização convencional desempenham um papel importante na decisão da via de estudo.

Estratégias actuais:

• Isolamento e estudo de compostos activos de fontes naturais através de bioensaios (nomeadamente in vitro).

• Para a investigação biológica sobre produtos à base de plantas, é mantida uma biblioteca física.

• Síntese de moléculas activas nos tecidos e nas células, manipulação genética, química combinatória de plantas, etc.

• A atividade biológica é uma parte essencial do estudo da fitoquímica.

• As teorias são introduzidas para estudar os pormenores da metodologia biológica, incluindo os animais.

• Escolher os organismos com base sobretudo em dados etnofarmacológicos.

• Escolher os organismos com base, principalmente, em informações etnofarmacológicas, reputações folclóricas ou utilizações tradicionais.

1.3 Explicação do conceito

O estudo centra-se na inflamação e no mecanismo da inflamação e na descoberta de agentes anti-inflamatórios. É a condição em que uma parte do corpo fica vermelha, dorida e inchada devido a uma infeção ou lesão. Durante a resposta imunitária, surge frequentemente um método fixo que cria uma situação conhecida como inflamação[20] . Temos vindo a discutir estes mecanismos diretos com algumas medidas adicionais[21] . Reunimos as diferentes teorias coletivamente referidas como inflamação. A inflamação aguda dura um longo período de segundos, minutos, horas ou mesmo dias antes de desaparecer. Períodos mais longos de inflamação crónica resultam em incapacidade permanente.

1.3.1 Eventos na inflamação aguda

A inflamação aguda começa a causar lesões nos tecidos. O dano pode ser absolutamente físico ou pode conter a ativação de uma resposta imunitária. Surgem três processos primários:

• A dilatação dos vasos sanguíneos provoca o aumento do fluxo sanguíneo nas arteríolas, proporcionando um local para a inflamação.

• O movimento dos fluidos e das proteínas do sangue melhora a permeabilidade dos capilares e permite a existência de zonas intersticiais.

• Imigração de macrófagos (possivelmente alguns neutrófilos) para longe dos capilares, vénulas e dentro das áreas intersticiais.

1.3.2 Aumento do fluxo sanguíneo e edema

Os dois efeitos acima referidos são confortavelmente visíveis em poucos minutos após uma raspagem que não danifica os poros e a pele. Inicialmente, o arranhão é visível como uma linha vermelha pálida[22] . Com o aumento do fluxo sanguíneo, os tecidos circundantes de ambos os lados do arranhão tornam-se vermelhos nas proximidades. Devido à acumulação de fluido adicional nos espaços intersticiais da região, o resultado é um inchaço designado por edema. A separação das células endoteliais provoca um aumento da permeabilidade dos capilares .[23]

1.3.3 Moléculas de adesão celular

Na fase inicial da migração de neutrófilos dos vasos sanguíneos para os tecidos, os neutrófilos ligam-se ao endotélio dos vasos sanguíneos. A ligação é mediada por moléculas de adesão celular (CAMs), que foram observadas nas superfícies dos neutrófilos e das células endoteliais em tecidos lesionados. A ligação ocorre em duas etapas .[24]

Quando o neutrófilo começa a rolar ao longo da superfície, as moléculas de adesão ligam-no suavemente ao endotélio no primeiro passo. A interação entre a integrina no neutrófilo e as ICAMs (Interdisciplinary Centre for Advanced Materials Simulation) nas células endoteliais, como se mostra na Fig. 1.1, resulta numa ligação muito mais forte na etapa seguinte.

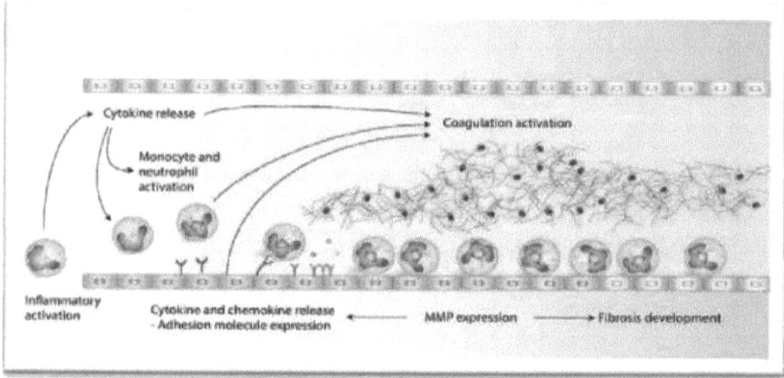

Fig.1.1 Adesão de moléculas com libertação de citocinas

1.3.4 Correlação entre artrite e inflamação

Na literatura mencionada a importância dos produtos naturais são os primeiros remédios reconhecidos pela medicina natural[25] . Por conseguinte, o investigador centrou-se continuamente na fitoterapia e na sua importância. A fitoterapia tem a capacidade de lutar contra doenças humanas, incluindo infecções circulatórias, cancros e outras doenças inflamatórias relacionadas com a saúde humana. Apesar de a química combinatória liderar o desenvolvimento médico e técnico, os medicamentos são feitos a partir de ingredientes naturais[26] . O desenvolvimento celular e os exsudados nos tecidos infectados são componentes da inflamação. A inflamação no corpo tem sido investigada e tentada prevenir desde a antiguidade. Os quatro principais indicadores e sintomas de inflamação, segundo Celsius, são inchaço, calor, dor e vermelhidão. [27]. Os extractos de folhas de salgueiro são utilizados para tratar estes sintomas. As plantas que contêm salicilato têm sido usadas terapeuticamente há décadas, levando à criação da aspirina, um medicamento anti-inflamatório essencial. A aspirina, uma substância com propriedades anti-inflamatórias derivada de fontes herbáceas, é amplamente utilizada na investigação científica atual. Existem também vários comprimidos alternativos semelhantes à aspirina no mercado, incluindo medicamentos anti-inflamatórios não esteróides (AINE). As pessoas utilizavam tradicionalmente produtos à base de plantas com propriedades anti-inflamatórias como tratamento para doenças inflamatórias primárias da artrite. Os ingredientes nutricionais são de maior interesse porque a inflamação é uma causa clara de doença[28] . De acordo com a análise dos fitoquímicos efectuada pela British Nutrition Foundation, os produtos podem ser classificados com base na sua natureza e atividade biológica.

1.3.5 A influência dos meios anti-inflamatórios não esteróides e a forma como se relacionam com a COX1

As alterações metabólicas e comportamentais são originadas pela inflamação sistémica, que é largamente mediada com a ajuda de citocinas pró-inflamatórias e do fabrico de prostaglandinas (PGE2) na barreira hemato-encefálica. Apesar de numerosos estudos, as vias orgânicas exactas que conduzem a estas modificações permanecem indefinidas. Os mecanismos observados e investigados subjacentes à resposta imunitária ao cérebro foram trocados após inflamação sistémica através da utilização de diferentes agentes anti-inflamatórios. Os ratinhos foram pré-tratados com inibidores selectivos da ciclo-oxigenase (COX), dexametasona ou inibidores da tromboxano-sintase e experimentaram a injeção intra-peritoneal de lipopolissacárido (LPS). O LPS provocou uma inflamação sistémica que se traduziu em alterações comportamentais e no aumento da produção de IL-6, IL-1b e TNF-a, bem como de PGE2 no soro e no cérebro[29] . O efeito inverso da indometacina e do ibuprofeno do LPS sobre o comportamento sem converter os estágios periféricos ou significativos de IL-6, IL-1b TNF-a e mRNA. Na avaliação, a dexametasona não ajustou os ajustes comportamentais provocados pelo LPS, independentemente da inibição da produção de citocinas. Um inibidor seletivo da COX-1 como o piroxicam e um inibidor seletivo da COX-2 como a nimesulida inverteram o ajustamento comportamental provocado pelo LPS. Os nossos efeitos apoiam a ideia de que o LPS intenso provocou ajustamentos no controlo da toca e da abertura que dependem da COX-1. Mostramos ainda que a COX-1 não é responsável pela indução da síntese de IL-6, IL-1b e TNF-a no cérebro ou pela hipotermia induzida pelo LPS .[30]

1.3.6 Inflamação

A inflamação é uma importante via biológica que se manifesta de várias formas[31] . A sua dupla função é reparar o tecido danificado e repar180-lo novamente através do envolvimento de alguns agentes inflamatórios[32] . O mecanismo da inflamação tem por objetivo proteger o corpo humano contra as doenças. Para se protegerem, as células são libertadas e combatem um corpo estranho, protegendo assim o corpo contra as doenças[33] . A inflamação é causada por diferentes tipos de doenças, como a inflamação intestinal e a artrite reumatoide, para além da psoríase e da doença[34] . A inflamação criada no corpo pode danificar algumas partes do corpo. Isto deve-se à entrada de doenças no corpo. As doenças podem infetar ou não infetar doenças. Entre elas, a diabetes, a artrite reumatoide, a doença de Alzheimer e as doenças cardiovasculares, a arteriosclerose e o cancro[35] . A eficiência dos seres humanos depende do grau em que os vírus afectam o corpo. Nestas circunstâncias, pode ocorrer um problema de circulação sanguínea[36] . A inflamação está relacionada com as propriedades e a natureza das moléculas bioactivas. O mecanismo observado e sistemático da inflamação através da utilização de diferentes tipos de bioconstituintes naturais da medicina herbal. Estes dão a resposta ao corpo humano e o mecanismo da inflamação foi levado a cabo. A inflamação pode ser causada por (TNF-a) que leva ao desenvolvimento de edema como consequência da acumulação de leucócitos no local da inflamação[37] . Além disso, existe uma crença comum de que as citocinas, que podem ser produzidas por células do sistema resistente ou do sistema nervoso central, podem excitar diretamente a região periférica .[38]

Uma resposta imunitária forte é uma série de medidas complicadas e extremamente controladas que começa com a síntese de mediadores pró-inflamatórios, que depois recruta células provocadoras especializadas para o traço da ferida para eliminar o gatilho aberrante.[39] Esta fase pode durar de alguns minutos a muitas horas. Em tempos mais recentes, a irritação foi definida como "a sucessão de alterações que ocorre num tecido vivo quando este é lesionado, desde que a lesão não seja de tal grau que destrua imediatamente a sua estrutura e força". Ambas as definições têm em conta o facto de a lesão não ser suficientemente grave para destruir imediatamente a estrutura e a vitalidade do tecido . [40th]Embora a inflamação tenha sido reconhecida como parte do processo de cura na antiguidade, foi considerada uma resposta indesejável e prejudicial para o hospedeiro até ao final do século XX. Mesmo depois de a irritação ter sido reconhecida como um elemento do processo de cura, esta perceção persistiu.

As alterações visuais observadas são explicadas pela descrição tradicional da inflamação. A circulação sanguínea era efectuada a uma temperatura normal. Quando as condições ambientais mudam, afectam diretamente a atividade humana e também a taxa de circulação sanguínea se altera. O aumento da quantidade de eritrócitos que circulam atualmente na zona é a causa da vermelhidão[41] . O edema é o resultado de uma proliferação no trajeto do fluido, uma vez que os vasos sanguíneos foram dilatados e tornaram-se mais permeáveis aos tecidos que rodeiam a área danificada. O edema também pode ser causado pela filtração de células para a área danificada e pela deposição de tecido conjuntivo em respostas inflamatórias prolongadas. Os impactos diretos dos mediadores, quer do dano inicial, quer do que resulta dos nervos sensoriais devido ao edema, são a causa da dor. Esta dor pode ser causada por uma variedade de condições. O termo "perda de função" pode referir-se quer à simples redução da mobilidade que ocorre numa articulação em resultado do edema e da dor, quer à substituição de células funcionais por tecido helicoidal. Durante o processo inflamatório, pode estar presente uma fase aguda e uma fase crónica. É do conhecimento geral que as inflamações críticas e crónicas são ambos processos extensos que são gerados por numerosos cursos distintos de mediadores biológicos. Alguns exemplos destes mediadores químicos incluem as prostaglandinas, os factores de ativação plaquetária e os leucotrienos, entre outros. Os fármacos anti-inflamatórios têm uma grande variedade de mecanismos de ação, cada um dos quais contribui para o impacto terapêutico global. O edema forma-se como consequência do extravasamento de fluidos e proteínas e da acumulação de leucócitos no local da inflamação por um curto período de tempo durante uma resposta inflamatória aguda, que se caracteriza por um aumento da permeabilidade vascular e infiltração celular levando à formação de edema .[40]

Quando a resposta aguda do corpo não é suficiente para limpar o corpo dos químicos que causam a inflamação, pode desenvolver-se uma condição conhecida como inflamação crónica. A multiplicação de fibroblastos e a infiltração de neutrófilos, juntamente com a exsudação de líquido, são caraterísticas da inflamação crónica. O crescimento de células proliferativas, que podem formar granulomas ou disseminar-se por todo o corpo, é a causa desta doença. Infecções ou antigénios que não desaparecem,

um traumatismo repetido do tecido ou uma rutura das defesas naturais do organismo contra a inflamação podem contribuir para o desenvolvimento da inflamação crónica. Os macrófagos desempenham um papel central na gestão de muitos fenómenos imunopatológicos diferentes, incluindo a produção excessiva de citocinas pró-inflamatórias e mediadores inflamatórios, que são gerados por iNOS e cox2 activados. A inflamação crónica (ou aguda) é um processo com várias etapas que é mediado pela ativação de células imunitárias ou células inflamatórias[41] . Em condições inflamatórias, as células imunitárias são também estimuladas por sinais de ativação de moléculas de adesão para aumentar a sua migração. A capacidade do tecido inflamatório para formar agrupamentos celulares heterotípicos entre as células imunitárias, as células endoteliais e as células inflamadas. Isto ocorre como resultado do facto de as células imunitárias serem estimuladas por sinais de ativação de moléculas de adesão .[42]

1.3.7 Doenças inflamatórias

A resposta do organismo a nível fisiológico a determinados estímulos, como infecções ou lesões nos tecidos, é conhecida como inflamação[43] . Pelo contrário, uma inflamação crónica ou cronicamente excessiva pode desencadear uma série de doenças clínicas . [4445]A inflamação causa artrite no ombro, gota, doenças cardíacas e intestinais .[46]

Tanto a osteoartrite (OA) como a artrite reumatoide (AR) são doenças importantes que afectam um grande número de pessoas e têm mecanismos intrincados de doença. Existem provas abundantes que sugerem que as citocinas, a prostaglandina e o óxido nítrico (NO) inibem a inflamação e trabalham para a manter contra ela. A COX-1 e a COX-2 actuam em processos neurodegenerativos que ocorrem em doenças crónicas e agudas.[47] Doenças intestinais como a doença de Crohn e a colite ulcerosa crónica estão presentes nos últimos dez anos .[48]

1.4. Farmacopeia importância do medicamento padrão

A maior parte dos glucocorticóides, bem como os corticóides minerais, destinam-se a reduzir a inflamação ou o tempo em que estão diretamente ligados aos receptores. Este tipo de medicamento é vulgarmente designado por corticosteroide. Se os corticosteróides permanecerem no corpo durante muito tempo, afectam a função do corpo e apresentam efeitos secundários como diabetes, insulina e efeito de ansiedade e outros tipos de sintomas[49] . Na Índia, observam-se cinquenta tipos diferentes de AINEs, que também são classificados em termos de comportamento estrutural químico, atividade biológica e estudo etnofarmacológico relacionado com os mecanismos da ciclo-oxigenase-1 e 2, que são os papéis mais importantes na medicina herbal .[50]

A maioria dos AINEs tem três modos de ação principais.

• Efeitos anti-inflamatórios para o tratamento da artrite reumatoide, osteoartrite, problemas músculo-esqueléticos e pericardite, entre outros.

• Analgesia para o tratamento da dor moderada a ligeira. A sua eficácia terapêutica máxima é consideravelmente inferior à dos opióides, mas não induzem dependência.

• Na presença de infeção ou inflamação, a libertação de pirogénios endógenos dos monócitos e macrófagos promove a atividade antipirética. Ao suprimir as enzimas ciclo-oxigenase envolvidas na formação de prostaglandinas, os medicamentos anti-inflamatórios não esteróides (AINE) aliviam frequentemente a inflamação e os sintomas associados. Existem duas isoformas destas enzimas (COX-1 e COX-2) que são codificadas por genes independentes em cromossomas diferentes.[51] O diclofenac diminui a inflamação, a vermelhidão e a dor artrítica ao diminuir a síntese e a produção de prostaglandinas. A potência anti-inflamatória in vitro do fármaco também influencia a atividade dos leucócitos nucleares polimorfos, diminuindo a quimiotaxia, a síntese de radicais nocivos superóxidos, a geração de radicais livres derivados do oxigénio e a produção de proteases neutras. O diclofenac também demonstrou, em modelos animais, inibir a inflamação produzida por muitos agentes flogísticos. No entanto, pode induzir efeitos adversos, como problemas gastrointestinais quando administrado por via oral e problemas de pele quando injetado por via intramuscular.[52]

1.4.1 Mediadores inflamatórios

A resposta inflamatória é uma cadeia de eventos complicada e fortemente regulada que começa com a geração de mediadores pró-inflamatórios que recrutam células inflamatórias especializadas para o local da lesão para eliminar o estímulo agressor. Os macrófagos desempenham funções importantes nas respostas imunológicas e inflamatórias que contribuem para a defesa do hospedeiro. Os macrófagos activados libertam uma variedade de mediadores inflamatórios, como o fator de necrose tumoral (TNF), espécies reactivas de oxigénio (ROS), interleucina-1 (IL-1), óxido nítrico (NO), reactivos, prostaglandina E2 (PGE2) e interleucina-6 (IL-6).[53]

1.4.2 Ciclo-oxigenase (COX)

A COX é a enzima chave que altera os dois primeiros passos da biossíntese das prostaglandinas (PGs). As prostaglandinas e os tromboxanos são produzidos pela via da COX. Ajudam a controlar a dor e o inchaço que surgem com a inflamação. A COX apresenta-se em duas formas diferentes: COX-1 e COX-2. Na maioria dos tecidos normais, o estudioso pode encontrar a COX-1, mas não a COX-2. No entanto, a COX-2 pode ser activada por muitas coisas, como factores flogísticos, citocinas pró-inflamatórias, etc. Os cientistas descobriram que a COX-2 tem um papel importante na inflamação. Assim, os agentes que podem interromper o funcionamento da COX-2 ou impedir a sua produção de proteínas são provavelmente medicamentos úteis para reduzir a inflamação e a dor. A redução da produção e da atividade da COX-2 pode ajudar a diminuir a inflamação tanto a nível regional como em todo o corpo .[54]

1.4.3 Prostaglandinas

As prostaglandinas (PGs) são produzidas por diferentes tipos de células, como os macrófagos activados[55] . A ciclo-oxigenase é a enzima que abranda o processo de produção de PGs. As prostaglandinas são os produtos finais das ciclo-oxigenases (COX) e das prostaglandinas sintases (PG5) que decompõem o ácido araquidónico. São constituídas por um grupo de moléculas pró-inflamatórias como a PGI2, a PGD2, a PGF2 e a PGE2. PGE2.

1.4.4 Histamina

A histamina, frequentemente conhecida como HA, é uma amina biogénica que desempenha um papel numa vasta gama de processos fisiológicos no organismo. Foi estabelecido que participa em processos inflamatórios, na produção de ácido gástrico e na transmissão de impulsos nervosos[56] . Foi determinado que os tecidos dos mamíferos têm muitos receptores de histamina e que estes receptores foram separados em quatro tipos de receptores únicos: H1R, H2R, H3R e H4R. Todos estes receptores são receptores acoplados à proteína G. Isto sugere que a histamina desempenha um papel multifacetado na regulação da dor[57] . Um mediador bem conhecido tanto das reacções alérgicas agudas como da inflamação crónica é a histamina, que é libertada pelos mastócitos. Em vários pontos do processo de cicatrização, a histamina e outros mediadores inflamatórios actuam para aumentar a permeabilidade dos vasos sanguíneos. A permeabilidade vascular induzida por fármacos, como a causada pelo ácido acético, resulta numa resposta instantânea e sustentada que se prolonga por 24 horas.

1.4.5 Anti-inflamatórios não esteróides

Os medicamentos anti-inflamatórios não esteróides (AINE) são a pedra angular da farmacoterapia para a maioria das doenças reumatológicas e são amplamente utilizados como analgésicos e antipiréticos, tanto como medicamentos sujeitos a receita médica como medicamentos de venda livre. Os medicamentos anti-inflamatórios não esteróides (AINE), que são frequentemente utilizados no tratamento da febre inespecífica, continuam a desempenhar um papel importante na redução da dor. São os medicamentos mais frequentemente prescritos para o tratamento de várias doenças inflamatórias crónicas e agudas típicas e continuam a ser necessários para o alívio da dor, a redução da inflamação e a redução da febre. A lesão hepática tem sido associada a quase todos os AINEs. O diclofenac e, em particular, o sulfidrico estão mais frequentemente relacionados com a hepatotoxicidade[58] . Vários AINE foram retirados da utilização clínica devido à sua hepatotoxicidade. Além disso, os novos medicamentos COX-2 mais específicos estão associados à hepatotoxicidade. **1.4.6 Diclofenac**

O diclofenac de sódio tem efeitos antipiréticos, analgésicos e anti-inflamatórios e é um inibidor da enzima cicloxigenase. A utilização clínica do diclofenac tem sido atribuída a uma incidência pequena mas significativa de hepatotoxicidade, que varia desde elevações moderadas, assintomáticas e reversíveis dos testes de função hepática até iterícia e hepatite, com muitos relatos de hepatite fatal.

1.4.7 Nimesulida

A nimesulida, um medicamento anti-inflamatório, é um inibidor específico da COX-2, com uma eficácia apenas residual contra a COX-1. O medicamento pode causar múltiplas formas de lesão hepática, desde anomalias modestas, como o aumento da atividade da aminotransferase sérica, até doenças graves do órgão, como a necrose hepatocelular ou a colestase intra-hepática.

1.5 Hipótese

Para além das doenças neurodegenerativas e cardiovasculares, a inflamação é um dispositivo imunitário que afecta a infeção e os danos, e tem sido associada a patogénios de artrite, cancro e acidente vascular cerebral, entre muitos outros. A inflamação é um processo intrinsecamente benéfico que resulta na eliminação de substâncias nocivas e na restauração da estrutura dos tecidos e das caraterísticas fisiológicas. O fluxo rápido de granulócitos e neutrófilos sanguíneos, notado inesperadamente através dos monócitos, caracteriza a parte esmagadora da inflamação. Esta desenvolve-se em macrófagos inflamatórios, que acabam por proliferar e têm um impacto direto nas caraterísticas do tecido residente dos macrófagos. Os sinais e sintomas cardinais da inflamação aguda, tais como rubor, calor, tumor e dor, são causados por esta abordagem. Quando o estímulo prejudicial inicial é eliminado através da fagocitose, a resposta inflamatória diminui e resolve-se. À medida que os granulócitos são removidos durante a resolução da inflamação, os macrófagos e os linfócitos voltam ao número e à morfologia pré-inflamatórios. A resolução e a recuperação do tecido danificado em resultado da resposta inflamatória aguda, bem como o efeito e o mau funcionamento da resposta inflamatória, que leva à formação de cicatrizes e à perda da função do órgão. A falha da inflamação aguda pode ser resolvida, embora possa ser prejudicial para a imunidade do veículo, inflamação displásica contínua e danos significativos nos tecidos.

As prostaglandinas desempenham um papel importante na resposta inflamatória, uma vez que a sua produção está muito aumentada nos tecidos infectados e contribuem para o desenvolvimento dos principais sinais de inflamação aguda. Embora as propriedades pró-inflamatórias de cada prostaglandina funcionem bem durante a reação inflamatória intensa, a resolução da inflamação é mais discutível. Com base num estudo evolutivo, podemos falar da biossíntese das prostaglandinas e da sua resposta com a farmacologia da sua barreira na orquestração da resposta inflamatória, com especial atenção para as doenças cardiovasculares[59] **1.5.1 Biossíntese das Prostaglandinas**

As prostaglandinas são uma classe de moléculas fisiologicamente activas que têm uma variedade de funções semelhantes às hormonas nos animais. As prostaglandinas foram detectadas basicamente em muitos tecidos de seres humanos e de outros animais. As plantas produzem moléculas com estruturas semelhantes às prostaglandinas, como o ácido jasmónico (jasmonato), que regula a reprodução das plantas, o amadurecimento dos frutos e a floração. As prostaglandinas são extremamente fortes, sendo que algumas afectam a pressão arterial nas pessoas com quantidades tão baixas como 0,1 microgramas por quilograma de peso corporal. As diferentes funções biológicas das prostaglandinas são explicadas por caraterísticas morfológicas[60] . Algumas prostaglandinas actuam de forma autócrina, activando respostas no mesmo tecido onde são formadas, enquanto outras actuam de forma parácrina, induzindo reacções em tecidos próximos do local onde são sintetizadas. Além disso, diferentes prostaglandinas podem ter acções diversas, ou mesmo opostas, em diferentes tecidos.

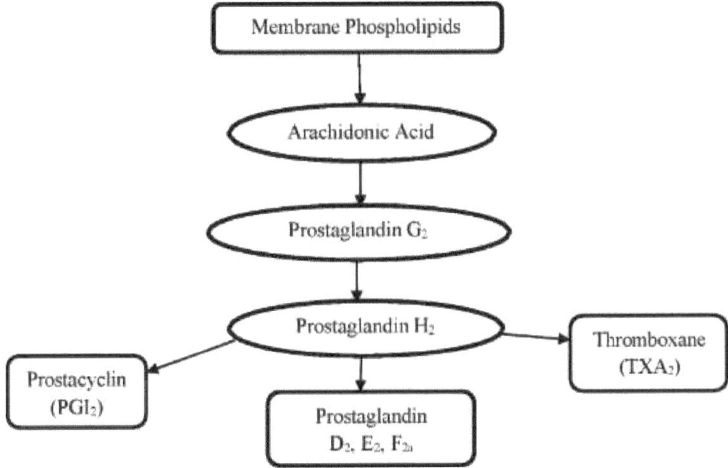

Fig. 1.2 Mecanismo de biossíntese da prostaglandina

1.5.2 Coagulação sanguínea e vasodilatação

A maioria das prostaglandinas funciona localmente; por exemplo, são potentes vasodilatadores. A vasodilatação ocorre quando os músculos das paredes dos vasos sanguíneos relaxam, provocando a dilatação dos vasos. Isto reduz a resistência ao fluxo sanguíneo, permitindo o aumento do fluxo sanguíneo e a descida da pressão arterial[61] . Um exemplo importante do efeito vasodilatador das prostaglandinas é encontrado nos rins, onde a vasodilatação extensa leva a um aumento do fluxo sanguíneo para os rins e a um aumento da excreção de sódio na urina. Os tromboxanos, pelo contrário, são vasoconstritores potentes que reduzem o fluxo sanguíneo e aumentam a pressão arterial[62] . Os tromboxanos e as prostaciclinas desempenham um papel fundamental na formação do coágulo sanguíneo. O desenvolvimento do coágulo começa com a agregação das plaquetas sanguíneas. A prostaciclina inibe este processo e os tromboxanos aumentam-no substancialmente. A prostaciclina é gerada nas paredes dos vasos sanguíneos e tem a função fisiológica de evitar a formação desnecessária de coágulos. Os tromboxanos, por outro lado, são gerados no interior das plaquetas e são libertados para incentivar a formação de coágulos em resposta a lesões nas artérias, o que induz as plaquetas a aderirem às paredes das artérias sanguíneas. A adesão das plaquetas é maior nas artérias afectadas pelo processo de aterosclerose. As plaquetas agregam-se numa placa chamada trombo ao longo da superfície interna da parede do vaso nos vasos afectados. Um trombo pode obstruir parcial ou totalmente o fluxo sanguíneo através de um vaso, ou pode libertar-se da parede do vaso e migrar através da corrente sanguínea, onde é conhecido como um êmbolo. A embolia ocorre quando um êmbolo fica alojado noutro canal, obstruindo totalmente o fluxo sanguíneo. As causas mais prevalentes de enfarte do miocárdio são a trombose e os êmbolos (enfarte do miocárdio). A terapêutica com aspirina (um inibidor da ciclo-oxigenase) em doses baixas diárias tem tido um sucesso modesto como estratégia preventiva para as pessoas com elevado risco de ataque cardíaco.

As prostaglandinas são essenciais no processo de inflamação, que é marcado por vermelhidão (rubor), calor (calor), dor (dolor) e inchaço (tumor). As alterações provocadas pela inflamação são causadas pela dilatação dos vasos sanguíneos locais, o que permite um maior fluxo sanguíneo para a área afetada. As artérias sanguíneas também se tornam mais porosas, permitindo que os glóbulos brancos (leucócitos) saiam do sangue para os tecidos inflamados. Assim, os medicamentos que bloqueiam a síntese de prostaglandinas, como a aspirina ou o ibuprofeno, são úteis para diminuir a inflamação em indivíduos com doenças inflamatórias mas não infecciosas, como a artrite reumatoide.

Embora as prostaglandinas tenham sido descobertas no plasma, não foi demonstrado qualquer envolvimento claro na reprodução masculina. O mesmo não se passa com as mulheres. As prostaglandinas desempenham um papel na ovulação e aumentam a contração muscular uterina, o que levou ao sucesso do tratamento das cólicas menstruais (dismenorreia) com inibidores da síntese das prostaglandinas, como o ibuprofeno. As prostaglandinas são também utilizadas para induzir o parto em mulheres grávidas de termo e para induzir abortos terapêuticos.

1.5.3 Ciclo-oxigenase e inflamação

Existem dois tipos de isoformas da ciclo-oxigenase. A COX-1 e a COX-2 são medicamentos anti-inflamatórios não esteróides (AINEs). Estes medicamentos são inibidores da COX que actuam em direcções opostas. Ambas as COXs existem como homo dímeros, com apenas um parceiro utilizado durante a ligação ao substrato. Também podem existir heterodímeros de COX-1 ou COX-2, mas a sua função biológica é desconhecida. Os AINEs ligam-se para fazer com que a COX inactive, no máximo, um monómero do dímero da COX, o que é suficiente para bloquear a formação de prostanóides. O outro monómero parece ter uma função alostérica. Os AINE não afectam a atividade da peroxidase de nenhuma das proteínas. A eficácia clínica dos AINEs estruturalmente específicos com capacidade de inibição dos prostanóides. O aumento da dor, da febre e da inflamação são factores mediadores. O aumento dramático da COX-2 deve-se ao agravamento das células inflamatórias e à sua expressão nos tecidos inflamados. A inibição dos prostanóides derivados da COX-1 nas plaquetas e no epitélio gástrico explica porque é que os AINEs causam problemas gastrointestinais. Por conseguinte, os AINE especificamente concebidos para inibir a COX-2 são utilizados no tratamento da artrite e de outras doenças crónicas.

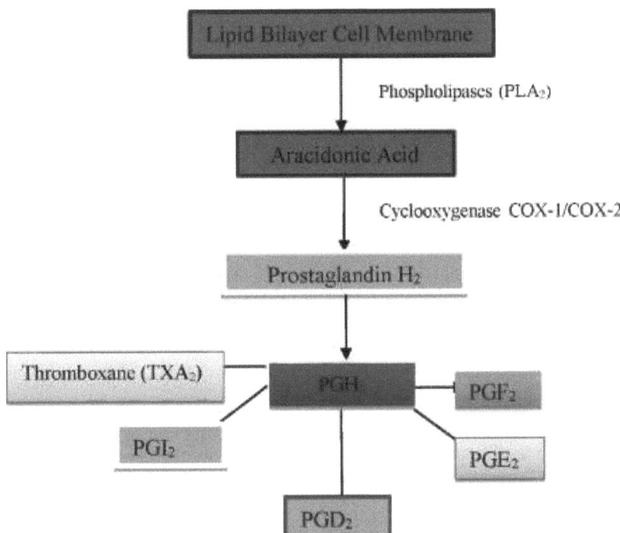

Fig. 1.3 Via e mecanismo da Prostaglandina

As enzimas ciclo-oxigenase estão divididas em duas isoenzimas distintas, COX-1 e COX-2. A COX-1 é uma enzima constitutiva que se encontra em muitas partes do corpo, incluindo as plaquetas, o revestimento da mucosa gástrica, o duodeno, o jejuno e os pulmões. A COX-1 é conhecida como a "enzima de manutenção da casa" porque desempenha um papel importante numa variedade de funções fisiológicas, como a agregação plaquetária, a hemostase e a proteção da mucosa gástrica. O ADN da COX-2c, por outro lado, foi clonado a partir de fibroblastos 3T3 induzidos por éster de forbol. Esta descoberta foi um ponto de viragem na comparação estrutural e funcional das isoenzimas COX. A COX-1 é muitas vezes referida como uma enzima de "manutenção da casa" devido ao seu papel constitutivo na fisiologia humana; no entanto, estudos recentes com ratinhos knock-out da COX1 revelaram que a COX-1 também desempenha um papel importante no desenvolvimento e progressão da inflamação.

A expressão da COX1 é regulada positivamente nas células inflamatórias residentes, que são responsáveis pela resposta inflamatória aguda e pela diferenciação celular. Além disso, verificou-se que ambas as isoenzimas estavam igualmente expressas num modelo de artrite induzida por adjuvante, tendo sido encontrado um padrão de distribuição semelhante no líquido sinovial extraído de doentes com artrite reumatoide de centros de saúde terciários. A supressão ou inibição selectiva da COX-2 demonstrou melhorar ou piorar a resposta inflamatória. A supressão da COX-2 causou o agravamento das úlceras gástricas em alguns modelos inflamatórios, indicando a sua importância na proteção da mucosa gástrica. Da mesma forma, um estudo recente que examinou o padrão de resposta inflamatória em modelos de ratos knockout para COX-1 e COX-2 descobriu que a deleção de ambas as isoenzimas COX pode causar inflamação de fase aguda. No entanto, ambos os modelos demonstraram um padrão variável de início, intensidade e duração da inflamação. Noutro estudo, descobriu-se que a eliminação do gene conhecido da COX-1 resultava numa reversão significativa do edema induzido por AA, indicando que a COX-1 desempenha um papel importante na resolução da inflamação. Além disso, no mesmo estudo, a eliminação do gene da COX-2 resultou na resolução do edema induzido por AA no modelo de eliminação da COX-2 de tipo selvagem.

1.5.4 Prostaglandina E2 e inflamação

Para manter a pressão arterial do corpo humano, a PGE2 desempenha um papel importante nas várias funções fisiológicas e respostas insusceptíveis no sistema reprodutor feminino. Se a PGE2 for aumentada até 10 vezes a unidade, nessa altura diz-se que a concentração é normal.

A PGE2 é uma das PGs mais importantes produzidas no organismo e é amplamente caracterizada em espécies animais devido à sua atividade biológica diversificada. A PGE2 actua como mediador da regulação das respostas imunitárias, do stress sanguíneo, da integridade gastrointestinal e da fertilidade em muitas funções biológicas em condições fisiológicas. A perturbação da síntese ou degradação da PGE2 tem sido associada a uma vasta gama de condições patológicas. A PGE2 é de particular interesse na inflamação devido aos sinais e sintomas tradicionais de inflamação, como vermelhidão, inchaço e dor. O aumento do fluxo sanguíneo para o tecido infetado provoca vermelhidão e edema devido à dilatação arterial mediada pela PGE2 e à melhoria da permeabilidade microvascular.

A dor provém da ação da PGE2 no local central da medula espinal e do cérebro. A função da PGES e da prostaglandina E2 é oposta. A coenzima COX-1 é interconversível, mas a COX-2 mantém-se inalterada.

A ação da PGE2 nos neurónios sensoriais periféricos e nos locais centrais da medula espinal e do cérebro provoca dor. A PGE2 é produzida a partir da PGH2 na presença de PGES ou mPGES-1 e mPGES-2. A PGES é expressa de forma constitutiva e abundante no citosol de vários tecidos como cofator do glutatião (GSH). A função da PGES e a sua capacidade de produzir prostaglandina E2 são objeto de controvérsia. A CPGES parece ser capaz de converter PGH2 derivado da COX-1, mas não PGH2 derivado da COX-2, em PGE2 nas células, especificamente em algum momento durante a resposta biossintética imediata de PGE2 provocada por estímulos evocados por Ca^{2+}. A localização da cPGES no citosol também pode facilitar o acoplamento com a COX-1 proximal no retículo endoplasmático (RE) em vez da COX-2 distal no envelope perinuclear. O acoplamento prático da PGES com a COX-1 demonstra que as caraterísticas in vivo da PGES se sobrepõem significativamente, se não totalmente, às da COX-1. Devido aos efeitos da eliminação desta enzima na letalidade perinatal, o desenvolvimento de ratinhos deficientes em PGES já não é informativo para determinar o significado da PGE2 derivada da PGES. Como membro da superfamília MAPEG (proteínas relacionadas com a membrana envolvidas no metabolismo dos eicosanóides e da glutationa), a mPGES-1 requer GSH como cofator, à semelhança da PGES. A MPGES-1 é uma proteína perinuclear que é significativamente induzida por citocinas e factores de crescimento e desregulada por glucocorticóides anti-inflamatórios, à semelhança da COX-2. A COX-1 está funcionalmente acoplada à COX-2, ao contrário da COX-2.

Além disso, presumiu-se a expressão constitutiva da mPGES-1 em tecidos e tipos celulares específicos. A criação de ratinhos deficientes em mPGES-1 revelou o papel dominante desta enzima na produção de PGE2 para a promoção da inflamação. Na CIA, um modelo de doença da AR humana, os ratinhos deficientes em mPGES-1 exibiram uma prevalência e gravidade reduzidas da doença em comparação com os controlos de tipo selvagem. Esta diferença não foi atribuível a alterações na produção de interleucina (IL) por macrófagos peritoneais ou a variações significativas nos anticorpos anti-colagénio circulantes. Da mesma forma, a artrite induzida por anticorpos contra o colagénio em qualquer modelo de artrite reumática não envolve a ativação do sistema imunitário. Os níveis de PGE na pata foram reduzidos em 50% nos ratinhos mPGES-1- null em comparação com os ratinhos de tipo selvagem, resultando numa incidência semelhante e numa artrite menos grave.

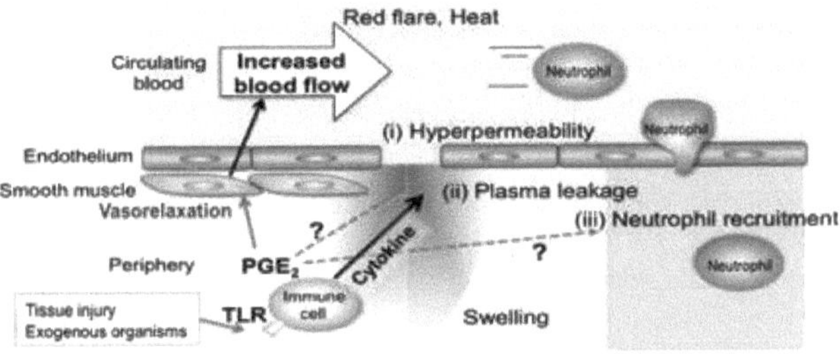

Fig. 1.4 Via e mecanismo da inflamação

A migração de macrófagos após injeção peritoneal de tioglicolato foi drasticamente reduzida em ratinhos deficientes em mPGES-1 em comparação com ratinhos selvagens. A formação de tecido de granulação inflamatório e de angiogénese auxiliar no dorso resultante da implantação subcutânea de um fio de algodão na pata. Neste modelo, a deficiência de mPGES-1 foi também associada à diminuição da indução do fator de crescimento endotelial vascular (VEGF) no tecido de granulação. Estes resultados sugerem que a PGE2 derivada da mPGES-1, em conjunto com o VGEF, pode desempenhar um papel essencial no desenvolvimento da granulação inflamatória e da angiogénese. Consequentemente, contribuindo para a reconstrução dos tecidos no final. A eliminação ou inibição da mPGES-1 reduz a resposta inflamatória em vários modelos de ratinhos de uma forma distinta. Também presente na aterosclerose está o efeito pró-inflamatório da PGE2 derivada da mPGES-1. A eliminação da mPGES-1 inibe a aterogénese em ratos hiperlipidémicos alimentados com gordura de ambos os sexos. De forma semelhante à cessação prevista da produção de PGE2, a deleção de mPGES-1 permite o redirecionamento do substrato de PGH2 para outras PGs sintases. A título de exemplo, a formação acrescida de PGI2 e PGD2. Isto complica o processo de seleção da mPGES-1 como alvo de um medicamento. Por conseguinte, o aumento de PGI2 pode também contribuir para o perfil cardiovascular mais benigno da deleção de mPGES-1 em comparação com a deleção ou inibição de COX-2, que está associada a uma maior propensão para hipertensão e trombogénese. Este efeito pode também atenuar os efeitos adversos sobre o tónus brônquico, a inflamação alérgica ou o ciclo sono-inquietação, no caso do aumento da PGD2. Isso pode ajudar a explicar por que a eficácia da interrupção é menos notável. PGES-1 versus COX-2 em alguns modelos de cefaleias.

Investigações recentes da equipa de Geisslinger sugerem que a PGE2 derivada da mPGES-1 pode também contribuir para a promoção e determinação da neuroinflamação em ratos. Eventualmente, os principais produtos de substrato da versão vermelha podem ser estimulados com a ajuda do tipo celular dominante num determinado ambiente. O aumento instantâneo de PGI2 também pode contribuir para a inibição da aterogénese em ratos hiperlipidémicos após a eliminação da prostaglandina E sintase-1 microssomal. Não se sabe se a inibição da prostaglandina E sintase-2 microssómica no contexto de aterosclerose estabelecida enfraquece ou acelera a progressão da doença devido à redistribuição de endoperóxidos para TxA2 em placas ricas em macrófagos. A MGPES-2 é sintetizada como uma proteína associada à membrana de Golgi e à proteólise. A formação de uma enzima citosólica madura é concluída pela eliminação da região hidrofóbica n-terminal. Esta enzima é expressa constitutivamente numa variedade de células e tecidos e está funcionalmente associada à COX-1 e à COX-2. Os ratinhos deficientes em prostaglandina E sintase-2 microssomal não apresentaram alterações no fenótipo ou no nível de PGE2 em vários tecidos ou em macrófagos estimulados por LPS. A regulação cruzada entre as várias isoformas de PGES pode servir como mecanismo compensatório, de acordo com a investigação com ratinhos deficientes em PGES. Os ratinhos nulos para a prostaglandina E sintase-1 microssómica apresentam um aumento retardado da PGE2 urinária em resposta a uma carga aguda de água, acompanhado de um aumento da expressão medular renal da cPGES, mas não da prostaglandina E sintase-2 microssómica. Foram identificadas provas semelhantes que indicam uma regulação cruzada com as COXs. Por conseguinte, a eliminação da COX-2 nos macrófagos está associada à regulação positiva da expressão da COX-2 nas células do músculo liso vascular na placa aterosclerótica. Após a formação da PGE2, esta é ativamente transportada através da membrana por uma proteína de resistência a múltiplos fármacos dependente de ATP. Difunde-se através da membrana plasmática para atuar perto do local da sua secreção. A PGE2 actua então localmente através da ligação de um ou mais dos seus quatro receptores equivalentes, denominados EPi-EP. Entre as EP, as EP e os receptores EP são os mais amplamente selecionados, sendo os seus ARNm expressos nos tecidos do rato e tendo uma afinidade para a ligação da PGE2. Em contrapartida, a distribuição do ARNm do EPi está limitada a vários órgãos, juntamente com o rim, o pulmão e o ventre, e o EP2 é o menos abundante dos receptores EP. Cada EPi e EP2 liga-se à PGE2 com uma afinidade reduzida. O subtipo EP sugere uma localização celular distinta nos tecidos. Uma das peças de treino descobertas a partir da investigação com ratos knock-out é que a PGE2.

Pode exercer respostas pró-inflamatórias e anti-inflamatórias e estes movimentos são produzidos através da regulação da expressão dos genes dos receptores nos tecidos aplicáveis. Por exemplo, a hiperalgesia, um sinal convencional de inflamação, é mediada particularmente pela PGE2 através da sinalização dos receptores EP1 que actuam nos neurónios sensoriais periféricos no local da inflamação, para além de áreas neuronais importantes. Outros estudos implicaram adicionalmente os recetores EP3 na resposta à dor inflamatória mediada por doses baixas de PGE2. O EP2 e o EP4 medeiam de forma redundante o desenvolvimento da dor nas patas associada ao colagénio induzido pelo colagénio. Do mesmo modo, os estudos sobre a carragenina provocada pelo edema da pata e a carragenina e a carragenina induzida pelo colagénio revelaram a participação da EP2 e da EP3 na exsudação inflamatória. O recetor EP4 também parece desempenhar um papel inflamatório nos patógenos da artrite reumatoide. A PGE2 produzida pela sinovial reumatoide tem sido implicada na produção de IL-6 e na destruição das articulações. Os ratos privados dos receptores EP4, mas não dos receptores EP1, EP2 ou EP3, apresentam uma reação atenuada na versão da artrite precipitada por anticorpos de colagénio. Diminui os níveis das citocinas inflamatórias IL-6 e IL-1 e uma redução dramática dos sintomas clínicos da doença. As acções anti-inflamatórias das prostaglandinas são observadas tipicamente na inflamação alérgica ou imune e são tipicamente equilibradas com a ajuda de movimentos inflamatórios temperados de diferentes prostaglandinas. Esta biologia contrastante é óbvia entre as vias PGI2-IP e TxA2-TPnpathways na doença cardiovascular e entre as vias PGD2-DP e PGE2-EP3 na citação de todo o rgilogicthma. A PGE2 pode alterar a função de numerosos tipos de células, incluindo macrófagos, células dendríticas, células T e linfócitos, resultando em efeitos pró e anti-inflamatórios. Como mediador pró-inflamatório, a PGE2 contribui para o perfil de expressão de citocinas das células dendríticas e acredita-se que influencia a diferenciação das células T para uma resposta Th1 ou Th2. De acordo com um estudo recente, a sinalização PGE2-EP4 em DCs e células T permite a diferenciação de IL-23 e Th1 dirigida a Th17. Além disso, a PGE2 é necessária para a indução de um fenótipo de CD migratório que permite a sua migração para os gânglios linfáticos de drenagem. A estimulação com PGE2 no início do processo de maturação induz simultaneamente a expressão de moléculas coestimuladoras da superfamília TNF nas CDs, aumentando assim a ativação das células T. Na avaliação, a PGE2 também demonstrou inibir a diferenciação Th1, a função das células B e as reacções alérgicas. Além disso, a PGE2 pode exercer efeitos anti-inflamatórios nas células do sistema imunitário inato, como os neutrófilos, os monócitos e as células NK. A PGE2 pode modular várias etapas da inflamação de uma forma dependente do contexto e orientar todo o processo tanto em direcções pró-inflamatórias como anti-inflamatórias. Esta dupla função da PGE2 e dos seus receptores na modulação da resposta inflamatória foi identificada em numerosos contextos. A deficiência de EP4 promove a apoptose dos macrófagos e suprime a aterosclerose precoce na aterosclerose. Verificou-se que a deficiência de EP2 nas células hematopoiéticas tem efeitos semelhantes, embora modestos, na aterosclerose. No mesmo estudo, verificou-se que a EP4 dos macrófagos desempenha um papel pró-inflamatório nas fases iniciais da aterosclerose, regulando a produção de citocinas inflamatórias, incluindo IL-1, IL-6 e MCP-1. Em contrapartida, a supressão da EP4 nas células derivadas da medula óssea aumenta a inflamação local e modifica a composição das lesões. A PGE2 também desempenha funções distintas durante a neuroinflamação. A síntese de PGE2 induzida por LPS tem efeitos prejudiciais nos neurónios, resultando em lesões ou no aumento da transmissão da dor. No entanto, a PGE2 também possui propriedades anti-inflamatórias. Medeia os efeitos neuroprotectores da bradicinina e inibe a síntese de citocinas induzida por LPS e ATP em culturas de microglia. Os efeitos anti-inflamatórios e neuroprotectores da PGE2 são mediados pelos receptores EP2 e EP4 na microglia. Foi afirmado que a PGE2 inibe a síntese de citocinas e prostaglandinas através da ativação da EP2 num modelo de neuroinflamação induzida por LPS e que a mPGES1 é uma enzima-chave nesta regulação de feedback negativo.

1.5.5 Prostaglandina I2 e inflamação

A PGI2 é um dos prostanóides mais importantes na regulação da homeostase cardiovascular. As células vasculares, como as células endoteliais, as células musculares lisas vasculares (VSMCs) e as células progenitoras endoteliais (EPCs), são a principal fonte de PGI2, que é produzida pelo movimento sequencial de COX e PGIs, um membro da família do citocromo P-450 que converte PGH2 em PGI2. Os PGIs estão associados à COX no ER, na membrana plasmática e na membrana nuclear. As células endoteliais expressam constitutivamente PGIs, que se associam à COX.1 Embora a COX-2 tenha estruturado a produção de PGI2 com a ajuda das células endoteliais, que demonstrou ser modulada in vitro pela trombina, o stress de cisalhamento, o LDL oxidado, a hipoxia e as citocinas inflamatórias são sincronizados pela regulação positiva da COX-2. Estudos in vivo em ratos e humanos revelaram que a COX-2 se tornou a principal fonte de PGI2. Uma vez produzida, a PGI2 é libertada para atuar nas VSMCs vizinhas e nas plaquetas circulantes. A PGI2 exerce os seus efeitos localmente, não é armazenada e é abruptamente convertida, por meios não enzimáticos, no produto de hidrólise inativo 6-ceto-PGF 1. A PGI2 é um potente vasodilatador e

inibidor da agregação plaquetária, da adesão leucocitária e da proliferação de VSMC.

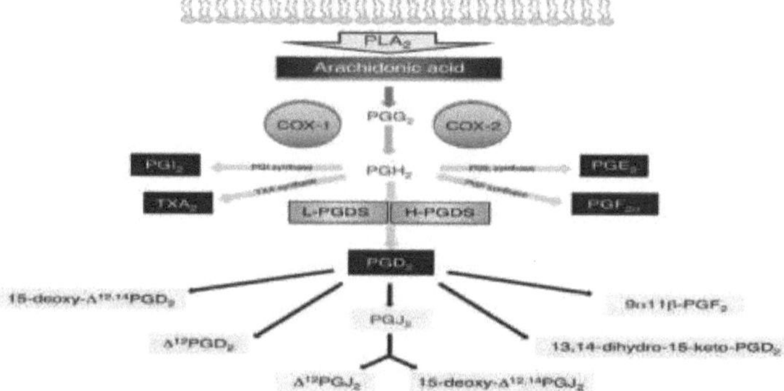

Fig.1.5 Prostaglandina I2 e inflamação.

A PGI2 é antimutagénica e inibe a síntese de ADN da VSMC. Estes efeitos da PGI2 são mediados por receptores IP específicos. O rim, o fígado, o pulmão, as plaquetas, o coração coronário e a aorta expressam este recetor. Evidências inconclusivas sugerem que alguns dos efeitos da PGI2 na vasculatura podem ser mediados pela via do PPAR, semelhante à via clássica de sinalização do AMPc do IP. A PGI2 pode certamente refletir o PPAR, à semelhança do 15-DPDG2 e do PPAR. Nas concentrações do ligando atingidas in vivo, é altamente improvável que tenha um objetivo biológico. Apesar de os ratinhos deficientes em IP amadurecerem normalmente sem sofrerem de trombose espontânea, as suas respostas a estímulos trombogénicos e a proliferação de VSMC em resposta a danos vasculares são superiores às dos seus companheiros de ninhada de controlo. Além disso, os ratinhos que carecem de IP são sensíveis à hipertensão induzida por sal nutricional. Melhorou a aterogénese nos modelos de recetor LDL e Apo EKO, aumentando a ativação plaquetária e acelerando a adesão de leucócitos às paredes dos vasos. Para além dos seus efeitos cardiovasculares, a PGI2 é um mediador essencial do inchaço e da dor que acompanham a inflamação aguda. A PGI2 é produzida rapidamente em resposta a danos nos tecidos ou inflamação. Está longe de ser benéfica em concentrações excessivas em ambientes inflamatórios. A PGI2 é o prostanóide mais abundante no líquido sinovial das articulações artríticas do joelho em humanos, bem como no líquido do espaço oco peritoneal de ratinhos injetados com substâncias irritantes. Em ratinhos sem receptores IP, o efeito da PGI2 na permeabilidade microvascular induzida pela bradicinina é abolido, resultando numa redução significativa do edema da pata induzido pela carragenina.
A extensão do edema da pata encontrada nos ratinhos deficientes em IP tornou-se

comparável à dos ratinhos de controlo tratados com indometacina, que não induziu uma redução do inchaço, indicando que a sinalização do recetor PGI2 IP é a principal via prostanóide. Nesta versão, esta via medeia a resposta inflamatória extrema. Também foi alertado que a bradicinina induz a formação de PGI2, resultando no desenvolvimento de permeabilidade microvascular e edema[81] . Foi demonstrado que o recetor IP medeia a dor nociceptiva durante a inflamação aguda. Os neurónios do gânglio da raiz dorsal, que incluem indivíduos que expressam um marcador para neurónios sensoriais nociceptivos, contêm mRNA do recetor IP. Os ratinhos que não possuem receptores IP têm uma resposta reduzida de contorção a injecções intraperitoneais de ácido acético ou PGI2. Isto indica que o recetor IP medeia a sensibilização nociceptiva periférica em resposta a estímulos inflamatórios. A medula espinal também exprime o recetor IP. Os antagonistas do IP demonstraram reduzir as respostas à dor em vários modelos animais. Os antagonistas do IP demonstraram reduzir as respostas à dor em vários modelos animais, incluindo a constrição do estômago causada pelo ácido acético, a hiperalgesia mecânica induzida pela carragenina e a dor associada a modelos de osteoartrite e artrite inflamatória. Em comparação com os efeitos inflamatórios conhecidos da ativação do recetor IP na inflamação aguda não alérgica. De acordo com alguns estudos, a sinalização do recetor IP inibe as respostas inflamatórias alérgicas mediadas por Th2. O mRNA do recetor IP é regulado positivamente nas células Th2 CD^{4+} , e a inibição da formação de PGI2 pelo inibidor da COX-2 NS-398, entre outros, inibe a formação de PGI2. Durante a inflamação das vias aéreas induzida por antigénios, há um aumento da inflamação pulmonar mediada por Th2. Foi proposto que a PGI2 exerce o seu efeito aumentando a produção de células Th2 da citocina anti-inflamatória IL10. Esta posição imunossupressora do recetor IP na inflamação mediada por Th2 é apoiada por observações na asma induzida por ovalbumina (OVA). Os efeitos da supressão do IP na acumulação acelerada de leucócitos induzida pelo antigénio no líquido de lavagem broncoalveolar e na infiltração inflamatória peribronquiolar e perivascular. Consequentemente, a PGI2 pode também alterar o equilíbrio do sistema imunitário, afastando-o de uma resposta dominante Th2 e inibindo a inflamação alérgica.

1.5.6 Prostaglandina D2 e inflamação

A PGD2 é um importante eicosanóide produzido tanto no sistema nervoso central (SNC) como nos tecidos periféricos, e tem propriedades inflamatórias e homeostáticas. A PGD2 está envolvida na regulação do sono e em várias actividades do SNC, incluindo a perceção da dor, no cérebro. A PGD2 é produzida especificamente por mastócitos e outros leucócitos nos tecidos periféricos. Foram identificadas duas enzimas de síntese de PGD2 geneticamente distintas, incluindo a síntese de PGD do tipo lipocalina hematopoiética (H PGDS e L PGDS, respetivamente). A H-PGDS encontra-se normalmente no citosol das células imunitárias e inflamatórias, enquanto a expressão da L-PGDS se restringe a tecidos específicos. A PGD2 é metabolizada de forma semelhante à PGF2, 9, 11-PGF2 (um estereoisómero da PGF2) e à série J de ciclopentanonas PGS, incluindo PGJ2, 12PGJ2 e 15d PGJ2. O PGD2 é inicialmente desidratado durante a síntese da coleção J de PGS. Reage para gerar PGJ2 e 15d PGJ2 e, em seguida, o PGJ2 é convertido em 15dPGJ2 e 12PGJ2 através de reacções dependentes e independentes da albumina, respetivamente. A maior parte da atividade da PGD2 é mediada por DP ou DP1 e CRTH2 ou DP2. Além disso, a PGJ2 15d liga-se ao PPAR nuclear com baixa afinidade. A PGD2 tem sido historicamente associada a condições inflamatórias e atópicas. Pode também exercer uma variedade de funções anti-inflamatórias imunologicamente aplicáveis. A PGD2 é o prostanóide predominante produzido pelos mastócitos activados, que desencadeiam respostas alérgicas agudas. É bem sabido que a presença de um alergénio provoca a produção de PGD2 em indivíduos hipersensíveis.

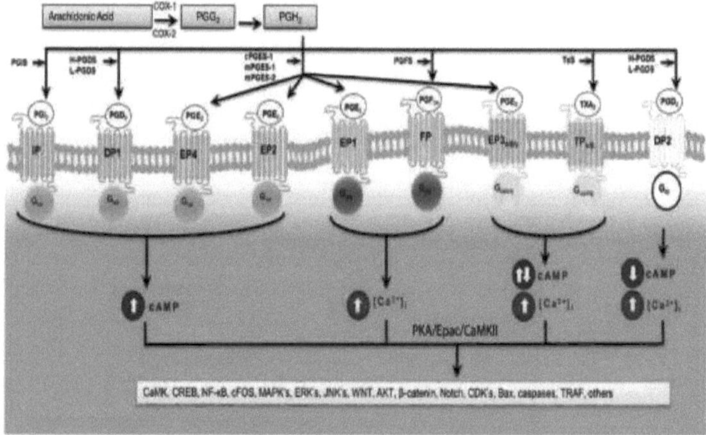

Fig.1.6 Prostaglandina D2 e inflamação

Nos asmáticos, a PGD2, que pode ser detectada no fluido de lavagem bronco-alveolar no espaço de um minuto, procura níveis biologicamente activos em fases pré-alérgicas mais elevadas[82] . A PGD2 é também produzida por outras células imunitárias que incluem células dendríticas que oferecem antigénios e células Th2, sugerindo um papel modulador para a PGD2 na melhoria das respostas do sistema imunitário aos antigénios. O desafio com PGD2 provoca várias marcas de alergias alérgicas, juntamente com a constrição dos brônquios e a infiltração de eosinófilos nas vias respiratórias. A PGD2 sintase de lipocalina explícita de ratinhos multiplicou os níveis de PGD2 e aumentou a resposta alérgica no modelo de hiperatividade das vias respiratórias induzido por óvulos. Parece que tanto os receptores DP1 como os DP2/CRTH2 medeiam os efeitos inflamatórios da PGD2. Uma vez que ambos os receptores se ligam à PGD2 com uma afinidade elevada semelhante, a PGD2 produzida por mastócitos ou células T activadas ativa múltiplas vias de sinalização, resultando em efeitos distintos. Com base no facto de os receptores DP1 ou DP2/CRTH2 serem expressos localmente. A hipótese é que o recetor DP1 no epitélio brônquico medeia a produção de quimiocinas e citocinas. Estas recrutam linfócitos inflamatórios e eosinófilos, resultando na inflamação das vias aéreas e na hiperreactividade observada na asma brônquica. Num modelo de asma brônquica induzida por óvulos, os ratinhos deficientes em DP1 apresentam uma diminuição da alergia das vias respiratórias e da inflamação pulmonar mediada por Th2, o que indica o papel do DP1. Os mastócitos desempenham um papel crucial na mediação dos efeitos da PGD2 libertada com eles durante toda a sua vida útil. Sintomas asmáticos[83] . Através do recetor DP1, a PGD2 pode também inibir a apoptose dos eosinófilos. Em numerosos modelos experimentais, os antagonistas da DP1 apresentam propriedades anti-inflamatórias, para além da inibição dos antigénios. Induzem a permeabilidade microvascular conjuntival em cobaias, enquanto os óvulos induzem a hiperreactividade das vias respiratórias em ratos.

Ao mediar as células inflamatórias e modular o efeito ou a capacidade, os receptores DP2/CRTH2 contribuem significativamente para as respostas patogénicas. A PGD2 segregada pelos mastócitos facilita o recrutamento de linfócitos Th2 e eosinófilos através do recetor DP2/CRTH2. Os linfócitos Th2, os eosinófilos e os basófilos expressam todos o recetor DP2/CRTH2. Certas formas de dermatite atópica estão indiscutivelmente ligadas à expansão das células T DP2/CRTH^{2+} . A quimiotaxia estimulada por PGD2 destas células in vitro e a mobilização de leucócitos in vivo é mediada pelo recetor DP2. Em contraste com a sua função pró-inflamatória na inflamação alérgica, a PGD2 pode inibir a inflamação noutras situações. O recetor DP1 é expresso nas células dendríticas, que desempenham um papel crucial no início de uma resposta imunitária adaptativa a antigénios estranhos. A ativação do recetor DP1 induzida pelo PGD2 inibe esta resposta. Diminui a proliferação das células T e a produção de citocinas em resposta a um antigénio. A ativação do DP1 diminui ainda mais a eosinofilia na inflamação alérgica do rato. Medeia a inibição da função das células de Langerhans apresentadoras de antigénios mediada pela PGD2. A PGD2 e o seu produto de degradação15d PGJ2 foram sugeridos como produtos da COX-2 envolvidos na resolução da inflamação. Durante a fase de decisão, a administração de um inibidor da COX-2 exacerbou a inflamação num modelo de pleurisia induzida por carragenina. Num modelo de peritonite por Zymosan, a deleção de HPGDS induziu uma resposta inflamatória mais agressiva. Comprometeu os resultados da decisão moderados pela adição de agonista DP1 ou 15d- PGJ2. Embora estes documentos pareçam implicar a PGD2 e a 15d PGJ2 na tomada de decisões, pode haver uma diferença substancial entre as quantidades nanomolares e picomolares de 15d PGJ2 detectadas in vivo utilizando técnicas físico-químicas. A quantidade necessária para exercer um efeito biológico in vitro sobre o PPAR ou o NF-B. (Quantidades micromolares). Esta distinção é apoiada por descobertas recentes na peritonite induzida por zymosan, na qual observámos a biossíntese induzida de PGD2 apenas durante a fase pró-inflamatória e não durante a resolução. A deleção de DP2/CRTH2 reduziu a gravidade da inflamação aguda, e nem a deleção de DP1 nem de DP2/CRTH2 influenciou a tomada de decisão. Embora o 15d-PGJ2 seja facilmente detectado quando o PGD2 sintético é administrado por via intravenosa a roedores, ainda não está claro por que isso acontece. Não foram detectadas alterações na biossíntese endógena de 15d-PGJ2 em nenhum momento durante o início ou a resolução da inflamação. A PGD2 pode estar envolvida no desenvolvimento da aterosclerose. No caso da íntima infetada, a PGD2 tem origem no HPGDS para produzir células inflamatórias que podem ser quimiotacticamente compelidas a permear a vasculatura. Nas células endoteliais vasculares, a expressão de l-PGDS é estimulada pelo stress laminar. Observa-se uma expressão ativa nas células musculares sintéticas da íntima aterosclerótica e nas placas coronárias de artérias com estenose excessiva. Em conjunto com a iNOS e o inibidor do ativador do plasminogénio, a PGD2 inibe a expressão de genes pró-inflamatórios. A aterogénese é acelerada pela deficiência de l-PGDS. Em conclusão, os estudos com inibidores da COX-2 sugerem que os produtos da enzima desempenham um papel na tomada de decisões numa variedade de modelos de inflamação.

1.5.7 Prostaglandas em F2a e inflamação

A PGF2 é sintetizada a partir da PGH2 pela PGF sintase e actua através da FP, que se liga à proteína Gq para aumentar a concentração de cálcio livre intracelular. Existem dois receptores FP ortólogos com splicing distinto. O FPA e o FPB têm caudas C-terminais que diferem uma da outra. Em termos de ligação às prostaglandinas endógenas primárias, o recetor FP é o menos seletivo dos receptores de prostanóides. Cada PGD2 e PGE2 liga-se ao FP com valores EC50 nanomolares. Os compostos do anel PGF podem ser produzidos como subproduto de outras prostaglandinas, uma vez que a redução enzimática da organização 9-ceto dos compostos de PGE por 9-cetoreductases resulta em 9a-hidroxilo, que produz então compostos de PGF, ou 9b-hidroxilo, que produz então compostos de PGF. As 11-ceto-redutases também podem converter compostos do anel PGD em metabolitos do anel PGF. 15- ceto-dihidro A biossíntese de PGF2 in vivo é mediada pela PGF2, um metabolito forte e importante da PGDF2. Este encontra-se em concentrações elevadas no plasma e na urina da periferia em estados fisiológicos e fisiopatológicos, como a inflamação aguda e persistente. A PGF2 derivada especificamente da COX-1 no sistema reprodutor feminino desempenha um papel essencial na ovulação, na luteólise, na contração do músculo liso uterino e no início do trabalho de parto. Desempenha um papel importante nas caraterísticas renais. Constrição arterial, disfunção miocárdica, danos cerebrais e dor. Anteriormente, os análogos da PGF2 foram desenvolvidos para a sincronização do cio e o aborto em animais domésticos. Globalmente, os agonistas da PGF são amplamente utilizados para reduzir o stress intraocular no tratamento do glaucoma[84] . A administração de PGF2 induz inflamação aguda, enquanto os AINEs inibem a biossíntese de PGF2 in vitro e in vivo. Em modelos de inflamação aguda, a biossíntese de PGF2 pode co-ocorrer com a formação catalisada por radicais livres de isoprostanos do anel F como índices de peroxidação lipídica[85] . A taquicardia induzida por LPS em ratinhos de tipo selvagem foi significativamente reduzida em ratinhos deficientes em FP ou TP com deficiência completa de ambos os receptores. Um estudo recente concluiu que a deleção de FP reduz a fibrose pulmonar sem afetar a inflamação alveolar após a invasão microbiana. Foi observado que os doentes com artrite reumatoide, artrite psoriática, artrite reactiva e osteoartrite apresentam uma biossíntese acelerada de PGF2. Os factores de risco cardiovascular, incluindo a diabetes, a obesidade, o tabagismo e o espessamento da relação íntima-média da carótida, foram inconsistentemente associados a níveis elevados de metabolitos de PGF2, IL6 e proteínas agudas nos fluidos corporais. A deleção do FP diminui a pressão arterial e retarda a aterogénese em ratos hiperlipidémicos, apesar da ausência de FP detetável nos seus vasos sanguíneos maciços e placas ateroscleróticas. A PGF2, o prostanóide mais potente produzido pela tensão de cisalhamento laminar nas células endoteliais umbilicais humanas, regula a expressão da COX-2. O papel emergente da PGF2 na inflamação aguda e crónica oferece oportunidades para a conceção de medicamentos anti-inflamatórios contemporâneos .[86]

1.5.8 Tromboxano e inflamação

O TXA2, um metabolito volátil do AA com uma semi-vida de 30 segundos, é sintetizado a partir da PGH2 através da TXS e degradado no TXB2 inativo. O TXA2 é derivado principalmente da COX-1 plaquetária. No entanto, também pode ser produzido com a ajuda de outras células, como a COX-2 dos macrófagos. O TXA2 é principalmente mediado pelo TP, que se liga a Gq, G12/13 e a pequenas proteínas G para regular vários efectores, como a fosfolipase C, Rho GEF e adenilato ciclase. As isoformas humanas TP e TP spliced comunicam com proteínas G distintas e sofrem hetero dimerização, resultando em alterações no tráfico intracelular e nas conformações das proteínas receptoras. A proteína TP é mais abundantemente expressa em ratinhos. A adesão e a agregação plaquetárias estão entre as respostas fisiológicas e fisiopatológicas mediadas pela ativação da TP. Contração e proliferação do músculo liso em conjunto com a ativação endotelial de respostas inflamatórias. Vários factores, incluindo a oligomerização, a dessensibilização, a internalização, a glicosilação e a interação com os receptores tirosina-quinases, regulam a função da TP[87]. Embora o TXA2 seja o ligando fisiológico de eleição para o recetor TP, o PGH2 também pode ativar este recetor. Além disso, os isoprostanos e os ácidos hidroxi eicosatetraenóicos (HETEs produzidos pela lipooxigenase e pelas monooxigenases do citocromo P450 ou pela peroxidação lipídica não enzimática) são agonistas potentes dos receptores TP. Os derivados di-hidro do ácido epóxi rico satrienóico (metabolitos AA do citocromo P-450) são antagonistas endógenos selectivos da TP. Continua por determinar se os isoprostanos PGH2 ou os HETE contribuem significativamente para as respostas atribuídas à ativação da TP in vivo. Por exemplo, a ativação da TP com o auxílio de isoprostanos pode desempenhar um papel crucial em contextos terapêuticos de pressão oxidativa, como durante a reperfusão de transplantes de órgãos[87]. Os ratinhos deficientes em TP são normotensos, mas as suas respostas vasculares aos agonistas da TP são diminuídas e têm tendência para sangrar. A deleção de TP diminui a proliferação vascular e a ativação plaquetária em resposta à lesão vascular, o que retarda a aterogênese e previne a hipertensão e a hipertrofia cardíaca causadas pela angiotensina II. Em modelos de revelação infectados, a deleção de TP ou o antagonismo de TP inibiu uma variedade de respostas induzidas por LPS, tais como um aumento na expressão de óxido nítrico sintase induzível, insuficiência renal aguda e taquicardia inflamatória. Indicando que o TXA2 pode funcionar como um mediador pró-inflamatório[88]. O fenótipo dos ratinhos deficientes em TXS é menos pronunciado, possivelmente porque o TXA2 é o melhor ligando endógeno da TP e, mais provavelmente, porque a eliminação desta enzima pode também redirecionar a PGH2 para outras sintases contrárias.[89]

1.5.9 Prostaglandinas na tradução

As enzimas COX-1 ou COX-2 também podem promover ou resolver a inflamação. Os produtos de enzimas idênticas podem, além disso, negociar ou resolver a inflamação em modelos excepcionais. Um dos tipos de células que predominam em várias fases da revolução da doença gera prostanóides que têm consequências contrastantes na inflamação. Os prostanóides masculinos ou femininos sobrepõem-se consideravelmente nos seus resultados orgânicos com outros mediadores. A aspirina e os AINEs, como o acetaminofeno, evoluíram para inibir seletivamente a COX-2 e estão entre os comprimidos mais procurados pelos doentes. Este tipo de comprimidos dá resultados com a entrega e é maravilhosamente orientado para os resultados. A aspirina em doses inferiores a 100 mg por dia ou mais de 1 gm por dia tem resultados equivalentes no TXA2 derivado da COX-1 plaquetária. Suprimem não só a COX-1 mas também inibem a PGI2 coincidentemente com este impacto. Não dispomos de comparações diretas e aleatórias entre doses, mas as comparações indirectas sugerem que a eficácia cardioprotectora da aspirina pode diminuir à medida que a dose é aumentada. Além disso, a PGE2 e a PGI2 derivadas da COX-1 protegem a integridade do epitélio gastroduodenal e o TXA2 derivado da COX-1 contribui para a hemostase. Acredita-se que a perturbação destas vias pelos AINEs que inibem a COX-1 seja responsável pelas úlceras induzidas por AINEs. Mas os AINEs selectivos para a inibição da COX-2 têm a menor incidência de eventos gastrointestinais significativos quando comparados com outros AINEs. Isto afectará os prostanóides epiteliais gastroduodenais dependentes da COX-2 que aceleram a cicatrização das úlceras. Não temos uma compreensão adequada das diferenças inter e intra-individuais na eficácia anti-inflamatória entre os AINEs com atividade reversível[89]. Os prostanóides são tipicamente agonistas fracos nas estruturas em que o seu bloqueio conduziu a uma eficácia clínica. Por exemplo, o TXA2 é um agonista plaquetário significativamente mais fraco do que a trombina, com uma quantidade significativa de inatividade do mecanismo[90]. A regularidade dos eicosanóides tende a funcionar como sinais crescentes para outros agonistas mais potentes em relação à eficácia do fármaco. As plaquetas activadas com trombina, ADP ou colagénio em conjunto com TXA2 aumentam a resposta de agregação. Talvez a eficácia da aspirina na prevenção secundária de enfarte do miocárdio ou acidente vascular cerebral seja o que a torna tão potente. Quando os mediadores alternativos para os prostanóides suprimidos deixam de estar presentes, ocorrem alterações fenotípicas significativas. Com inúmeros efeitos biológicos destes compostos, a sua produção em cápsulas é até tolerada. Os AINEs podem, na realidade, resultar em ocasiões adversas gastrointestinais ou cardiovasculares que ameaçam a existência, mas apenas numa pequena fração de doentes (1-2%), o que pode indicar que a formação de prostanóides é um sistema de resposta homeostática. Em condições fisiológicas, estes compostos são produzidos em quantidades negligenciáveis e a sua importância orgânica é insignificante. Quando um modelo é confundido, ele tornar-se-á crucial. Em condições de reprovação, um exemplo de uma função crucial é a manutenção do fluxo sanguíneo renal. Os seus efeitos anti-hipertensivos em doentes com vasopressores ou os seus efeitos antitrombóticos em doentes com risco acrescido de trombogénese. A eliminação do IP já não resulta em trombose espontânea, mas acentua a resposta a estímulos que induzem a trombogénese. Além disso, embora a doença cardiovascular preexistente tenha sido frequentemente utilizada para atenuar a responsabilidade legal dos doentes que sofreram enfartes do miocárdio, tal não se verificou (enfartes). O risco relativo de enfartes com celecoxib está relacionado com o peso subjacente da doença cardiovascular e o efeito da supressão da PGI2 derivada da COX-2[90]. A experiência com a eliminação da mPGES1 enfatiza a complexidade da comparação. Neste caso, o desvio de substrato para PGIS pode também mitigar o risco cardiovascular da inibição da COX-2, resultando numa diminuição da eficácia analgésica. Noutros casos, existe uma distinção entre a aspirina em dose baixa e o antagonismo da TP. O uso de uma dose baixa de aspirina para evitar a supressão de PGI2 em quase 15% é uma abordagem muito modesta. Poderá ser necessário efetuar um estudo científico em grande escala para detetar este hipotético benefício. Ao contrário da aspirina, o antagonista é capaz de inibir a ativação da TP através de ligandos não convencionais, como os isoprostanos e os HETEs. No entanto, embora estes compostos possam estimular a TP em situações de reperfusão tecidular, a sua relevância in vivo continua a ser exploratória. Poder-se-ia modelar este contraste utilizando ratinhos knockout para a COX-1 que imitam o efeito assimétrico de baixas doses de aspirina na COX-1 plaquetária. Consequentemente, devido à sobreposição dos efeitos biológicos da ativação de múltiplos receptores prostanóides, empresas como a IP, EP2, EP4, DP1 FP, TP e EP1 são afectadas. O risco é que a eficácia possa diminuir à medida que um fármaco se move a jusante para atingir apenas um prostanóide na via: A nossa compreensão limitada desta potencial inatividade propositada ao nível do recetor, bem como a nossa falta de compreensão das implicações da dimerização do recetor, deixa estas questões sem resposta para o desenvolvimento de medicamentos. Tal como acontece com outras vias, as limitações dos paradigmas experimentais padrão também são observadas nesta via. Investigamos modelos de aterosclerose em ratos que não sofrem fissura espontânea da placa e oclusão trombótica de artérias vitais na presença de prevenção ou indução de enfarte do miocárdio. Extrapolamos a ação de um medicamento sobre a tolerância de um rato a uma placa quente submetida a uma extração molar para desenvolver terapias divinas para mulheres idosas com osteoartrite do joelho. Estes casos são encorajadores no domínio da terapêutica translacional. No entanto, a consistência das provas provenientes de diferentes sistemas-modelo em várias espécies, em particular quando integradas com linhas de apoio imparciais, pode prever com alguma certeza o resultado de ensaios científicos aleatórios da ação de medicamentos na via. Na previsão e clarificação mecanicista do risco cardiovascular colocado pelos AINE, foi este o caso. 178 Os cientistas estão a avaliar inibidores da mPGES1, do elemento ativador das 5 lipoxigenases (FLAP) e antagonistas da DP1, DP2 e EP4, bem como análogos da PGE2, PGF2 e PGI2, e ainda antagonistas da TP e dos leucotrienos. No futuro, é provável que esta via produza AINEs mais eficazes. Numerosos objectivos no âmbito da via dos eicosanóides estão a ser objeto de avaliação pré-clínica, incluindo mais do que uma fosfolipase secretária e a hidrolase de epóxido solúvel. Isto coincide com os registos de objectivos da nova era.

Observação final

Os prostanóides podem promover ou controlar a inflamação aguda. Em determinadas circunstâncias, os produtos derivados da COX-2 podem ajudar na resolução da inflamação. Atualmente, pouco se sabe sobre quais os subprodutos da COX-2 que podem potencialmente desempenhar esta função ou se os elementos dominantes reflectem o redireccionamento do substrato do ácido araquidónico para vias metabólicas alternativas em resposta à eliminação ou inibição da COX-2. Com a ciclopentanona sintetizada e administrada como compostos exógenos, os modelos de inflamação podem ser aliviados. No entanto, as provas físico-químicas precisas são limitadas para a formação de espécies endógenas em quantidades suficientes para desempenhar um papel in vivo. Compreender como os prostanóides podem inibir a inflamação, bem como a forma como a modificação do substrato e os óleos de peixe podem capitalizar este conhecimento, é atualmente o foco de uma grande quantidade de investigação, da qual podem surgir novas estratégias terapêuticas.

Referências

1. Yuan, H. Qianqian, M. e Piao, G. (2016). A Medicina Tradicional e a Medicina Moderna a partir de Produtos Naturais. 21(5), 559-566.

2. C., V. (2011). Medicina Tradicional: Passado, Presente e Futuro Investigação e Perspectivas de desenvolvimento e integração no sistema nacional de saúde dos Camarões. 8(3), 284-295.

3. Kumar, D., Kumar, A., Prakash, O. (2012). Potenciais agentes antifertilidade das plantas: Uma revisão abrangente. Journal of Ethnopharmacology.140 (1), 1-32.

4. Kong, J., Chia, L., & Goh, N. (2003). Análise e actividades biológicas de antocianinas. Phytochemistry.64 (5), 923-33.

5. Norman, R., Farmsworth, Olaviwola, Akerele, Audrey S. (1985).Bingel, Djaja D. Soejarta eZhengang Guo. Medicinal plants in therapy Bull World Health Organ. 63(6), 965-981.

6. Raut, N., Mandal, C., Pal, C. (2014). Visão geral fitoquímica e farmacológica de Hibiscus mutabilis linn.International journal of pharmaceutical research and bio-science.3 (3), 236-241.

7. Dois Tipos de Transições Rápidas da Cadeia Pesada de Miosina do Neonato para o Adulto nas Fibras Musculares dos Membros Posteriores do Rato. Development albiology. 157, (2), 359-370.

8. Patel, M., Murugananthan, S., Gowda, P. (2012). "Modelos animais in vivo na avaliação pré-clínica da atividade antiinflamatória - uma revisão". Int. J. of Pharm. Res. &All.Sci. 1(2), 01-05

9. Paraszkiewicz, K., Moryl, M., Paza, G., Bhagat, K., Satpute, S., Bernat, P. (2021). Surfactantes de origem microbiana como agentes antibiofilme. Int. J. Environ. Health Res. 31(1), 401-420.

10. Banerjee, A. (2014). Atividade antioxidante de flores etno medicinalmente usadas de Bengala Ocidental, Índia. Int. J. Pharmacogn. Phytochem. Res., 6(1), 622-635.

11. Sharma, S., Kota, K., Ragavendhra, P. (2018). Estabilização da membrana HRBC como ferramenta de estudo para explorar a atividade anti-inflamatória de Alliumcepa Linn.- Relevância para 3R. J. Adv. Med. Dent. Sci. Res. 6(1). 30-34.?

12. Osman, N.I., Sidik, N.J., Awal, A. (2016). Ensaio de inibição in vitro da xantina oxidase e da desnaturação da albumina de Barringtonia racemosa L. e análise do conteúdo fenólico total para potencial uso anti-inflamatório na artrite gotosa. J.Intercult. Ethnopharmacol.5 (1), 343-350.

13. Chawla, P., Kumar, N., Kaushik, R., Dhull, S.B. (2019). Síntese, caraterização e absorção mineral celular de nanoemulsões de extratos de flores de Rhododendron arboreum estabilizados com goma arábica. J. Food Sci. Technol.56 (1). 5194-5203.

14. Chawla, P., Najda, A., Bains, A., Kaushik, R., Tosif, M. (2021). Potencial de Nanopartículas de Hidróxido de Ferro Funcionalizadas com Goma Arábica Embutidas em Papel de Celulose para Embalagem de Paneer. Nanomateriais.11 (1). 1308-1319.

15. Najda, A., Klimek, K., Piekarski, W. (2020). Wybranych metabolites wtornych i zdolnos'c' przeciwut leniajaca ziela Mentha piperita L. var. officinalis Sole f. pallescens Camus suszonego prozniowo. Przemys Chemiczny. 99(1). 123-126.

16. Sadh, P.K., Chawla, P., Duhan, S. (2018).Abordagem de fermentação em fenólicos, antioxidantes e propriedades funcionais do bolo de imprensa de amendoim. Food Biosci. 22(1). 113-120.

17. Kaushik, R., Chawla, P., Kumar, N., Janghu, S., Lohan, A. (2018). Efeito dos tratamentos de pré-moagem na extração de glúten de trigo e na qualidade do macarrão. Ciência dos Alimentos. Technol. Int. 24(1).627-636.

18. Vodovotz, Y.Csete, M., Bartels, J., Chang, S. (2008). Biologia sistémica translacional da inflamação. PLoS Computational Biology.4 (1), 1-6.

19. Franklin, P., Pillai, A., Rathod, P., Yerande, S., Nivsarkar, M., Sudarsanam, V. (2008). 2-Amino-5-thiazolyl motif: a novel scaffold for designing antiinflammatory agents of diverse structures. Jornal Europeu de Química Medicinal. 43(1), 129-134.

20. El-Gamal, M., Bayomi, S., El-Ashry, M., (2010). Síntese e atividade anti-inflamatória de novos derivados (substituídos) de éter de oxima de benzilideno acetona: estudo de modelação molecular. Jornal Europeu de Química Medicinal. 45(1), 1403-1414.

21. Adebayo, H., Abolaji, A., Opata, K., Adegbenro, K. (2010). Efeitos do extrato etanólico das folhas de Chrysophyllum albidum G. nos parâmetros bioquímicos e

hematológicos de ratos albinos Wistar. Jornal Africano de Biotecnologia. 9(1), 21452150.

22. Smolen, S., Aletaha, D., McInnes, B. (2016). Artrite reumatoide. Lancet Lond. Engl.388 (1), 2023-2038.

23. Lenz, L.,Huizinga, W., Abecasis, G. (2015).Efeitos não aditivos e de interação generalizados nos loci HLA modulam o risco de doenças auto-imunes. Nat. Genet. 47(1), 1085-1090.

24. Yap, Y., Wong, T., Chow, K. (2018).Papel Patogénico das Células Imunes na Artrite Reumatoide: Implicações no tratamento clínico e no desenvolvimento de biomarcadores. Células 7(1), 161-166.

25. Arleevskaya, I., Kravtsova, A., Lemerle, J., Renaudineau, Y., Tsibulkin, P. (2016). Como a artrite reumatoide pode resultar da provocação do sistema imunológico por microorganismos e vírus. Front. Microbiol. 7(1), 81-88.

26. Cooles, A., Anderson, A., Lendrem, D., Norris, J., Pratt, A. (2018). A assinatura do gene do interferon está aumentada em pacientes com artrite reumatoide sem tratamento precoce e prevê uma resposta mais fraca à terapia inicial. J. Allergy Clin. Immunol. 141(2), 445-448.

27. Bhala, N., Emberson, J., Merhi, A. (2013). Efeitos vasculares e gastrointestinais superiores de anti-inflamatórios não esteróides: meta-análises de dados de participantes individuais de ensaios randomizados. Lancet; 382(2), 769-79.

28. Alexander. H., Christopoulos, A., Davenport, P., Kelly, E., Marrion, V., (2017). O Guia Conciso de FARMACOLOGIA Receptores acoplados à proteína G. Br J Pharmacol.174 (2), 17-129.

29. Alexander. H., Fabbro, D., Kelly, E., Marrion, V., Peters. A., Faccenda, E. (2017). O Guia Conciso de FARMACOLOGIA 2017/18: Enzimas. Br J Pharmacol. 174(2), 272-359.

30. Domingo, G., Martrnez, C., Smith, J., Smith, K., Ballinger, N. (2016). Inibição da formação de armadilhas extracelulares de neutrófilos após transplante de células estaminais por prostaglandina E2. Am J Respir Crit Care Med 193(2), 186-197.

31. Duffin, R., Connor, A., Crittenden, S., Forster, T., (2016). A prostaglandina E restringe a inflamação sistêmica através de um eixo inato de células linfóides-IL-22. Science. 351(3), 1333-1338.

32. Eastman, J., Cavagnero, J., Deconde, S., Kim, S., Karta, R., Broide, H. (2017). As células linfóides inatas do grupo 2 são recrutadas para a mucosa nasal em pacientes com doença respiratória exacerbada por aspirina. J Allergy Clin Immunol. 140(2), 101108.

33. Klose, N., Artis, D. (2016). Células linfóides inatas como reguladoras da imunidade, inflamação e homeostase tecidual. Nat Immunol. 17(1), 765-774.

34. Kumar, V., Abbas, A., Aster, J (2018). Patologia básica de Robbins, 10ª edn. Elsevier, pp. 81-95.

35. Renz, H. (2017). Uma perspetiva de exposição: eventos no início da vida e desenvolvimento imunológico em um mundo em mudança. J. Allergy Clin. Immunol. 140(1), 24-40.

36. Kotas, M. E. & Medzhitov, R. (2015).Homeostasia, infamação e suscetibilidade a doenças. Cell. 160(1), 816-827.

37. Straub, H., Cutolo, M., Buttgereit, F. & Pongratz, G. (2010). Regulação energética e controlo neuroendócrino-imune em doenças infamatórias crónicas. J. Intern. Med. 267(8), 543-560.

38. Straub, H., Cutolo, M. & Pacifci, R. (2015). Medicina evolutiva e perda óssea em doenças infamatórias crônicas - uma teoria da osteopenia relacionada à infamação. Semin. Arthritis Rheum. 45(3), 220-228.

39. Straub, H. & Schradin, C. (2016). Doenças sistêmicas infamatórias crônicas: uma troca evolutiva entre programas agudamente benéficos, mas cronicamente prejudiciais. Evol. Med. Saúde Pública. 11(3), 37-51

40. Fullerton, N. & Gilroy, W. (2016). Resolução da infamação: uma nova fronteira terapêutica. Nat. Rev. Drug Discov. 15(3), 551-567.

41. Calder, C.(2013).A consideration of biomarkers to be used for evaluation of infammation in human nutritional studies. Br. J. Nutr. 10993), 1-34.

42. Taniguchi, K. & Karin, M. (2018). NF-a B, inflamação, imunidade e câncer: atingindo a maioridade. Nat. Rev. Immunol. 18(2), 309-324.

43. Gistera, A. & Hansson, G. K. (2017). A imunologia da aterosclerose. Nat Rev. Nephrol. 13(2), 368-380

44. Ferrucci, L. & Fabbri, E. (2018). Infammageing: infamação crônica no envelhecimento, doenças cardiovasculares e fragilidade. Nat. Rev. Cardiol. 15(2), 505-522.

45. Heneka, T., Kummer, P. e Latz, E. (2014). Ativação imune inata na doença neurodegenerativa. Nat. Rev. Immunol. 14(2), 463-477.

46. Miller, H. & Raison, L. (2016).O papel da inflamação na depressão: de imperativo evolutivo a alvo de tratamento moderno. Nat. Rev. Immunol. 16(3), 22-34.

47. Fagundes, P., Glaser, R. & Kiecolt-Glaser, K., (2013). Experiências estressantes no início da vida e desregulação imunológica ao longo da vida. Brain Behav. Immun. 27(1), 8-12.

48. Slavich, M., Way, M., Eisenberger, I. & Taylor, E. (2010). A sensibilidade neural à rejeição social está associada a respostas infamatórias ao stress social. Proc. Natl Acad. Sci. USA 107(4), 14817-14822

49. Macpherson, J., de Aguero, G. & Ganal-Vonarburg, C. (2017).Como a nutrição e a microbiota materna moldam o sistema imunitário neonatal. Nat. Rev. Immunol. 17(3), 508-517.

50. Blazkova, J. (2017). A análise de sistemas multicêntricos de sangue humano revela neutrófilos imaturos em homens e durante a gravidez. J. Immunol. 198(1), 24792488.

51. Aghaeepour, N. (2017). Um relógio imunológico da gravidez humana. Sci. Immunol. 2(5), 29-46.

52. Le Belle, J. E. et al. (2014). A infamação materna contribui para o crescimento excessivo do cérebro e comportamentos associados ao autismo por meio de sinalização redox alterada em células-tronco e progenitoras. Relatórios de células estaminais 3(4), 725-734.

53. Su, L. F. et al. (2013). A terra prometida da imunologia humana. Cold Spring Harb. Symp. Quant. Biol. 78, (3), 203-213.

54. Davis, M., Tato, M. & Furman, D. (2017). Imunologia de sistemas: apenas começando. Nat. Immunol. 18(3), 725-732.

55. Schussler-Fiorenza Rose, M. *et al.* (2019). Uma abordagem longitudinal de big data para a saúde de precisão. Nat. Med. 25(3), 792-804.

56. Slavich, M. & Sacher, J. (2019). Estresse, hormônios sexuais, inflamação e transtorno depressivo maior: estendendo a teoria da transdução de sinal social da depressão para

explicar as diferenças sexuais nos transtornos do humor. Psychopharmacology (Berl.) 236(3), 3063-3079.

57. Liu, G. Abraham, E. (2013) MicroRNAs na resposta imune e polarização de macrófagos. Arterioscler Thromb Vasc Biol.33 (2), 170-7.

58. Ontreras, J., Rao, D., (2012). Micro RNAs em inflamação e respostas imunes. Leukemia.26 (1), 404-13.

59. Qin B, Yang H, Xiao B. (2012). Papel dos micro RNAs na inflamação e senescência endotelial. Mol Biol Rep 39(3), 4509-4518.

60. Fang, Y., Shi, C., Manduchi, E., Civelek, M., Davies, F. (2010). Micro RNA- 10a regulação do fenótipo pró-inflamatório no endotélio suscetível a aterosclerose in vivo e in vitro. Proc Natl Acad Sci U S A 107(3), 13450-5.

61. Guri, F., Baldoni, S., Prattichizzo, F., Espinosa, E.; Amenta, F.; Procopio, A.D. (2018).Compostos anti-senescência: uma potencial abordagem nutracêutica para o envelhecimento saudável. Aging Res. Rev.46-14.

62. Alsuliman, T., Alasadi, L., Alkharat, B., Srour, M., Alrstom, A. (2020).Uma revisão dos potenciais tratamentos até à data em doentes com COVID-19 de acordo com o estádio da doença. Curr. Res. Transl. Med. 68(3), 93-104.

63. Ayati, N., Saiyarsarai, P., Nikfar, S. (2020). Impactos a curto e longo prazo da COVID-19 no sector farmacêutico. DARU J. Pharm. Sci.28 (2), 799-805.

64. Farmacopeia japonesa, 2021. A Farmacopeia Japonesa, Ministério da Saúde, Trabalho e Bem-Estar, www.pmda.go.jp. Acedido em 30 de agosto de 2021.

65. Kameyama, Y., Matsuhama, M., Mizumaru, C., Saito, R., Ando, T., Miyazaki S. (2019).Estudo comparativo das farmacopeias do Japão, da Europa e dos Estados Unidos: para uma maior convergência das normas internacionais de farmacopeia. Chem. Pharm. Bull. 67(12), 1301-1313.

66. Wiggins J.M., Albanese J.A. A practical approach to pharmacopoeia compliance (Uma abordagem prática da conformidade com a farmacopeia). Livro eletrónico de referência regulamentar da tecnologia farmacêutica. 2020:24-32.

67. Farmacopeia Britânica, 2021. A Farmacopeia Britânica e o coronavírus (COVID-19). Comissão da BP. https://www.pharmacopoeia.com/covid19. Acedido em 30 de agosto de 2021.

68. Howard, R. Herbert, S. (2022). Departamento de Doenças Reumáticas e Imunológicas. Artrite reumatoide.https://emedicine.medscape.com/article/331715-overview.

69. Nauseef, M. & Borregaard, N. (2014). Neutrófilos no trabalho. Nat Immunol 15(1), 602-611.

70. Gordon, S. (2016). Fagocitose: um processo imunobiológico. Immunity. 44(3), 463-475.

71. R0rvig, S. 0stergaard, O. Heegaardm N. & Borregaard, N. (2013). Perfil do proteoma de subconjuntos de grânulos de neutrófilos humanos, vesículas secretoras e membrana celular: correlação com o perfil do transcriptoma de precursores de neutrófilos. J Leukoc Biol. 94(1), 711-721.

72. Cassatella, A., Ostberg, K., Tamassia, N. (2019). Papéis biológicos de proteínas e citocinas de grânulos derivados de neutrófilos. Trends Immunol. 40(6), 648664.

73. Brinkmann, V., Reichard, U., Goosmann, C., Fauler, B., Uhlemann, Y. Weiss, Weinrauch, Y. & Zychlinsky, A. (2004). Neutrophil extracellular traps kill bacteria.

Science. 303(3), 1532-1535.

74. Nathan, C. & Ding, A. (2010). Inflamação não resolvida. Cell. 140, 871-882.

75. Klebanoff, J, (2005). Myeloperoxidase: friend or foe. J Leukoc Biol. 77(6), 598-625.

76. Liew, X. & Kubes, P. (2019). O papel do neutrófilo durante a saúde e a doença. Physiol Rev 99(3), 1223-1248.

77. Mantovani, A., Cassatella, A., Costantini, C. & Jaillon, S. (2011). Neutrófilos na ativação e regulação da imunidade inata e adaptativa. Nat Rev Immunol. 11(4), 519-531.

78. Jones, R., Robb, T., Perretti, M. & Rossi, G. (2016). O papel dos neutrófilos na resolução da inflamação. Semin Immunol 28, 137-145.

79. Silvestre-Roig, C., Hidalgo, A. & Soehnlein, O. (2016).Neutrophil heterogeneity: implications for homeostasis and pathogenesis. Blood. 127, (7), 2173-2181.

80. Filep, G. & Ariel, A. (2020). Heterogeneidade e destino dos neutrófilos em tecidos inflamados: implicações para a resolução da inflamação. Am J Physiol Cell Physiol. 319(3), 510 - 532.

81. Molinedo, F. (2019). Degranulação de neutrófilos, plasticidade e metástase do câncer. Trends Immunol 40(3), 228-242.

82. Jendholm, J., Fossum, A., Porse, B., Borregaard, N. & Theilgaard-Monch, K. (2011). € Avanço técnico: caraterização imunofenotípica da diferenciação de neutrófilos humanos. J Leukoc Biol. 90(3), 629-634.

83. Kettritz, R. (2016). Serina proteases neutras de neutrófilos. Immunol Rev. 273(10, 232-248.

84. H., Sharma, K., A., A., & G. (2022).Therapeutic implications of cyclooxygenase (COX) inhibitors in ischemic injury. 71 (2), 277-292.

85. Cahill, N., Raby, A., Zhou, X., Guo, F., Thibault, D., Baccarelli, A., Byun, M., Bhattacharyya, N., Steinke, W., Boyce, A. (2016).Impaired E Prostanoid2 Expression and Resistance to Prostaglandin E2 in Nasal Polyp Fibroblasts from Subjects with Aspirin-Exacerbated Respiratory Disease. Am. J. Respir. Cell Mol. Biol. 54(1), 34- 40.

86. Kanai, K., Okano, M., Fujiwara, T., Kariya, S., Haruna, T., Omichi, R., Makihara, I., Hirata, Y., Nishizaki, K. (2016).Efeito da prostaglandina D2 na libertação de VEGF por fibroblastos de pólipos nasais. Allergol. Int., 65(3), 414-419.

87. Erpenbeck, J., Popov, A., Miller, D., Weinstein, F., Spector, S., Magnusson, B., Osuntokun, W., Goldsmith, P., Weiss, M., Beier, J. (2016). O antagonista oral CRTh2 QAW039 (fevipiprant): Um estudo de fase II na asma alérgica não controlada. Pulm. Pharmacol. Ther, 39(3), 54-63.

88. Bateman, D., Guerreros, G., Brockhaus, F., Holzhauer, B., Pethe, A., Kay, A., Townley, G. (2017). Fevipiprant, um antagonista oral do recetor da prostaglandina DP2 (CRTh2), na asma alérgica não controlada com corticosteróides inalados em baixas doses. Eur. Respir. J., 50(1), 88-99.

89. Gonem, S., Berair, R., Singapuri, A., Hartley, R., Laurencin, M., Bacher, G., Holzhauer, B.,Bourne, M., Mistry, V., Pavord, D.(2016).Fevipiprant, um antagonista do recetor 2 da prostaglandina D2, em doentes com asma eosinofílica persistente: A single-centre, randomised, double-blind, parallel-group, placebo- controlled trial. Lancet Respir. Med. 4(1).699-707.

90. Wenzel, S., Chantry, D., Eberhardt, C., Hopkins, R., Saunders, M., Anderson, L., Aitchinson, R., Bell, S., Izuhara, K., Ono, J. (2014). ARRY-502, um antagonista oral potente, seletivo e CRTh2 reduz os mediadores Th2 em pacientes com asma leve a

moderada orientada por Th2. Eur. Respir. J. 44(1), 48-36.

91. Kuna, P., Bjermer, L., Tornling, G. (2016). Dois ensaios randomizados de Fase II sobre o antagonista CRTh2 AZD1981 em adultos com asma. Drug Des. Dev. Ther. 10(1), 2759-2770.

92. Pettipher, R., Hunter, G., Perkins, M., Collins, P., Lewis, T., Baillet, M., Steiner, J., Bell, J., Payton, A. (2014). Resposta aumentada de pacientes asmáticos eosinofílicos ao antagonista CRTH2 OC000459. Allergy. 69(1), 12231232.

93. Horak, F., Zieglmayer, P., Zieglmayer, R., Lemell, P., Collins, P., Hunter, G., Steiner, J., Lewis, T., Payton, A., Perkins, M. (2012). O antagonista CRTH2 OC000459 reduz os sintomas nasais e oculares em indivíduos alérgicos expostos ao pólen de gramíneas, um ensaio aleatório, controlado por placebo e em dupla ocultação. Allergy. 67(2), 1572-1579.

94. Ortega, H., Fitzgerald, M., Raghupathi, K., Tompkins, A., Shen, J., Dittrich, K., Pattwell, C., Singh, D. (2019). Um estudo de fase 2 para avaliar a segurança, eficácia e farmacocinética do antagonista DP2 GB001 e para explorar biomarcadores de inflamação das vias aéreas na asma ligeira a moderada. Clin. Exp. Allergy J. Br. Soc. Allergy Clin. Immunol. 50 (2), 189-197.

95. Hall, P., Fowler, V., Gupta, A., Tetzlaff, K., Nivens, C., Sarno, M., Finnigan, A., Bateman, D. (2015). Rand Sutherland, E. Eficácia do BI 671800, um antagonista oral da CRTH2, na asma mal controlada como único controlador e na presença de tratamento com corticosteróides inalados. Pulm. Pharmacol. Ther. 32 (6), 3744.

96. Diamant, Z., Sidharta, N., Singh, O., Connor, J., Zuiker, R., Leaker, R., Silkey, M., Dingemanse, J. (2014). Setipiprant, um antagonista seletivo de CRTH2, reduz as respostas das vias aéreas induzidas por alérgenos em asmáticos alérgicos. Clin. Exp. Alergia J. Br. Soc. Alergia Clin. Immunol. 44(1), 1044-1052.

97. Ratner, P., Andrews, P., Hampel, C., Martin, B., Mohar, E., Bourrelly, D., Danaietash, P., Mangialaio, S., Dingemanse, J. (2017).Eficácia e segurança do setipiprant na rinite alérgica sazonal: Resultados da Fase 2 e Fase 3 de estudos randomizados, duplo-cegos, placebo e com referência ativa. Allergy Asthma Clin. Immunol. 13(1), 18-26.

98. Wongrakpanich, S., Wongrakpanich, A., Melhado, K., Rangaswami, G. (2018). Uma revisão abrangente do uso de medicamentos anti-inflamatórios não esteróides em idosos. Doença do envelhecimento.9 (1), 143-150.

99. Abdulla, A., Adams, N., Bone, M., Elliott, M., Gaffin, J., Jones, D. (2013). Orientações sobre a gestão da dor em pessoas idosas. Age Ageing, 42(1), 4857.

100.Malec, M., Shega, W. (2015). Tratamento da dor no idoso. Med Clin North Am, 99(1).337-350.

101.Ungprasert, P., Cheungpasitporn, W., Crowson, S., Matteson, L., (2015). Medicamentos anti-inflamatórios não esteróides individuais e risco de lesão renal aguda: Uma revisão sistemática e meta-análise de estudos observacionais. Eur J Intern Med. 26(1), 285-291.

102.Barthelemy, O., Limbourg, T., Collet, P., Beygui, F., Silvain, J., Bellemain- Appaix, A. (2013). Impacto dos anti-inflamatórios não esteróides (AINEs) nos resultados cardiovasculares em pacientes com aterotrombose estável ou múltiplos fatores de risco. Int J Cardiol, 163(1), 266-271.

103.More, B., Giradkar, S. (2020). Adulteração de medicamentos à base de plantas: A Hindrance to the Development of Ayurveda Medicine. Jornal Internacional de Medicina Ayurvédica e Herbal. 10(2), 3764-3770.

104.Thakur, S., Kaurav, H., Chaudhary, G. (2021). Terminalia Arjuna: Um Potencial Cardio Tónico Ayurvédico. Revista Internacional de Investigação em Ciências Aplicadas e Biotecnologia. 8(2), 227-36.

105.Sengupta, R., Bilakhia, R. (2013). Avaliação anti-helmíntica e fitoquímica comparativa in-vitro de extractos metanólicos e de éter de petróleo de flores de Woodfordia fruticosa. Revista Internacional de Investigação em Farmácia. 4(1), 159-161.

106.Kaushik, R., Chawla, P., Kumar, N., Janghu, S., Lohan, A. (2018). Efeito dos tratamentos de pré-moagem na extração de glúten de trigo e na qualidade do macarrão. Ciência dos Alimentos. Technol. Int. 24(1).627-636.

107.Najda, A., Klimek, K., Piekarski, W. (2020).Wybranych metabolites wtornychi zdolnos'c' przeciwutleniaja ca ziela Mentha piperita L. var. officinalis Sole f. pallescens Camus suszonego proz niowo. Przemys? Chemiczny. 99(1). 123-12

PERFIL DA PLANTA E REVISÃO DA LITERATURA

CAPÍTULO II
PERFIL DA PLANTA E LITERATURA DE REVISÃO

2.1 Perfil da planta

2.1.1 *Woodfordia floribunda* Salisb

A planta *Woodfordia floribunda* Salisb é um arbusto com numerosos ramos canelados. Este arbusto tem ramos que crescem até uma altura de 5-12 metros. Os ramos deste arbusto são compridos e os caules são multi-alastrantes, canelados e compridos[1] . A casca deste arbusto é lisa e de cor castanha avermelhada com tiras muito finas e fibrosas[2] . As folhas têm cerca de 5-9 cm de comprimento, oblongas e lanceoladas. Esta planta tem uma maior quantidade de flores e é de cor vermelha viva. As flores desta erva têm numerosas flores de cor vermelha viva. Cada flor desta erva nasce com um pequeno tubo delgado no caule e uma base curva e esverdeada[3] . Os frutos têm cerca de 1 cm de comprimento e contêm uma cor castanha muito fina e lisa. No entanto, não existem estudos científicos publicados sobre a ação anti-artrítica das folhas de *Woodfordia floribunda* Salisb ou sobre a sua potencial toxicidade[4] . Por conseguinte, o objetivo deste estudo é examinar o potencial anti-artrítico e a toxicidade do extrato etanólico e do extrato de éter de petróleo das folhas desta planta .[5]

2.1.2 Fonte biológica

É constituído por folhas secas à sombra da planta *Woodfordia floribunda* Salisb, pertencente à família das Lythraceae

2.1.3 Classificação taxonómica

Reino Unido	Plantae -plantas
Divisão	Magnoliophyta - planta com flor
Classe	Magnoliopsida
Subclasse	Rosidae - Grupo de árvores, arbustos e
Encomendar	ervas, na sua maioria com flores
Família	polipétalas;
Género	Myrtales - Ordem de ervas, arbustos ou
Espécies	árvores dicotiledóneas
Habitat	Lytheraceae - Família de ervas, arbustos e
	flores com uma corola amassada, um
	hipanto e estames frequentemente
	desiguais.
	Woodfordia Salisb: Woodfordia é um
	género de plantas com flores da família
	Lythraceae.
	W. fruticosa *Woodfordia fruticosa* é um
	arbusto grande que cresce até 5 metros com
	ramos longos e espalhados em locais
	soalheiros, frequentemente em solos

	perturbados e em antigos terrenos agrícolas. Abre vastos terrenos baldios degradados. Em Maharashtra, nas cordilheiras ocidentais de Sahyadri.

2.1.3 Classificação taxonómica

Plantae -plantas

Magnoliophyta - planta com flor

Magnoliopsida

Rosidae - Grupo de árvores, arbustos e ervas, na sua maioria com flores polipétalas;

Myrtales - Ordem de ervas, arbustos ou árvores dicotiledóneas

Lytheraceae - Família de ervas, arbustos e flores com uma corola amassada, um hipanto e estames frequentemente desiguais.

Woodfordia Salisb: Woodfordia é um género de plantas com flores da família Lythraceae.

W. fruticosa *Woodfordia fruticosa* é um arbusto grande que cresce até 5 metros com ramos longos e espalhados em locais soalheiros, frequentemente em solos perturbados e em antigos terrenos agrícolas. Abre vastos terrenos baldios degradados.

Em Maharashtra, nas cordilheiras ocidentais de Sahyadri.

2.1.4 Nome comum

Dhalas, Dhayati, Dhadva

Nomes Vernaculares:

Quadro n.º 2.1 Nome vernacular da planta

Hindi	Ban-manhendi,Dhai, Dhatki,Dhatri,Dhaura
sânscrito	Agnijwala
Kannada	Bela,Taamra pushpin, Daathakee Kusumka
Malayalam	Tamarpushi, Tatire, Tatiripushpi
Tamil	Dhathari-j agri,Dhattari
Telegu	Dhaarhupushpika,Dhaathaki
tibetano	Dha-ta-ke,Me-togda tak ki
urdu	Gul dhawa
gujarati	Dhaavadi
bengali	Dhai,Dawai,Dhai phul
nepalês	Dhangera
Jammu e Caxemira	Thwai
Bihar	Dhai,Dawai
Oriya	Dhobo, J aliko,Harwari
Farsi	Dhaava
Punjabi	Dhavi
Marati	Dhalas,Dhayati,Dhavdva

2.1.5 Origem

A Woodfordia floribunda Salisb é provavelmente originária de África, mas atualmente encontra-se espalhada por todas as regiões tropicais e subtropicais do mundo (Kirtikar e Basu, 1991).

43

2.1.6 Hábito

Este arbusto tem ramos que crescem até uma altura de 5-12 metros. Os ramos deste arbusto são compridos e espalham-se por várias partes, o caule é canelado e comprido[6] . Em Maharashtra, na zona ocidental de Sahyadri. A casca deste arbusto é lisa e de cor castanha avermelhada com tiras muito finas e fibrosas[7] . As folhas têm cerca de 5-9 cm de comprimento, oblongas e lanceoladas. Esta planta tem uma maior quantidade de flores e é de cor vermelha viva .[8]

2.1.7 Flores

Esta planta tem uma maior quantidade de flores e a sua cor é vermelho vivo. As flores desta erva têm numerosas flores de cor vermelha viva[9] . Cada flor desta erva nasce com um tubo delgado de caule minúsculo e uma base curva e esverdeada .[10]

2.1.8 Frutos

Os frutos têm cerca de 1 cm de comprimento e são de cor vermelha viva, contendo um cacho e sementes.

Fig.2.1. Partes da planta de Woodfordia floribunda Salisb

2.2 Revisão da literatura

2.2.1 Estudo etanofarmacológico:

1. Thakur Shifali *et al* (2021)

A família das Lythraceae, que incluía *a Woodfordia fruticosa*, é uma planta farmacêutica. Esta planta está amplamente distribuída por toda a zona ocidental das cordilheiras Sahyadri. Os remédios populares analisam as folhas e as flores de W.F. com diferentes utilizações medicinais e valores terapêuticos potentes. O extrato de flores e folhas apresenta diferentes valores terapêuticos. Os diferentes compostos isolados de *W.F.* apresentam muitas actividades farmacológicas, tais como actividades anti-inflamatórias, antioxidantes e imunomoduladoras.

2. Prashant Kumar Singh *et al* (2021)

Nos países tribais, esta planta é utilizada para o tratamento de doenças relacionadas com o sangue, como a purificação do sangue e a deficiência de sangue, e também para os sintomas relacionados com a doença das células falciformes. O extrato bruto de *W.F.* apresenta resultados significativos, tais como uma propriedade anti-inflamatória. O extrato da planta contém saponina, tanino alcaloide e esteroide. Neste artigo, o extrato metanólico tem reversão máxima de glóbulos vermelhos falciformes e inibiu a polimerização HB. Os restantes extractos vegetais de metanol e hexano têm um mínimo de glóbulos vermelhos falciformes. O metabolito secundário está presente nos extractos metanólicos e é responsável pela atividade biológica. Este resultado é validado e comparado com compostos bioactivos para o desenvolvimento de novos agentes anti-falciformes.

3. Kapil Jangir *et al* (2020)

Neste artigo de revisão, o académico investigador centra-se na morfologia e anatomia da planta. A planta *Woodfordia floribunda* é uma erva e pertence à família Lythraceae. Na medicina popular, a planta era utilizada para curar doenças. As partes da planta de *W.F.*, incluindo o caule, as folhas, a casca e a flor, contêm constituintes bioactivos. Assim, este artigo de revisão centra-se na *W.F.* e no estudo farmacológico e biológico.

4. Shamma Sharma *et al* (2019)

Na ciência ayurvédica, as plantas medicinais desempenham um papel importante no domínio da farmácia. Mas, recentemente, as pessoas dizem que os medicamentos ayurvédicos não são úteis e não são eficazes. Para evitar isto, o primeiro dia é a identificação da origem e a avaliação farmacológica. Neste artigo, é efectuado o estudo farmacológico do W.F.. O arbusto W.F. tem uma altura de cerca de 3,5 a 4 m. As flores são atractivas e de cor vermelha e são utilizadas principalmente na medicina ayurvédica. A planta possui propriedades anti-microbianas e anti-inflamatórias.

5. Rakhi Nautiyal *et al* (2017)

A planta medicinal *Woodfordia fruticosa* é muito utilizada na indústria farmacêutica e na indústria das tintas. As flores da planta são mais frequentemente utilizadas na Ayurveda. Asava e Arishta são normalmente utilizadas para aumentar a taxa do processo de fermentação, para que as flores da planta Dhataki sejam adicionadas a elas para dar sabor. Este artigo de revisão centra-se na importância da planta *W.F.*. As várias partes da planta são utilizadas no tratamento de doenças crónicas. A planta também apresenta propriedades biológicas. Esta literatura centra-se completamente na diversidade da planta e na sua importância biológica. O artigo apresenta o significado medicinal da planta e as suas propriedades biológicas.

6. Meena V *et al* (2015)

Como planta herbácea, *a Woodfordia fruticosa* encontrou aplicações extensivas nas indústrias farmacêutica e de tintas. A planta nutritiva do Nordeste da Índia. As caraterísticas notáveis da planta são o objeto desta investigação. As flores de *W. fruticosa* são utilizadas há muito tempo para aliviar os sintomas de diarreia, disenteria, problemas digestivos e queixas de leucodermia interna, hemorragias e menorragia. Quando ingerido por humanos, o pó da flor é aplicado em feridas e úlceras para reduzir a drenagem e promover a granulação. *Os* alegados benefícios para a saúde *da W. fruticosa* incluem a sua capacidade de matar bactérias, prevenir a infertilidade, curar úlceras pépticas, proteger o fígado de danos e neutralizar os radicais livres. A diabetes é apenas uma das várias doenças que podem ser tratadas com a *W. fruticosa*.

7. Muvel Uday *et al* (2014)

A Woodfordia fruticosa, geralmente conhecida como Dhawai, é uma planta caraterística da família Lythraceae. Tem inúmeras funções sanitárias e farmacológicas. *A W.F.* é nativa das regiões tropicais e subtropicais da Índia, onde é utilizada como erva medicinal. Doenças como a disenteria, gastroenterite, febre, dores de cabeça, úlceras, herpes,

hemorragia interna, sangramento das gengivas, doenças do fígado, menorragia, úlceras, feridas, etc. são frequentemente tratadas com esta planta. A lista das suas actividades farmacológicas é longa: antimicrobiana, hepatoprotectora, cardioprotectora, antiulcerosa, imunomoduladora, antifertilidade, antitumoral; cicatrizante, analgésica, anti-inflamatória, antibacteriana e anti-hiperglicémica. Este estudo teve como objetivo determinar a quantidade de *W.F.* que contém substâncias analgésicas e anti-inflamatórias.
actividades de alívio.

2.2.2 Estudo fitoquímico

1. Vanmala V. Birajdar *et al* (2021)

O Dhataki, ou *W.F.*, é uma planta terapêutica ayurvédica importante. Estudos de investigação realizados nos últimos anos descobriram que a folha possui componentes bioactivos responsáveis por actividades biológicas. Os povos nativos da Índia e do Nepal utilizam a folha para desinfetar ferimentos e curar uma variedade de doenças, incluindo úlceras, reumatismo, febre e hemoptise. Tem havido alegações da sua utilização nas indústrias de perfumes, couro e têxteis. Com a primeira abordagem para a padronização de medicamentos, os cientistas devem analisar as variáveis fitoquímicas e farmacológicas e fitoquímicas da folha. As plantas foram identificadas utilizando os parâmetros tradicionais fornecidos nas floras. Os métodos laboratoriais de rotina incluíram análises macroscópicas e microscópicas. Os estudos farmacêuticos, que incluíram análises fitoquímicas e físico-químicas, análises de florescência e resposta a medicamentos em pó, foram efectuados de acordo com as normas da OMS. O feixe vascular está especificamente estruturado na zona média da nervura. Foram isolados alcalóides, fenóis, taninos e flavonóides tanto em extractos húmidos como em extractos à base de álcool. Esta investigação contribuirá para a classificação adequada da folha de Dhataki.

2. Y. H. Syed *et al* (2013)

A presença dos componentes activos do medicamento (alcalóides, saponinas e polifenóis) foi igualmente confirmada por investigações quantitativas. Um fator importante foi o teor global de polifenóis. Esta informação pode ser utilizada para distinguir a planta verdadeira dos seus substitutos sintéticos e, posteriormente, para avaliar a bioatividade da planta.

3. Rajendra Gyawaliet *et al* (2012)

Foram encontrados metabolitos secundários bioactivos em W.F. através de algum tipo de rastreio fitoquímico, embora as suas quantidades difiram entre as duas espécies diferentes. Foram observadas quantidades notáveis de flavonóides e saponinas em ambas as amostras. Foi utilizado equipamento de destilação e extração simultânea a vapor (SDE) para obter os compostos voláteis de ambas as plantas, e foi utilizado cromatografia gasosa/espetrómetro de massa para os estudar (GC- MS). Podem ter sido encontrados 53 compostos voláteis nas raízes da W.F. e 78 compostos voláteis nas flores da *W. F.* Ambas as plantas tinham maioritariamente álcoois, que constituíam 45% e 32%, respetivamente. Verificou-se que ambas as ervas possuem uma grande quantidade de compostos voláteis bioactivos. . Verificou-se que o extrato metanólico de *W.F.* foi mais eficaz a uma concentração de 6500 mg/ml.

4. A. Finose *et al* (2011)

Estudou a morfologia completa da planta W.F.. Também se concentrou no teste fitoquímico e descobriu que compostos bioactivos estão presentes na *W.F.* A deteção de constituintes foi encontrada utilizando várias técnicas. Na técnica de extração soxhlet, a aplicação do solvente depende do índice de polaridade. Utilizado para a extração. Para a deteção de manchas na cromatografia de camada fina, são utilizados diferentes solventes. Em seguida, procedeu-se a um ensaio de rutura do radical livre DPPH nas flores para verificar a sua eficácia antioxidante. Quando a flor é provada, é muito doce, pelo que foi calculada a quantidade total de amido na planta. Os testes de HPLC foram feitos com o extrato metanólico da planta porque separava melhor as partes do que os outros dois solventes. Os resultados podem ser usados para distinguir uma planta verdadeira de uma que tenha sido adulterada.

2.2.3 Estudo morfológico das plantas

1. Shailasree Sekhar *et al* (2022)

Diz-se que *a Woodfordia fruticosa* possui propriedades etno-medicinais. Os investigadores tentaram encontrar metabolitos secundários nos endófitos da espécie porque a sua utilização em grandes quantidades é dolorosa para a mesma. Assim, o presente estudo centra-se nos endófitos fúngicos das folhas encontrados através de tipagem morfológica utilizando microscopia e tipagem molecular utilizando sequências de ADN com espaçador interno transcrito. O Mucor sp. foi identificado como M. souzae através de tipagem molecular, e os efeitos biológicos do seu extrato de acetato de etilo foram verificados. Com um IC50 de 58,64,38 g/ml, foi medida a atividade de eliminação de 1,1-difenil-2-picrilhidrazil do extrato. Os testes de difusão em disco da propriedade bactericida contra diferentes tipos de bactérias mostraram que o seu crescimento foi grandemente retardado. A capacidade de inibição do biofilme bacteriano foi corada com laranja de acridina e brometo de etídio, e a microscopia confocal de varrimento a laser foi utilizada para tirar fotografias das microcolónias que se tinham perdido. Níveis elevados de danos no ADN em células HeLa que tinham sido expostas ao extrato de M. souzae mostraram que as células tinham morrido, e a imagem confocal mostrou que a cromatina se tinha aglomerado. O kaempferol e a quercetina bioactivos foram encontrados por cromatografia de camada fina. Isto pode ajudar as actividades biológicas. Os cientistas poderão encontrar metabolitos secundários que poderão ser utilizados para fabricar novos medicamentos, analisando os endófitos de plantas inexploradas com propriedades medicinais.

2.2.4 Estudo de separação e extração

1. Neha Grover *et al* (2011)

A Índia tem muitos tipos diferentes de plantas e animais, e tem muitos recursos úteis de germoplasma. Não há dúvida de que as plantas são um tesouro de diferentes produtos naturais. Uma dessas coisas que vem da natureza é o corante. Uma das coisas mais importantes para que as plantas são utilizadas é o fabrico de corantes. Recentemente, tem-se dado muita importância ao consumo de corantes naturais. Isto deve-se ao facto de muitos países terem regras ambientais rigorosas porque os corantes sintéticos podem ser tóxicos e causar reacções alérgicas. A natureza deu-nos mais de 500 espécies de plantas que podem ser usadas para fazer corantes. Uma destas plantas produtoras de corantes, a *Woodfordia fruticosa* (Linn.) Kurz, é utilizada nas indústrias de perfumes, couro e têxteis. Pensa-se que é especialmente boa para tecidos de lã e seda. Este estudo analisa a forma de obter corantes naturais do arbusto de fogo-fátuo e de os utilizar em tecidos. Para encontrar a melhor forma de retirar o corante das flores, foram experimentadas e testadas três técnicas ou métodos diferentes. Com Myrobalan, uma amostra de algodão e juta ficou com uma cor castanha amarelada escura, com Sulfato Ferroso, uma cor castanha escura e preta, com Cloreto Estanoso, uma cor de camelo, e com Dicromato de Potássio, uma cor castanha amarelada.

2. **Smruti Shah et al** *(2009)*

A W.F. é uma planta medicinal bem conhecida, a informação desta planta é dada no produto natural. Neste artigo de pesquisa, usando técnicas variadas, o isolamento do composto bioativo beta-sitosterol foi isolado do extrato bruto. A pureza do composto foi encontrada usando HPTLC. Para encontrar a pureza, um método foi desenvolvido e usar o solvente como metanol e ácido acético com proporção 1: 8:.

2.2.5 Atividade biológica de *Woodfordia floribunda* Salisb:

1. **Yogesh Tiwari** *et al* **(2021)**

As plantas medicinais são muito úteis porque contêm compostos biologicamente activos. Para o tratamento de doenças, a fonte primária é a medicina herbácea. A inflamação é uma resposta do corpo a uma lesão ou infeção caracterizada por dor, inchaço, calor, vermelhidão e perturbação da função fisiológica. É iniciada pela libertação de mediadores químicos das células migratórias do tecido ferido. O presente estudo utilizou o método de desnaturação da proteína do ovo para investigar o efeito anti-inflamatório das folhas de *Woodfordia fruticosa* in vitro. Uma das causas primárias dos distúrbios inflamatórios é a desnaturação das proteínas dos tecidos. Como resultado, um estudo in vitro de vários extractos de folhas *de Woodfordia fruticosa* revelou uma forte eficácia anti-inflamatória.

2. **Hem Raj et al (2020)**

A W.F. é utilizada convencionalmente para a utilização de inflamação suplementar com artrite. No presente estudo, a atividade anti-inflamatória do extrato etanólico das folhas de *W. fructicosa* (WFE) foi avaliada em ratos Sprague Dawley através da administração de uma dose de 200 mg/kg por via oral. A inflamação foi estudada utilizando edema de pata induzido por carragenina, adjuvante de Freund (FA) e artrite induzida por acetato de iodo monossódico (MIA) como modelos animais. O fator de necrose tumoral-alfa (TNF-a) sérico foi estimado em amostras de sangue de animais tratados com FA. Para a análise estatística foi utilizada a ANOVA de uma via seguida do teste de Bonferroni. O WFE diminuiu significativamente (P<0,05, P<0,001) a espessura da pata no edema de pata induzido por carragenina e na artrite induzida por FA. Foi observada uma diminuição significativa do diâmetro do joelho (P<0,001) na artrite induzida por MIA, bem como um efeito inibitório (P<0,001) no TNF-a elevado. Estes resultados mostraram que o WFE exerceu um efeito inibidor sobre o TNF-a e o edema de pata com carragenina, o que pode justificar a sua utilização tradicional em condições inflamatórias. Assim, o estudo mostra que as folhas de *W. fruticose* proporcionam uma atividade anti-inflamatória ao prevenir a inflamação em diferentes modelos animais.

3. **Bhavana Sujanamulk** *et al* **(2020)**

O campo clínico até hoje requer um novo agente antimicrobiano para doenças fúngicas. Estes investigadores analisaram os efeitos antifúngicos dos extractos etanólicos brutos da folha de *Woodfordia fruticosa* (Wfl) e da casca de Punica granatum (Pgp) em pacientes diabéticos não controlados com próteses removíveis. A cromatografia de camada fina verificou os metabolitos em ambos os extractos etanólicos extraídos da saliva das plantas. Após a preparação do colutório, 100 inquiridos foram distribuídos aleatoriamente por dois grupos. Na linha de base, os indivíduos receberam soro fisiológico. O Grupo I recebeu o colutório de P. granatum, enquanto o Grupo II recebeu *W. fruticosa.* Os pacientes foram instruídos a enxaguar o colutório duas vezes por dia com 5 ml/enxaguamento durante 30 segundos. As CFU dos participantes foram então avaliadas. As amostras pós-terapêuticas foram recolhidas 1 hora e 1 semana após a utilização do colutório. A redução média de UFC foi calculada na linha de base, 1 hora e 1 semana após o colutório. O colutório Wfl reduziu significativamente as UFC 1 hora e 1 semana depois. De acordo com os dados, os glicosídeos do Wfl podem ter atividade anticandidal contra as células de levedura Candida. Assim, pode tratar a candidíase oral de forma natural. O método de ação desta planta deve ser determinado.

4. **Agnieszka Najda *et al* (2021)**

Os extractos comuns de plantas-consequência são progressivamente utilizados para aplicações médicas e terapêuticas. Assim, este trabalho examinou as propriedades antibacterianas e anti-inflamatórias do extrato etanólico modificado, assistido por evaporação de solvente, das flores *de Woodfordia fruticosa.* A cromatografia gasosa e a espetroscopia de massa foram utilizadas para analisar qualitativamente os fitoquímicos e identificá-los para a aplicação do extrato. Os fenólicos, os flavonóides e o ácido ascórbico foram encontrados em concentrações consideráveis, mas o _-caroteno e o licopeno foram encontrados em quantidades menores. O extrato modificado assistido por solvente foi testado contra Staphylococcus aureus (MTCC 3160), Klebsiella pneumoniae (MTCC 3384), Pseudomonas aeruginosa (MTCC 2295), Salmonella typhimurium (MTCC 1254) e Candida albicans (MTCC 183). Como controlo positivo para bactérias e fungos nocivos, a estreptomicina e a anfotericina têm uma zona de inibição comparável. O extrato exibiu uma ação anti-inflamatória mais forte (p < 0,05) nos ensaios de desnaturação da albumina e de estabilização da membrana HRBC.

5. **Dinesh Kumar *et al* (2016)**

Há muito tempo que os países do Sudeste Asiático utilizam *a Woodfordia fruticosa* Kurz para curar a lepra, a dor de dentes, a leucorreia, a febre, a disenteria e as doenças intestinais. Esta revisão resume a utilização tradicional, os ingredientes químicos, as actividades biológicas e as formulações comerciais. Este documento ajudará os cientistas e investigadores de plantas.

6. **Rabindra N. Padhy *et al* (2014)**

Encontrar uma planta que contenha fitoquímicos capazes de controlar bactérias multirresistentes (MDR) como terapia suplementar sem prejudicar o hospedeiro, tal como avaliado por linfócitos cultivados a partir do sangue do cordão umbilical humano. Métodos: Nove bactérias patogénicas MDR de amostras clínicas foram testadas in vitro com o extrato bruto de folhas em metanol *de Woodfordia fruticosa.* Após fracionamento guiado por bioensaio com sete solventes não polares a polares, medição por cromatografia gasosa/espetrometria de massa da fração de n-butanol e monitorização da toxicidade para o hospedeiro com linfócitos produzidos in vitro a partir do sangue do cordão umbilical humano, o extrato da folha foi testado. O extrato de folhas de *W. fruticosa* controlou as bactérias MDR. As concentrações inibitórias e bactericidas mínimas da fração n-butanol foram de 1,89 e 9,63 mg/mL, respetivamente. O espetro de cromatografia gasosa-espetrometria de massa da fração de n-butanol mostrou 13 compostos com tempos de retenção de 9,11 minutos, 9,72 minutos, 10,13 minutos, 10,78 minutos, 12,37 minutos, 12,93 minutos, 18,16 minutos, 21,74 minutos, 21,84 minutos, 5,96 minutos, 12,93 minutos, 24,70 minutos e 25,76 minutos. A W. fruticosa contém agentes antimicrobianos resistentes à meticilina. O componente n-butanol do extrato bruto da folha foi o mais bioativo. Os linfócitos humanos não foram afectados. Os terpenos extraídos foram 5-metil-2-(1-metiletil) fenol, 2-metoxi-4-(2-propenil) fenol, 2,6- octadien-1-ol, 3,7-dimetil-(E)-2,6-octadienal, 3,7-dimetilciclohexanol, e 2-metileno-5-(1-metiletenil), que tiveram ação antibacteriana.

7. **Palak Akshyesh Chaturvedi** *et al* **(2012)**

A leucorreia, a disenteria, a lepra e a menorragia são medicadas pelo membro de Lythraceae *Woodfordia fruticosa* Kurz. Foram utilizados metanol, etanol e água destilada para extrair folhas, cascas e flores de Khandala (M.S. Índia) a 200, 402 e 600 m de altitude. Os extractos foram testados quanto à eliminação de radicais e ao conteúdo fenólico. O extrato metanólico da casca da localização um (200 m) teve uma maior atividade de eliminação de radicais (96,52±0,02) do que os extractos de água destilada e etanol (57,80±0,2 e 86,52±0,03). A casca tinha mais fenólicos totais (663±37,85) do que as flores e as folhas. O ensaio TBARS do extrato de etanol floral apresentou uma proteção máxima, enquanto os extractos de metanol das folhas, casca e flores tinham um teor significativo de ácido tânico (27,65). O sistema de solventes utilizado afectou a % de atividade de limpeza nos componentes das plantas das três elevações. Os resultados confirmam a utilização da casca de Woodfordia fruticosa na medicina tradicional, mas é necessária mais investigação sobre plantas de diversas regiões.

8. **Yogesh Baravalia** *et al* **(2011)**

As flores *de W.F.* tratam o reumatismo, a leucorreia, a menorragia, a asma, as perturbações hepáticas e as doenças inflamatórias. Determinar de que forma as flores *de Woodfordia fruticosa* protegem os ratos das lesões hepáticas induzidas pela acetaminofena. Tratamentos: A hepatotoxicidade induzida por acetaminofeno (3 g/kg de peso corporal) foi estudada utilizando o extrato de metanol das flores de Woodfordia fruticosa (400 e 600 mg/kg de peso corporal) nas enzimas marcadoras séricas, albumina, níveis de azoto ureico no sangue, proteína total do fígado, conteúdo reduzido de glutatião não enzimático e glutatião antioxidante enzimático.*F.* aliviou ainda a ansiedade oxidativa no fígado de ratos, evitando a depleção de proteínas totais hepáticas e restaurando os níveis de glutatião. As alterações bioquímicas apoiaram as descobertas histológicas de que o extrato metanólico das flores de *W.F.* era hepatoprotector. O extrato metanólico da flor de *W.F.* protegeu contra a hepatotoxicidade induzida pelo acetaminofeno.

9. **M.H. Ghante** *et al* **(2011)**

O extrato de etanol da flor seca *de Woodfordia fruticosa* foi testado quanto às suas propriedades bronco-protectoras, broncodilatadoras e anti-inflamatórias (WF- EE). O WF-EE teve fortes efeitos bronco-protectores, broncodilatadores e anti-inflamatórios dependentes da dose. O WF-EE a 200 mg/kg atrasou o período latente e protegeu as cobaias da asma induzida por aerossol de histamina-acetilcolina. O WF-EE (1 mg/ml) relaxou completamente as contracções induzidas por acetilcolina e histamina a 1,6 e 3,2 mg. De acordo com os critérios da OCDE, o WF-EE não causou sintomas de toxicidade ou mortalidade em ratos a 2000 mg/kg, p.o. Estes resultados demonstram as propriedades anti-asmáticas (bronco-protectoras e broncodilatadoras) e anti-inflamatórias do WF-EE e a sua segurança oral.

10. **Sumitra Chanda** *et al* **(2011)**

Determinar se as flores *de Woodfordia fruticosa* Kurz protegem os ratos de lesões hepáticas experimentais. Métodos: Duas dosagens de extrato metanólico *de Woodfordia fruticosa* (WFM) foram testadas para a hepatotoxicidade induzida por diclofenac de sódio em ratos. ALT, AST, ALP, TP, ALB e BUN do soro são parâmetros bioquímicos (TP). A WFM reduziu a ALT, a AST, a ALP e o BUN do soro. As propriedades hepatoprotectoras da WFM justificam a sua utilização na medicina tradicional para doenças do fígado.

11. **Padul MV *et al* (2009)**

Antidisentérico tradicional para animais forrageiros *Woodfordia fruticosa*. Os extractos antibacterianos do caule e das flores floresceram. As folhas também são essenciais e este estudo analisa os seus componentes bioactivos. Atividade antibacteriana da folha de *W. fruticosa* e deteção de compostos. Éter de petróleo, clorofórmio, éter dietílico, GC-MS encontraram componentes prováveis da fração ativa. Todos os quatro extractos foram antimicrobianos. A acetona inibiu melhor a Bacillus subtilis NCIM 2921. As quatro bactérias examinadas são igualmente susceptíveis a 80p.g e 120)ug de extrato de acetona. Três dos quatro locais de TLC demonstraram ação contra B. subtilis NCIM 2921. A TLC preparativa e a GC-MS revelaram dois picos na fração mais ativa. Os extractos de éter de petróleo, clorofórmio, éter dietílico e acetona mataram todas as estirpes. O constituinte ativo do extrato de acetona contém dois agentes antibacterianos.

2.2.6 Eficácia e caraterização das nanopartículas:

1. **N. Ingarsal *et al* (2021)**

As nanopartículas de prata mediadas pelas flores *de Woodfordia fruticosa* (Wf- AgNPs) foram sintetizadas, caracterizadas e testadas quanto à destruição antioxidante, antibacteriana e fotocatalítica do azul de metileno sob luz solar direta. As Wf-AgNPs sintetizadas têm um pico SPR a 460 nm em observações espectrais UV-Vis. A espetroscopia FTIR descobriu grupos funcionais do extrato de flores de W. fruticosa que reduzem os iões de prata, e a análise XRD determinou a estrutura de fase cúbica centrada na face (fcc) das Wf-AgNPs sintetizadas. A investigação SEM revelou a estrutura esférica das Wf-AgNPs e o tamanho médio das partículas de 21 nm da Image J. Os ensaios DPPH, ABTS, de eliminação de óxido nítrico e de poder redutor investigaram a capacidade antioxidante das Wf-AgNPs. As Wf-AgNPs têm uma atividade antioxidante significativamente superior à do ácido ascórbico. As AgNPs Wf produzidas inibiram os microrganismos Staphylococcus aureus e Escherichia coli. A degradação do corante azul de metileno foi melhor catalisada pelas Wf-AgNPs.

Referências

1. Thakur, S., Kaurav, H., Chaudhary, G. (2021). Uma revisão sobre Woodfordia fruticosa Kurz (Dhatki): Usos ayurvédicos, folclóricos e modernos.Journal of Drug Delivery & Therapeutics.11 (3), 126-131.

2. Kavyashree, D., Shenoy, P., Bhaskar, S., Kini, R., Sekhar, S. (2022). Os metabólitos secundários do endófito fúngico de Woodfordia fruticosa (Linn.) Kurz mucor souzae, kaempferol e quercetina, conferem atividades biológicas. Journal of Applied Biology & Biotechnology. 10(03), 44-53.

3. Tiwari, Y., Kumar, B., Chauhan, D., Singh, A. (2021). Avaliação in vitro da atividade anti-inflamatória das folhas de woodfordia fruticosa. Anais da R.S.C.B. 25(2), 4156-4169.

4. Najda, A., Bains, A., Chawla, P., Kumar, A., Janusz, M. Dariusz, W. e Kaushik, R. (2021). Avaliação do potencial antiinflamatório e antimicrobiano do extrato etanólico de flores de Woodfordia fruticosa: Análise GC-MS. Molecules. 26(1), 7193-7199.

5. Ingarsal, N., Kasthuri, K., Vinothkanna, A., Ananth, S. (2021). Nanopartículas de

prata mediadas por extrato de flor de Woodfordia fruticosa e seu prodigioso potencial como antioxidante, antibacteriano e fotocatalisador. Anais da R.S.C.B. 25(5), 3022 - 3037.

6. Mishra, S., Shruti, S., Kumar, M., Singh, K. (2022).Potencial anti-sickling e perfil químico das folhas de woodfordia fruticosa (L.) Kurz tradicionalmente utilizadas. Arabian Journal of Chemistry. 15(1), 25-38.

7. Yuan, H. Qianqian, M. e Piao, G. (2016). A Medicina Tradicional e a Medicina Moderna a partir de Produtos Naturais. Molecules.21 (5), 559-566.

8. Fokunang, C., Ndikum, V. (2011). Medicina Tradicional: Past, Present, and Future Research and Development Prospects and Integration in the National Health System of Cameroon.Afr J Tradit Complement Altern Med.8 (3), 284-295.

9. Kumar, D., Kumar, A., Prakash, O. (2012). Potenciais agentes antifertilidade das plantas: Uma revisão abrangente. Journal of Ethnopharmacology.140 (1), 1-32.

10. Kong, J., Chia, L., & Goh, N. (2003). Análise e actividades biológicas de antocianinas.Phytochemistry. 64(5), 923-33.

11. Norman, R., Farmsworth, Olaviwola, Akerele, Audrey S. (1985). Bingel, Djaja D. Soejarta e Zhengang Guo.Medicinal plants in therapy Bull World Health Organ. 63 (6), 965-981.

12. Raut, N., Mandal, C., Pal, C. (2014). Visão geral fitoquímica e farmacológica de Hibiscus mutabilis linn. Revista internacional de pesquisa farmacêutica e biociência.3 (3), 236-241.

13. Steven, D., Natalie, R., Cambon, A., Robert, G. (1993). Whalen Two Types of Neonatal-to-adultfast my osin heavy chaintransiti on sinrath in dlimbmuscle fibers. Biologia do desenvolvimento.157, (2), 359-370.

14. Patel, M., Murugananthan, S., Gowda, P. (2012). "Modelos animais in vivo na avaliação pré-clínica da atividade antiinflamatória - uma revisão". Int. J. of Pharm. Res. & All. Sci. 1(2), 01-05.

15. Paraszkiewicz, K., Moryl, M., Paza, G., Bhagat, K., Satpute, S., Bernat, P. (2021). Surfactantes de origem microbiana como agentes antibiofilme. Int. J. Environ. Health Res. 31(1), 401-420.

16. Banerjee, A. (2014). Atividade antioxidante de flores etno medicinalmente usadas de Bengala Ocidental, Índia. Int. J. Pharmacogn. Phytochem. Res., 6 (1), 622-635.

17. Sharma, S., Kota, K., Ragavendhra, P. (2018). Estabilização da membrana HRBC como uma ferramenta de estudo para explorar a atividade anti-inflamatória de alliumcepa Linn.- relevância para R. J. Adv. Med. Dent. Sci. Res. 6(1), 30-34.

18. Osman, N.I., Sidik, N.J., Awal, A. (2016). Ensaio de inibição in vitro da xantina oxidase e desnaturação da albumina de Barringtonia racemosa L. e análise do conteúdo fenólico total para potencial uso anti-inflamatório na artrite gotosa. J. Intercult. Ethnopharmacol. 5(1), 343-350.

19. Chawla, P., Kumar, N., Kaushik, R., Dhull, S.B. (2019). Síntese, caraterização e absorção mineral celular de nanoemulsões de extratos de flores de hododendron arboreum estabilizados com goma arábica. J. Food Sci. Technol.56 (1), 5194-5203.

20. Chawla, P., Najda, A., Bains, A., Kaushik, R., Tosif, M. (2021). Potencial de nanopartículas de hidróxido de ferro funcionalizadas com goma arábica incorporadas em papel de celulose para embalagem de paneer. Nanomateriais.11 (1), 1308-1319.

21. Najda, A., Klimek, K., Piekarski, W. (2020).Wybranych metabolites wtornych i zdolnos'c' przeciwutleniaja ca ziela Mentha piperita L. var. officinalis Sole f.

Pallescens Camus suszonego proz niowo. Przemys? Chemiczny. 99(1), 123-126.

22. Sadh, P.K., Chawla, P., Duhan, S. (2018). Abordagem de fermentação em fenólicos, antioxidantes e propriedades funcionais do bolo de imprensa de amendoim. Food Biosci. 22(1). 113-120.

23. Kaushik, R., Chawla, P., Kumar, N., Janghu, S., Lohan, A. (2018). Efeito dos tratamentos de pré-moagem na extração de glúten de trigo e na qualidade do macarrão. Ciência dos Alimentos. Technol. Int. 24(1), 627-636.

24. Vodovotz, Y., Csete, M., Bartels, J., Chang, S. (2008). Biologia sistémica translacional da inflamação. PLoS Computational Biology.4 (1), 1-6.

25. Franklin, P., Pillai, A., Rathod, P., Yerande, S., Nivsarkar, M., Sudarsanam, V. (2008). 2-Amino-5-thiazolyl motif: a novel scaffold for designing antiinflammatory agents of diverse structures. Jornal Europeu de Química Medicinal. 43(1), 129-134.

26. El-Gamal, M., Bayomi, S., El-Ashry, M. (2010). Síntese e atividade anti-inflamatória de novos derivados (substituídos) de éter de oxima de benzilideno acetona: estudo de modelação molecular. Jornal Europeu de Química Medicinal. 45 (1), 1403-1414.

27. Adebayo, H., Abolaji, A., Opata, K., Adegbenro, K. (2010). Efeitos do extrato etanólico de folhas de Chrysophyllum albidum G. nos parâmetros bioquímicos e hematológicos de ratos albinos Wistar. Jornal Africano de Biotecnologia. 9 (1), 2145-2150.

28. Smolen, S., Aletaha, D., McInnes, B. (2016). Artrite reumatoide. Lancet Lond. Engl. 388(1), 2023-2038.

29. Lenz, L., Huizinga, W., Abecasis, G. (2015).Efeitos não aditivos e de interação generalizados nos loci HLA modulam o risco de doenças auto-imunes. Nat. Genet. 47 (1), 1085-1090.

30. Yap, Y., Wong, T., Chow, K. (2018).Papel patogénico das células imunitárias na artrite reumatoide: implicações no tratamento clínico e no desenvolvimento de biomarcadores. Cells. 7(1), 161-166.

31. Arleevskaya, I., Kravtsova, A., Lemerle, J., Renaudineau, Y., Tsibulkin, P. (2016). Como a artrite reumatoide pode resultar da provocação do sistema imunológico por microorganismos e vírus. Front. Microbiol. 7(1), 81-88.

32. Cooles, A., Anderson, A.,Lendrem, D., Norris, J., Pratt, A. (2018).A assinatura do gene do interferão está aumentada em doentes com artrite reumatoide sem tratamento precoce e prevê uma resposta mais fraca à terapêutica inicial. J. Allergy Clin. Immunol. 141(2), 445-448.

33. Bhala, N., Emberson, J., Merhi, A. (2013). Efeitos vasculares e gastrointestinais superiores de anti-inflamatórios não esteróides: meta-análises de dados de participantes individuais de ensaios randomizados. Lancet. 382(2), 769-79.

34. Alexander. H., Christopoulos, A., Davenport, P., Kelly, E., Marrion, V. (2017). O guia conciso para receptores acoplados a proteínas g de farmacologia. Br J Pharmacol. 174(2), 17-129.

35. Alexander. H., Fabbro, D., Kelly, E., Marrion, V., Peters. A., Faccenda, E. (2017). O guia conciso de farmacologia 2017/18: enzimas. Br J Pharmacol. 174(2), 272-359.

36. Domingo, G., Martrnez, C., Smith, J., Smith, K., Ballinger, N. (2016). Inibição da formação de armadilhas extracelulares de neutrófilos após transplante de células estaminais por prostaglandina E2. Am J Respir Crit Care Med. 193 (2), 186-197.

37. Duffin, R., Connor, A., Crittenden, S., Forster, T., (2016). A prostaglandina E

restringe a inflamação sistêmica através de um eixo inato de células linfóides-IL-22. Science. 351(3), 1333-1338.

38. Eastman, J., Cavagnero, J., Deconde, S., Kim, S., Karta, R., Broide, H. (2017). As células linfóides inatas do grupo 2 são recrutadas para a mucosa nasal em pacientes com doença respiratória exacerbada por aspirina. J Allergy Clin Immunol. 140 (2), 101108.

39. Klose, N., Artis, D. (2016). Células linfoides inatas como reguladoras da imunidade, inflamação e homeostase tecidual. Nat Immunol. 17 (1), 765-774.

40. Kumar, V., Abbas, A., Aster, J (2018). Patologia básica de Robbins, 10ª edn. Elsevier, pp. 81-95.

41. Renz, H. (2017). Uma perspetiva de exposição: eventos no início da vida e desenvolvimento imunológico em um mundo em mudança. J. Allergy Clin. Immunol. 140 (1), 24-40.

42. Kotas, M. E. & Medzhitov, R. (2015).Homeostasia, infamação e suscetibilidade a doenças. Cell. 160(1), 816-827.

43. Straub, H., Cutolo, M., Buttgereit, F. & Pongratz, G. (2010). Regulação energética e controlo neuroendócrino-imune em doenças infamatórias crónicas. J. Intern. Med. 267(8), 543-560.

44. Straub, H., Cutolo, M. & Pacifci, R. (2015). Medicina evolutiva e perda óssea em doenças infamatórias crônicas - uma teoria da osteopenia relacionada à infamação. Semin. Arthritis Rheum. 45(3), 220-228.

45. Straub, H. & Schradin, C. (2016). Doenças sistêmicas infamatórias crônicas: uma troca evolutiva entre programas agudamente benéficos, mas cronicamente prejudiciais. Evol. Med. Saúde Pública. 11(3), 37-51

46. Fullerton, N. & Gilroy, W. (2016). Resolução da infamação: uma nova fronteira terapêutica. Nat. Rev. Drug Discov. 15(3), 551-567.

47. Calder, C. (2013).A consideration of biomarkers to be used for evaluation of infammation in human nutritional studies. Br. J. Nutr. 10993), 1-34.

48. Taniguchi, K. & Karin, M. (2018). NF-B, inflamação, imunidade e câncer: atingindo a maioridade. Nat. Rev. Immunol. 18(2), 309-324.

49. Gistera, A. & Hansson, G. K. (2017). A imunologia da aterosclerose. Nat Rev. Nephrol. 13(2), 368-380

50. Ferrucci, L. & Fabbri, E. (2018). Infammageing: infamação crônica no envelhecimento, doenças cardiovasculares e fragilidade. Nat. Rev. Cardiol. 15(2), 505-522.

51. Heneka, T., Kummer, P., & Latz, E. (2014). Ativação imune inata na doença neurodegenerativa. Nat. Rev. Immunol. 14(2), 463-477.

52. Miller, H. & Raison, L. (2016).O papel da inflamação na depressão: de imperativo evolutivo a alvo de tratamento moderno. Nat. Rev. Immunol. 16(3), 22-34.

53. Fagundes, P., Glaser, R. & Kiecolt-Glaser, K., (2013). Experiências estressantes no início da vida e desregulação imunológica ao longo da vida. Brain Behav. Immun. 27(1), 8-12.

54. Slavich, M., Way, M., Eisenberger, I. & Taylor, E. (2010). A sensibilidade neural à rejeição social está associada a respostas infamatórias ao stress social. Proc. Natl Acad. Sci. USA 107(4), 14817-14822

55. Macpherson, J., de Aguero, G. & Ganal-Vonarburg, C. (2017).Como a nutrição e a microbiota materna moldam o sistema imunitário neonatal. Nat. Rev. Immunol. 17(3),

508-517.

56. Blazkova, J. (2017). A análise de sistemas multicêntricos de sangue humano revela neutrófilos imaturos em homens e durante a gravidez. J. Immunol. 198(1), 2479-2488.

57. Aghaeepour, N. (2017). Um relógio imunológico da gravidez humana. Sci. Immunol. 2(5), 29-46.

58. Le Belle, J. E. et al. (2014). A inflamação materna contribui para o crescimento excessivo do cérebro e comportamentos associados ao autismo por meio de sinalização redox alterada em células-tronco e progenitoras. Relatórios de células estaminais 3(4), 725-734.

59. Su, L. F. et al. (2013). A terra prometida da imunologia humana. Cold Spring Harb. Symp. Quant. Biol. 78, (3), 203-213.

60. Davis, M., Tato, M. & Furman, D. (2017). Imunologia de sistemas: apenas começando. Nat. Immunol. 18(3), 725-732.

61. Schussler-Fiorenza Rose, M. et al. (2019). Uma abordagem longitudinal de big data para a saúde de precisão. Nat. Med. 25(3), 792-804.

62. Slavich, M. & Sacher, J. (2019). Estresse, hormônios sexuais, inflamação e transtorno depressivo maior: estendendo a teoria da transdução de sinal social da depressão para explicar as diferenças sexuais nos transtornos do humor. Psychopharmacology (Berl.) 236(3), 3063-3079.

63. Liu, G. Abraham, E. (2013). MicroRNAs na resposta imune e polarização de macrófagos. Arterioscler Thromb Vasc Biol. 33(2), 170-7.

64. Ontreras, J., Rao, D., (2012). MicroRNAs na inflamação e imunidade respostas. Leukemia. 26(1), 404-13.

65. Qin B, Yang H, Xiao B. (2012). Papel dos microRNAs no endotélio inflamação e senescência. Mol Biol Rep. 39(3), 4509-18.

66. Fang, Y., Shi, C., Manduchi, E., Civelek, M., Davies, F. (2010). MicroRNA- 10a regulação do fenótipo pró-inflamatório no endotélio suscetível a aterosclerose in vivo e in vitro. Proc Natl Acad Sci U S A .107(3), 13450-5.

67. Gur?u, F., Baldoni, S., Prattichizzo, F., Espinosa, E., Amenta, F., Procopio, A.D. (2018).Compostos anti-senescência: uma potencial abordagem nutracêutica para o envelhecimento saudável. Aging Res. Rev.5 (3), 46-14.

68. Alsuliman, T., Alasadi, L., Alkharat, B., Srour, M., Alrstom, A. (2020).Uma revisão dos potenciais tratamentos até à data em doentes com COVID-19 de acordo com o estádio da doença. Curr. Res. Transl. Med. 68(3), 93-104.

69. Ayati, N., Saiyarsarai, P., Nikfar, S. (2020). Impactos a curto e longo prazo da COVID-19 no sector farmacêutico. DARU J. Pharm. Sci. 28(2), 799-805.

70. Farmacopeia japonesa, (2021). A Farmacopeia Japonesa, Ministério da Saúde, Trabalho e Bem-Estar, www.pmda.go.jp. Acedido. 1 (3), 45-65.

71. Kameyama, Y., Matsuhama, M., Mizumaru, C., Saito, R., Ando, T., Miyazaki S. (2019).Estudo comparativo das farmacopeias do Japão, da Europa e dos Estados Unidos: para uma maior convergência das normas internacionais de farmacopeia. Chem. Pharm. Bull. 67(12), 1301-1313.

72. Wiggins, M., Albanese, A. (2020). Uma abordagem prática à conformidade com a farmacopeia. Livro de referência regulatório de tecnologia farmacêutica eBook. 6 (1), 24-32.

73. Farmacopeia Britânica, (2021). A Farmacopeia Britânica e o coronavírus (COVID-

19). Comissão da BP. https://www.pharmacopoeia.com/covid19. Acedido em 30 de agosto de 2021.

74. Howard, R. Herbert, S. (2022). Departamento de Doenças Reumáticas e Imunológicas. Artrite reumatoide.https://emedicine.medscape.com/article/331715-overview.

75. Nauseef, M. & Borregaard, N. (2014). Neutrófilos no trabalho. Nat Immunol. 15(1), 602-611.

76. Gordon, S. (2016). Fagocitose: um processo imunobiológico. Immunity. 44(3), 463-475.

77. Rorvig, S. 0stergaard, O. Heegaardm N. & Borregaard, N. (2013). Perfil do proteoma de subconjuntos de grânulos de neutrófilos humanos, vesículas secretoras e membrana celular: correlação com o perfil do transcriptoma de precursores de neutrófilos. J Leukoc Biol. 94(1), 711-721.

78. Cassatella, A., Ostberg, K., Tamassia, N. (2019). Papéis biológicos de proteínas e citocinas de grânulos derivados de neutrófilos. Trends Immunol. 40(6), 648664.

79. Brinkmann, V., Reichard, U., Goosmann, C., Fauler, B., Uhlemann, Y., Weiss, Weinrauch, Y. & Zychlinsky, A. (2004). Neutrophil extracellular traps kill bacteria. Science. 303(3), 1532-1535.

80. Nathan, C. & Ding, A. (2010). Inflamação não resolvida. Cell. 140(1), 871882.

81. Klebanoff, J, (2005). Myeloperoxidase: friend or foe. J Leukoc Biol. 77(6), 598-625.

82. Liew, X. & Kubes, P. (2019). O papel do neutrófilo durante a saúde e a doença. Physiol Rev 99(3), 1223-1248.

83. Mantovani, A., Cassatella, A., Costantini, C. & Jaillon, S. (2011). Neutrófilos na ativação e regulação da imunidade inata e adaptativa. Nat Rev Immunol. 11(4), 519-531.

84. Jones, R., Robb, T., Perretti, M. & Rossi, G. (2016). O papel dos neutrófilos na resolução da inflamação. Semin Immunol. 28(1), 137-145.

85. Silvestre-Roig, C., Hidalgo, A. & Soehnlein, O. (2016). Heterogeneidade de neutrófilos: implicações para a homeostase e patogênese. Blood. 127(7), 2173-2181.

86. Filep, G. & Ariel, A. (2020). Heterogeneidade e destino dos neutrófilos em tecidos inflamados: implicações para a resolução da inflamação. Am J Physiol Cell Physiol. 319(3), 510 -532.

87. Molinedo, F. (2019). Degranulação de neutrófilos, plasticidade e metástase do câncer. Trends Immunol. 40(3), 228-242.

88. Jendholm, J., Fossum, A., Porse, B., Borregaard, N. & Theilgaard-Monch, K. (2011). € Avanço técnico: caraterização imunofenotípica da diferenciação de neutrófilos humanos. J Leukoc Biol. 90(3), 629-634.

89. Kettritz, R. (2016). Serina proteases neutras de neutrófilos. Immunol Rev. 273(10), 232-248.

90. Khan, H., Sharma, K., Kumar, A., Kaur, A., & Singh, G.(2022).Therapeutic implications of cyclooxygenase (COX) inhibitors in ischemic injury.Inflammation Research. 71(2), 277-292.

91. Cahill, N., Raby, A., Zhou, X., Guo, F., Thibault, D., Baccarelli, A., Byun, M.,Bhattacharyya, N., Steinke,W., Boyce, A.(2016).Impaired E Prostanoid2 Expression and Resistance to Prostaglandin E2 in Nasal Polyp Fibroblasts from subjects with aspirin-exacerbated respiratory disease. Am. J. Respir. Cell Mol. Biol. 54(1), 34-40.

92. Kanai, K., Okano, M., Fujiwara, T., Kariya, S., Haruna, T., Omichi, R., Makihara, I.,

Hirata, Y., Nishizaki, K. (2016).Efeito da prostaglandina D2 na libertação de VEGF por fibroblastos de pólipos nasais. Allergol. Int., 65(3), 414-419.

93. Erpenbeck, J., Popov, A., Miller, D., Weinstein, F., Spector, S., Magnusson, B., Osuntokun, W., Goldsmith, P., Weiss, M., Beier, J. (2016). O antagonista oral CRTh2 QAW039 (fevipiprant): Um estudo de fase II na asma alérgica não controlada. Pulm. Pharmacol. Ther, 39(3), 54-63.

94. Bateman, D., Guerreros, G., Brockhaus, F., Holzhauer, B., Pethe, A., Kay, A., Townley, G. (2017). Fevipiprant, um antagonista oral do recetor da prostaglandina DP2 (CRTh2), na asma alérgica não controlada com corticosteróides inalados em baixas doses. Eur. Respir. J., 50(1), 88-99.

95. Gonem, S., Berair, R., Singapuri, A., Hartley, R., Laurencin, M., Bacher, G., Holzhauer, B., Bourne, M., Mistry, V., Pavord, D. (2016).Fevipiprant, um antagonista do recetor 2 da prostaglandina D2, em doentes com asma eosinofílica persistente: A single-centre, randomised, double-blind, parallel-group, placebo- controlled trial. Lancet Respir. Med. 4(1).699-707.

96. Wenzel, S., Chantry, D., Eberhardt, C., Hopkins, R., Saunders, M., Anderson, L., Aitchinson, R., Bell, S., Izuhara, K., Ono, J., (2014). ARRY-502, um antagonista oral potente, seletivo e CRTh2 reduz os mediadores Th2 em pacientes com asma leve a moderada orientada por Th2. Eur. Respir. J. 44(1), 48-36.

97. Kuna, P., Bjermer, L., Tornling, G. (2016). Dois ensaios randomizados de Fase II sobre o antagonista CRTh2 AZD1981 em adultos com asma. Drug Des. Dev. Ther. 10(1), 2759-2770.

98. Pettipher, R., Hunter, G., Perkins, M., Collins, P., Lewis, T., Baillet, M., Steiner, J., Bell, J., Payton, A. (2014). Resposta aumentada de pacientes asmáticos eosinofílicos ao antagonista CRTH2 OC000459. Allergy. 69(1), 12231232.

99. Horak, F., Zieglmayer, P., Zieglmayer, R., Lemell, P., Collins, P., Hunter, G., Steiner, J., Lewis, T., Payton, A., Perkins, M. (2012). O antagonista CRTH2 OC000459 reduz os sintomas nasais e oculares em indivíduos alérgicos expostos ao pólen de gramíneas, um ensaio aleatório, controlado por placebo e em dupla ocultação. Allergy. 67(2), 1572-1579.

100.Ortega, H., Fitzgerald, M., Raghupathi, K., Tompkins, A., Shen, J., Dittrich, K., Pattwell, C., Singh, D. (2019). Um estudo de fase 2 para avaliar a segurança, eficácia e farmacocinética do antagonista DP2 GB001 e para explorar biomarcadores de inflamação das vias aéreas na asma leve a moderada. Clin. Exp. Allergy J. Br. Soc. Allergy Clin. Immunol. 50 (2), 189-197.

101.Hall, P., Fowler, V., Gupta, A., Tetzlaff, K., Nivens, C., Sarno, M., Finnigan, A., Bateman, D. (2015). Rand Sutherland, E. Eficácia do BI 671800, um antagonista oral da CRTH2, na asma mal controlada como único controlador e na presença de tratamento com corticosteróides inalados. Pulm. Pharmacol. Ther. 32 (6), 3744.

102.Diamant, Z., Sidharta, N., Singh, O., Connor, J., Zuiker, R., Leaker, R., Silkey, M., Dingemanse, J. (2014). Setipiprant, um antagonista seletivo de CRTH2, reduz as respostas das vias aéreas induzidas por alérgenos em asmáticos alérgicos. Clin. Exp. Alergia J. Br. Soc. Alergia Clin. Immunol. 44(1), 1044-1052.

103.Ratner, P., Andrews, P., Hampel, C., Martin, B., Mohar, E., Bourrelly, D., Danaietash, P., Mangialaio, S., Dingemanse, J. (2017).Eficácia e segurança do setipiprant na rinite alérgica sazonal: resultados da Fase 2 e Fase 3 de estudos randomizados, duplo-cegos, com placebo e com referência ativa. Allergy Asthma Clin. Immunol. 13(1), 18-26.

104.Wongrakpanich, S., Wongrakpanich, A., Melhado, K., Rangaswami, G. (2018). Uma revisão abrangente do uso de medicamentos anti-inflamatórios não esteróides em idosos. Doença do envelhecimento.9 (1), 143-150.

105.Abdulla, A., Adams, N., Bone, M., Elliott, M., Gaffin, J., Jones, D. (2013). Orientações sobre a gestão da dor em pessoas idosas. Age Ageing, 42(1), 4857.

106.Malec, M., Shega, W. (2015). Tratamento da dor no idoso. Med Clin North Am, 99(1).337-350.

107.Ungprasert, P., Cheungpasitporn, W., Crowson, S., Matteson, L., (2015). Medicamentos anti-inflamatórios não esteróides individuais e risco de lesão renal aguda: Uma revisão sistemática e meta-análise de estudos observacionais. Eur J Intern Med. 26(1), 285-291.

108.Barthelemy, O., Limbourg, T., Collet, P., Beygui, F., Silvain, J., Bellemain- Appaix, A. (2013). Impacto dos anti-inflamatórios não esteróides (AINEs) nos resultados cardiovasculares em pacientes com aterotrombose estável ou múltiplos fatores de risco. Int J Cardiol. 163(1), 266-271.

109.More, B., Giradkar, S. (2020). Adulteração de medicamentos à base de plantas: A Hindrance to the Development of Ayurveda Medicine. Jornal Internacional de Medicina Ayurvédica e Herbal. 10(2), 3764-3770.

110.Thakur, S., Kaurav, H., Chaudhary, G. (2021). Terminalia Arjuna: Um Potencial Cardio Tónico Ayurvédico. Revista Internacional de Investigação em Ciências Aplicadas e Biotecnologia. 8(2), 227-36.

111.Sengupta, R., Bilakhia, R. (2013). Avaliação anti-helmíntica e fitoquímica comparativa in-vitro de extractos metanólicos e de éter de petróleo de flores de Woodfordia fruticosa. Revista Internacional de Investigação em Farmácia. 4(1), 159-161.

112.Birajdar, V., Mhase, M., Soma, G., Murthy, N. (2016). Padronização farmacognóstica e fitoquímica preliminar de Dhataki Woodfordia fruticosa (L.) Kurz.] Leaves. 28(1), 77-85.

113.Raj, M., Gupta, A. e Upmany, N. (2020). Efeito anti-inflamatório do extrato etanólico das folhas de woodfordia fructicosa em ratos tratados com adjuvante e carragenina. Anti-Inflammatory & Anti-Allergy Agents in Medicinal Chemistry.9 (1), 103-112.

114.Sujanamulk, B., Salavadhi, S., Babita, S., Pawar, R. (2020). Comparação da eficácia antifúngica dos extractos etanólicos da folha de woodfordia fruticosa e da casca de punica granatum em pacientes diabéticos não controlados que utilizam próteses removíveis: Um ensaio clínico controlado e randomizado. Curr Med Mycol. 6(3), 15-20.

115.Jangir, K., e Jumnani, N. (2019).Potencial fitofarmacológico de woodfordia fruticosa (dhataki): uma revisão.Revista mundial de farmácia e ciências farmacêuticas. 10 (1), 500-512.

116.Sharma, S. e Sharma, N. (2019).Avaliação farmacognóstica de dhataki (woodfordia fruticosa kurtz.). Jornal Internacional de Investigação Científica Recente. 9(1), 35139-35143.

117.Nautiyal, R., Chaubey, S., Tiwari, C. (2017). Woodfordia floribunda salisb: uma erva de espinha dorsal para todos os asava e arishta. Int. J. Ayur. Pharma Research. 5(6), 8488.

118.Raji, N., Roshni, P. e Latha, M. (2017).Indução de apoptose pela fração de acetato de etilo de woodfordia fruticosa kurz. Flores através da mediação no carcinoma hepatocelular. Int. J. Adv. Res. 5(8), 885-893

119.Kumar, D., Sharma, M., Sorout, A., Saroha, K., Verma, S. (2016). Woodfordia fruticosa Kurz. Uma revisão sobre sua botânica, química e atividades biológicas. Jornal de Farmacognosia e Fitoquímica. 5(3), 293-298.

120.Meena, V. e Kumar, S. (2015).*Woodfordia fruticosa* (l.) kurz: uma planta ameaçada de alta demanda com potenciais valores medicinais. Jornal Indiano de Ciências Vegetais. 4 (3), 35-45.

121.Muvel, U., Devre, K., Raghuvanshi, A. (2014) Uma visão geral farmacognóstica e farmacológica da Woodfordia fruticosa Kurz. Sch. Acad. J. Pharm. 3(5), 418-422.

122.Dubey,D., Patnaik,R., Ghosh, G., Padhy, P.(2014).Atividade antibacteriana in vitro, análise de espetrometria de massa por cromatografia gasosa de woodfordia fruticosa kurz. Extrato de folha e teste de toxicidade do hospedeiro com linfócitos cultivados in vitro a partir de sangue do cordão umbilical humano.Osong saúde pública e perspectivas de investigação. 5(5), 298-312.

123.Syed, Y., Khan, M., Bhuvaneshwari, J., Ansari, J. (2013). Investigação fitoquímica e padronização de extractos de flores de woodfordia fruticosa; um estudo preliminar. J. Pharm. BioSci. 4(2), 134-140.

124.Gyawali, R., Jnawali, D., Kim, K. (2012). Avaliação do perfil fitoquímico e do efeito contrátil uterino de woodfordia fruticosa (L.) Kurz e Dipsacus mitis D. Don. JNPA. XXVI (1), 20-28.

125.Chaturvedi, P., & Ghatak, A. & Desai, N. (2012). Avaliação do potencial de eliminação de radicais e do conteúdo total de fenóis em Woodfordia fruticosa de diferentes altitudes. J. Plant Biochem. Biotechnol. 21(1), 17-22.

126.Baravalia, Y. e Chanda, S. (2011).Efeito protetor das flores de Woodfordia fruticosa contra a toxicidade hepática induzida pelo acetaminofeno em ratos.Pharmaceutical Biology.49 (8), 826-832.

127.Finose, A. e Devaki, K. (2011). Estudos fitoquímicos e cromatográficos nas flores de Woodfordia fruticosa (L) Kurz. Asian Journal of Plant Science and Research.1 (3), 81-85.

128.Ghante, M., Bhusari, K., Duragkar, N., Jain, N. e Warokar, A. (2012). Atividade bronco-protetora, broncodilatadora e anti-inflamatória do extrato etanólico das flores de woodfordia fruticosa (kurz.). Ind J Pharm Edu Res. 46(2), 2012.

129.Baravalia, Y., kumar, Y., Chanda. V. (2011).Efeito hepatoprotector das flores de Woodfordia fruticosa Kurz na toxicidade hepática induzida por diclofenac de sódio em ratos.Asian Pacific Journal of Tropical Medicine. 4(5), 342-346.

130.Grover, N. e Patni, V. (2011). Extração e aplicação de preparações de corantes naturais a partir das partes florais de Woodfordia fruticosa (Linn.) Kurz. Jornal Indiano de Produtos e Recursos Naturais. 2(4), 403-408.

131.Shah, S., Shailajan, S. (2009). Quantificação de -sitosterol de Woodfordia fruticosa (Linn.) Kurz e uma formulação poli-herbácea usada para tratar distúrbios reprodutivos femininos. ACAIJ. 8(1), 1-15.

132.Chougale, A., Padul, M., Arfeen, S. (2009). Kakad SL, atividade antibacteriana fracionamento dirigido de woodfordia fruticosa kurz. Folhas. Jornal de Plantas Medicinais. 8(31), 36-48.

133.Tiwari, Y., Kumar, B., Chauhan, D., Singh, A. (2021). Avaliação in vitro da atividade anti-inflamatória das folhas de woodfordia fruticosa. Anais da R.S.C.B. 25(2), 4156 - 4169.

134.Chen, L., Deng, H., Cui, H., Fang, J., Zuo, Z., Deng, J., Li, Y., Wang, X., Zhao, L. (2018). Respostas inflamatórias e doenças associadas à inflamação em órgãos. Oncotarget,

6(1), 7204-7216.

135.Tottoli, M., Dorati, R., Genta, I., Chiesa, E., Pisani, S., Conti, B. (2020). Processo de cicatrização de feridas na pele e novas tecnologias emergentes para o tratamento e regeneração de feridas na pele. Pharmaceutics. 12 (1). 735-741.

136.Edilova, I., Akram, A. (2021). A imunidade inata impulsiona a patogênese da artrite reumatoide. Biomed. J. 2(1), 172-182.

137.Ferrer, D., Busquets-Cort^s, C., Capo, X., Tejada, S., Tur, A., Pons, A. Sureda, A. (2019). Inibidores da ciclooxigenase-2 como alvo terapêutico em doenças inflamatórias. Cur. Med. Chem. 26(1), 3225-3241.

138.Grosser, T., Smyth, E., FitzGerald, A. (2011). Agentes anti-inflamatórios, antipiréticos e analgésicos; farmacoterapia da gota. Farmacologia de Goodman Gilman. Basis Ther. 12(1), 959-1004.

139.Karthikeyan, G., Swamy, K., Viknesh, R., Shurya, R., Sudhakar, N. (2020). Fitocompostos bioativos para combater a resistência antimicrobiana. Em Bioativo derivado de plantas. 3(5), 335-381.

140.Baravalia, Y., Vaghasiya, Y., Chanda, S. (2012). Citotoxicidade do camarão de salmoura, propriedades anti-inflamatórias e analgésicas das flores de Woodfordia fruticosa Kurz. Irão. J. Pharm. Res. 11(1) 851-860.

141.Ghante, H., Bhusari, M., Duragkar, K., Ghiware, N. (2014). Avaliação farmacológica do potencial anti-asmático e anti-inflamatório dos extractos de flores de Woodfordia fruticosa. Pharmaceut. Biol. 52(12), 804-813.

142.Roy, A., Janbandhu, S. (2020). Uma análise etnobotânica sobre o continuum flora-medicina entre os habitantes tribais do distrito de Ratnagiri e Palghar, Maharashtra, Índia. Ethnobot. Res. Appl. 20(3), 1-23.

143.Shubha, R., Bhatt, P. (2021). Atributos funcionais do extrato de Woodfordia fruticosa rico em polifenóis: um ingrediente ativo na medicina tradicional indiana com potencial nutracêutico. J. Herb. Med. 29(1), 100488.

144.Verma, N., Amresh, G., Sahu, K., Mishra, N., Rao, V., Singh, P. (2013). Potencial de cicatrização de feridas de extractos de flores de Woodfordia fruticosa Kurz. Indian J. Biochem. Biophys. 50(1), 296-304.

145.Bains, A., Chawla, P. (2020). Bioatividade in vitro, eficácia antimicrobiana e anti-inflamatória do extrato de trametes versicolor assistido por evaporação de solvente modificado. Biotech. 10 (1), 404-416.

146.Bains, A., Chawla, P., Tripathi, A., Sadh, K. (2021). Um estudo comparativo da eficiência antimicrobiana e antiinflamatória de componentes bioativos modificados evaporados por solvente e secos em forno a vácuo de Pleurotus floridanus. J. Food Sci. Technol. 58(12), 3328-3337.

147.Malik, A., Najda, A., Bains, A., Nurzy'nska-Wierdak, R., Chawla, P. (2021).Caracterização do extrato metanólico de casca de citrusnobilis para atividade antioxidante, antimicrobiana e anti-inflamatória. Molecules. 26(2), 4310-4325.

148.Bains, A., Tripathi, A. (2017). Avaliação das propriedades antioxidantes e anti-inflamatórias do extrato aquoso de cogumelos selvagens coletados em Himachal Pradesh. Asian J. Pharm. Clin. Res., 10(1), 467-472.

149.Dubey, D., Patnaik, R., Ghosh, Padhy, G. (2014). Atividade antibacteriana in vitro, análise de espetrometria de massa por cromatografia gasosa de Woodfordia fruticosa Kurz. Extrato de folha e teste de toxicidade do hospedeiro com linfócitos cultivados in vitro a partir de sangue do cordão umbilical humano. Osong. Public Health Res. Perspect. 5(1), 298312.

150.Kaur, R., Kaur, H. (2010). A atividade antimicrobiana do óleo essencial e dos extractos vegetais de Woodfordia fruticosa. Arch. Appl. Sci. Res. 2 (1), 302-309.

151.Kepiro, E., Marzuoli, I., Hammond, K., Lewis, H., Shaw, M., Ryadnov, G. (2019). Engenharia de pseudocapsídeos de proteínas quiralmente cegas em persistas antibacterianos. ACS Nano. 14(1), 1609-1622.

152.Venter, H. (2019). Invertendo a resistência para combater a resistência antimicrobiana na prioridade crítica da Organização Mundial da Saúde dos patógenos mais perigosos. Biosci. Rep. 39(1), 1-25.

153.Paraszkiewicz, K., Moryl, M., Paza, G., Bhagat, K., Satpute, S., Bernat, P. (2021). Surfactantes de origem microbiana como agentes antibiofilme. Int. J. Environ. Health .31(1), 401-420.

154.Banerjee, A., De, B. (2014). Atividade antioxidante de flores etno medicinalmente usadas de Bengala Ocidental, Índia. Int. J. Pharmacogn. Phytochem. Res. 6(1), 622635.

155.Sharma, S., Kota, K., Ragavendhra, P. (2018). Estabilização da membrana HRBC como uma ferramenta de estudo para explorar a atividade anti-inflamatória de alliumcepa linn.- relevância para 3r. J. Adv. Med. Dent. Sci. Res., 6(1), 30-34.

156.Osman, I., Sidik, J., Awal, A., Adam, M., Rezali, I. (2016). Ensaio de inibição in vitro da xantina oxidase e desnaturação da albumina de barringtonia racemosa L. e análise do conteúdo fenólico total para potencial uso antiinflamatório na artrite gotosa. J.Intercult. Ethnopharmacol. 5(1), 343-350.

157.Chawla, P., Kumar, N., Kaushik, R., Dhull, B. (2019). Síntese, caraterização e absorção mineral celular de nanoemulsões de extratos de flores de rododendro arbóreo estabilizados com goma arábica. J. Food Sci. Technol., 56(1), 5194-5203.

158.Chawla, P., Najda, A., Bains, A., Kaushik, R., Tosif, M. (2021). Potencial de nanopartículas de hidróxido de ferro funcionalizadas com goma arábica incorporadas em papel de celulose para embalagem de paneer. Nanomateriais. 11(1), 1308-1320.

159.Najda, A., Klimek, K., Piekarski, W. (2020) Zawartos'c' wybranych metabolites wtornych i zdolnos'c' przeciwutleniaja ziela Mentha piperita L. var. officinalis Sole f. pallescens Camus suszonego pro niowo. Przemys? Chemiczny. 99(1), 123-126.

160.Sadh, K., Chawla, P., Duhan, S. (2018). Abordagem de fermentação em fenólicos, antioxidantes e propriedades funcionais do bolo de imprensa de amendoim. Food Biosci. 22(1), 113-120.

161.Kaushik, R., Chawla, P., Kumar, N., Janghu, S., Lohan, A. (2018). Efeito dos tratamentos de pré-moagem na extração de glúten de trigo e na qualidade do macarrão. Ciência dos Alimentos. Technol. Int. 24(1), 627-636.

162.AliM. Pharmacognosy and phytochemistry, (2008 CBS) editora, 1, 13-24.

163.Balkrishna A. (1993).Secrets of Indian herbs. Divya prakashan, 171-172.

164.Bertram G.K. (2008). Farmacologia básica e clínica, 9ª Ed., 453-454.

165.Chandan, B., Saaxena, A., Shukla, S., Sharma, N., Gupta, D., Sing, D., (2008). Journal of Ethnopharmacology 119(3), 218-224.

166.Chippada. C., Volluri, S., Bammidi, R., e Vangalapati, M. (2011). Atividade anti-inflamatória in vitro do extrato metanólico de centella asiatica pelo método de estabilização da membrana HRBC. Química da revista Rasyan. 4(2), 457-460.

167.Das, K. Goswami, S., Chinniah, A., Banerjee, S., Sahu, P. e Achari, B. (2007).

Woodfordia fruticosa: usos tradicionais e descobertas recentes. J Ethnopharmacol, 110(2), 189-99.

168.Mary, J., Chithra, B. e Sivajiganesan, S. (2017). "Atividade anti-inflamatória in vitro das flores de neriym oleander (branco)." Revista Internacional de Pesquisa-Granthaalayah. 5(6), 123-128.

169.Finose, A. e Devaki, K. (2011). Estudos fitoquímicos e cromatográficos nas flores de woodfordia fruticosa (Linn.) kurz. Revista asiática de ciência e pesquisa de plantas. 1(3)81-85.

170.Rajeswaramma, G. e Jayasree, D. (2018). Atividade anti-inflamatória in vitro do extrato de sementes de Anacardium Occidentale. IOSR Journal of Dental and Medical Sciencs. 17(01), 18-22

171.Godhandaraman, S., Ramanlingam, V. (2016). Jornal Internacional de Medicina Herbal. 4(3), 31-36.

172.Gopal, A., Kumar, A., Anath R. Kamal S. Avaliação anti-inflamatória in vitro de extractos brutos de Bombax ceiba. Revista Internacional de Arquivos Farmacêuticos e Biológicos. 4(1), 1-6.

173.Upmanyu, H., Gupta, M., Jindal, A. e Jalhan, S. (2012).Actividades farmacológicas de Stephania glabra, Woodfordia Fruticosa e Cissempelo Spareira- uma revisão. Revista internacional de farmácia e ciências farmacêuticas. 4(3), 16-23.

174.Jarald, E. e Jarald, S. (2007). Livro de texto de farmacognosia e fitoquímica, CBS, I, 1-7.

175.Narayanan, J., Chitra, V. (2018). Um artigo de pesquisa sobre a atividade antiinflamatória in vitro do extrato de GarciniaHanburyi. Jornal de pesquisa em farmácia. 12(4), 18-24.

176.Kalita, S., Kumar, G., Karthik, L. e Rao, K. (2012). Uma revisão sobre as propriedades medicinais de Lantana camera linn. Research J. Pharm. And Tech. 5(6), 711-715.

177.Khandewal, R. (2008).Practical Pharmacognosy. Nirali Prakashan, 8ª ed., 149-156.

178.Kokate, K., Purohit, P. e Gokhale, B. (2014).Pharmacognosy. Nirali Prakshan. 49th Ed, 1.5-1.7.

179.Kirtikar. K. e Basu. B. (2012). Planta medicinal indiana com ilustração. Empresas orientais, Dehradun Uttaranchal 2012, II, 5(14), 96-98.

180.Mukherjee, K. (2002). Quality control of herbal drugs, an approach to evaluation of botanical Buisness Horizons. 2(1), 246-78.

181.Manwar, J., Mahadik, K. Paradkar, A., Sathiyanarayanan, L., Vohra, M. e Patil, S. (2013). Isolamento, caraterização bioquímica e genética de leveduras produtoras de álcool das flores de Woodfordiafruticosa. Jornal do jovem farmacêutico. 1 (4), 1-4.

182.Mhaskar, S., Blatter, E., Caius, F., Kiritikar e Basu (2000). Illustrated Indian Medicinal plants. Their usages in Ayurveda and Unani Medicines, Sri Satguru publication, New Delhi, 2000, 5, 1494-1499.

183.Anoop, M., Bindu. A. (2015). Um artigo de pesquisa sobre estudos de atividade antiinflamatória in vitro em folhas de Syzygium Zeylanicum (L.) DC, revista internacional de pesquisa e revisão farmacêutica. 4(8), 18-27.

184.Das, P., Goswami, S., Chinniah, A. (2007). Journal of Ethanopharmacology 3(5), 189-199.

185.Prajapati, D., Prohit, S., Kumar, T. (2013). Um manual de plantas medicinais "Um livro de fontes completo. Agrobios India Jodhpur. 47-48.

186.Satoskar, S., Bhandarkar, D. e Rege, N. (2009). Pharmacology and pharmacotherapeutics. Popular Prakashan, 1st Ed., 1034-1036.

187.Shah, S. e Juvekar, R. (2010). Atividade imunoestimuladora in vitro e in vivo das flores de Woodfordiafruticosa na imunidade não específica. Pharm. Biol. 48(9), 1066-1072.

188.Bhattarai, S. (2011) Artigo de revisão sobre a atividade antimicrobiana das partes úteis de Woodfordia fruticosa (Linn.) Kurz. Do Nepal;-Revista Internacional de Arquivos Farmacêuticos e Biológicos 2(2), 727-732.

189.The Wealth ofIndia. Instituto Nacional de Comunicação Científica e Recursos de Informação (NISCAIR), 1st Ed., 5, 364-365.

190.Tripathi, D. (2015) Essentials of Medical Pharmacology. Jaypee Brothers, 7ª ed., 192-196.

191.Verma, N., Amresh, G., Sahu, P., Rao, V. e Singh, P. (2012) atividade anti-hiperglicémica dos extractos de flores *de woodfordia fruticosa* no metabolismo da glicose e na peroxidação lipídica em ratos diabéticos induzidos por estreptozotocina IJEB 50(5), 351-358.

192.Waugh, A. (Anatomia e fisiologia na saúde e na doença. Editora Elsevier, 2010, 11ª Ed, 367-368

CONCEPÇÃO , METODOLOGIA E EXPERIMENTAÇÃO DA INVESTIGAÇÃO

CAPÍTULO - III
<u>MATERIAL E MÉTODOS</u>

3.1 Material vegetal e autenticação

No presente estudo, as folhas e a flor de *Woodfordia floribunda* Salisb foram colhidas em Akole, Ahmednagar, Índia (coordenadas 19,5700° N, 74,2200° E), nos meses de fevereiro e março de 2020, e identificadas pelo Dr. D. L. Shirodkar do Botanical Survey of India, Pune, Maharashtra. O espécime Avoucher (n.º BSI/WRC/Iden.Cer./2021/1905210003955) do mesmo foi depositado no departamento de herbário .[1]

3.2 Animais

Os ratos Wistard (160-200g) foram obtidos no biotério, Lacsmi Biofarms P.Ltd. Passaydan, survey no.28/3/21 Samarth colony, Pimple naka, Pune (nota de entrega no.A-106/ 12/03/2022). Os animais foram alojados a uma temperatura de 24 ± 2^{0} C, ciclos de 12 horas de luz/escuridão, 35-60% de humidade, em gaiolas de polipropileno e alimentados com uma dieta padrão para roedores e água. Os protocolos experimentais foram aprovados pelo Comité Institucional de Ética Animal, Amrutwahini College of Pharmacy, e Sangamner, Índia (AVCOP/IAEC/2021-22/1153/26/01) medicamentos e produtos químicos.

Durante o estudo, os solventes utilizados eram de grau analítico (Merck, Índia), os produtos químicos carragenina e injeção de diclofenac (Pharma Cure Laboratories Garha, Jalandhar e Indore, Madhya Pradesh, Índia) foram adquiridos e utilizados. O diâmetro da pata foi medido com um pletismómetro (Medicaid System, Mode No.PTH-707 New Delhi, Índia).

3.3 Padronização físico-química do material vegetal

Os diferentes parâmetros, como os valores de cinzas, o teor de humidade e os valores extractivos, foram determinados por normalização físico-química com referência a métodos relatados e de acordo com as diretrizes da Organização Mundial de Saúde sobre métodos de controlo de qualidade para materiais de plantas medicinais.

3.4 Testes fitoquímicos preliminares dos extractos

3.4.1 Procedimentos

Foram efectuados os testes fitoquímicos preliminares de vários extractos de folhas e flores de Woodfordia floribunda Salisb.

3.4.2 Pesquisa de hidratos de carbono

1. Teste de Molisch

Teste de Molisch efectuado de acordo com as fórmulas dadas

1 ml de extrato + algumas gotas de solução etanólica de a-naftol + 2 ml de H2SO4 conc. (adicionados cuidadosamente a partir das paredes dos tubos de ensaio).

Observação: Teste positivo indicado por um anel violeta avermelhado na junção das duas camadas.

2. Teste de Fehling

1 ml de extrato + 2 ml de igual volume de soluções de Fehling A e B e fervidos.

Observação: A presença de açúcares redutores é demonstrada por um precipitado vermelho tijolo, enquanto que o teste de Fehling negativo indica a presença de açúcares

65

não redutores.

3.4.3 Teste dos glicosídeos

1. **Keller-Killanitest**

2 ml de extrato + ácido acético glacial + 1 gota de cloreto férrico a 5% e ácido sulfúrico concentrado.

Observação: Glicosídeos cardíacos positivos indicados pela camada superior de cor verde azulada e castanha avermelhada na junção.

2. **Teste de Borntrager**

2 ml de extrato + 1 ml de ácido clorídrico diluído, ferver e filtrar. Filtrado

3. clorofórmio (1:1) agitar bem. Adicionar amoníaco na camada orgânica separada.

Observação: A cor vermelha indica um teste positivo para os glicosídeos de antraquinona.

3.4.4 Teste para proteínas

1. **Teste do biureto**

2 ml de extrato + 1 ml de NaOH a 4% + algumas gotas de solução de sulfato de cobre a 1%.

Observação: A cor violeta púrpura deu um teste positivo para as proteínas.

2. **Teste de Millon**

1 ml de extrato + reagente de Millon.

Observação: O precipitado branco deu um teste positivo para as proteínas.

3.4.5 Teste para esteróides

1. **Teste Salkowski**

1 ml de H_2SO_4 concentrado + extrato (dissolvido em 1 ml de clorofórmio) Observação: A cor castanha avermelhada observada na camada de clorofórmio e a fluorescência verde e amarela na camada ácida revelam um teste positivo para esteróides.

2. **Teste de Liebermann-Burchard**

1 ml de extrato + 2 ml de clorofórmio (dissolvido) + 1 ml de anidrido acético + 2 ml de H_2SO_4 conc.

Observação: ácido sulfúrico concentrado nas paredes dos tubos de ensaio. A formação de uma cor violeta avermelhada na junção das camadas indica a presença de esteróides.

3. **Teste de Liebermann**

2 ml de extrato + 2 ml de anidrido acético + aquecido e arrefecido + algumas gotas de ácido sulfúrico concentrado.

Observação: A formação de cor azul é um teste positivo para a presença de esteróides.

3.4.6 Teste para triterpenos

1. **Ensaio da vanilina-ácido sulfúrico**

10 mg de extrato + 2 ml de etanol + alguns miligramas de vanilina + 1 ml de ácido sulfúrico concentrado + aquecimento durante 10 minutos.

Observação: A formação de uma coloração violeta-azulada no teste de triterpenos é positiva.

3.4.7 Teste de saponinas

1. **Ensaio de formação de espuma**

Poucos mg de extrato + 2 ml de água + agitar bem durante 5 minutos.

Observação: A formação de espuma persistente nos sapatos é um teste positivo para saponinas.

3.4.8 Pesquisa de alcalóides

1. Teste de Dragendorff

Adicionou-se 2 ml de extrato + 0,1 ml de ácido clorídrico diluído + 0,1 ml de reagente de Dragendorffs. Observação: O precipitado castanho alaranjado indicou um teste positivo de alcalóides.

2. Teste de Mayer

2 ml de extrato + 0,2 ml de ácido clorídrico diluído + 0,1 ml de reagente de Mayer. Observação: O precipitado amarelo indica um teste positivo para alcalóides.

3. Teste de Hager

2 ml de extrato + 0,1 ml de ácido clorídrico diluído + 0,1 ml de reagente de Hager Observação: O precipitado amarelo indicou um teste positivo de alcalóides.

4. Teste de Wagner

2 ml de extrato + 0,1 ml de ácido clorídrico diluído + 0,2 ml de reagente de Wagner. Observação: O precipitado castanho-avermelhado revelou um teste positivo para alcalóides.

3.4.9 Pesquisa de taninos e compostos fenólicos

1. Ensaio com cloreto férrico

2 ml de extrato + 1 ml de solução de cloreto férrico a 5%. Observação: A cor preta esverdeada indica a presença de taninos e compostos fenólicos.

2. Ensaio com ácido nítrico diluído

1 ml de extrato + algumas gotas de ácido nítrico diluído.

Observação: A cor avermelhada a amarela revela a presença de taninos.

(Ref. A Handbook of Experiments in Pre-clinical Pharmacology por
Sanjay B. Kasture. Publicação de carreira 2007)

3.5 Isolamento de fitoconstituintes das folhas de *Woodfordia floribunda* Salisb

3.5.1 Procedimento geral para o isolamento de fito constituintes por cromatografia em coluna

O isolamento e a purificação dos fitoconstituintes foram efectuados numa coluna de vidro limpa e seca (3cm*60 cm). A lama de sílica activada (# 60-120) encheu até 3/4 da secção da coluna e foi introduzida na fase móvel para cromatografia em coluna.

O pó de sílica seco ((# 60-120) foi ativado por aquecimento numa estufa a 110°C até 1 hora. O extrato de 10 g foi dissolvido em alguns ml de solvente e adsorvido em alguma sílica activada. Assim, a adsorção do extrato foi efectuada sobre sílica. Deixou-se evaporar o solvente para obter material livremente flutuante. Em seguida, foi introduzido lentamente na coluna a partir do topo e deixou-se estabilizar uniformemente na coluna. Deixou-se a coluna repousar durante 2 horas para uma adsorção uniforme do material e depois eluiu-se de forma isocrática e gradiente. A taxa de eluição foi ajustada entre 10-15 gotas por minuto, monitorizada por TLC. As fracções que apresentavam um padrão de TLC semelhante foram misturadas e a evaporação do solvente foi efectuada por evaporador rotativo. As fracções de compostos misturados foram novamente purificadas utilizando a técnica cromatográfica de camada fina preparativa. No entanto, as fracções que apresentavam uma mistura separável de vários compostos foram rejeitadas.[12]

3.5.2 Procedimento para o isolamento de fitoconstituintes por cromatografia em camada fina preparativa

Uma camada espessa de lama de sílica gel em água destilada foi coberta uniformemente em placas de vidro (20cm^2). A ativação da placa de sílica foi realizada a 110°C durante 1 hora. Em seguida, a amostra foi colocada na placa de TLC preparativa sob a forma de uma linha fina e evitou-se a difusão da banda, o que diminuiria a taxa de resolução do componente. Após o desenvolvimento da TLC, as bandas separadas foram localizadas utilizando uma lâmpada UV. As diferentes bandas foram raspadas e dissolvidas na dessorção do composto da sílica. Após filtração, secar o composto separado à temperatura ambiente para secagem natural. A pureza da amostra seca foi verificada através da realização de TLC com diferentes fases móveis. Em seguida, foram numeradas e enviadas imediatamente para caraterização espetral.

3.5.3 Isolamento dos compostos

3.5.3.1 Isolamento de (WF-01), (WF-03) e (WF-04) do extrato de WFPEE

As folhas secas à sombra de *Woodfordia floribunda* Salisb (1,0 kg) foram pulverizadas e submetidas a extração em Soxhlet com éter de petróleo a 45°C durante 48h. Após a extração completa, filtrou-se o menstrum obtido e concentrou-se por evaporador rotativo. Reduzir o volume até 100 ml. Os cristais esverdeados foram recolhidos da superfície da massa pegajosa após 2-3 dias e mantidos para posterior separação. A marca obtida foi macerada a frio com etanol absoluto durante 7 dias a 40-45°C. Procedeu-se a uma filtração seguida de secagem num evaporador rotativo. Efectuou-se um fracionamento sucessivo com clorofórmio e secou-se os compostos de 10 g por cromatografia em coluna com sílica gel G (60-120 mesh). O solvente utilizado foi o dicloro metano a uma taxa de 20-25 gotas por Min.150 fracções de 100 ml são recolhidas e misturadas com a mesma fração por monitorização por TLC. Utilizando diferentes fases móveis como clorofórmio: EtOAc: 01 gota de metanol (3:6:0,5 gota). Foi submetido a caraterização por MS, IR,[1] H-NMR,[13] C-NMR, HPLC, COSY seguido da sua potência anti-inflamatória.

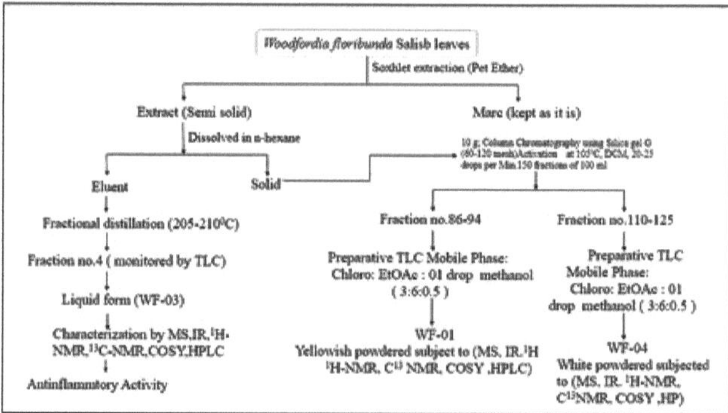

Fig.3.1 Esquema geral para o isolamento dos compostos (WF-01, WF-03 e WF04) do extrato de éter de petróleo das folhas de Woodfordia floribunda Salisb.

3.5.3.2 Isolamento de (WF-02) do extrato metanólico das folhas (Extrato WFME)

A planta medicinal das folhas de *W. floribunda* Salisb foi recolhida e submetida a extração soxhlet em metanol. Foram necessários 5-7 dias para completar o seu ciclo. Depois disso, o extrato bruto foi passado para cromatografia em coluna de 10 g; cromatografia em coluna utilizando sílica gel G (60-120 mesh) ativação a 105^0 C, hexano, 20-25 gotas por min. 150 fracções de 100 ml. No passo seguinte, recolher a fração n.º 190-221 e, em seguida, através de TLC preparatório, obter uma única mancha e submetê-la a caraterização e descobrir a potência antinflamatória.

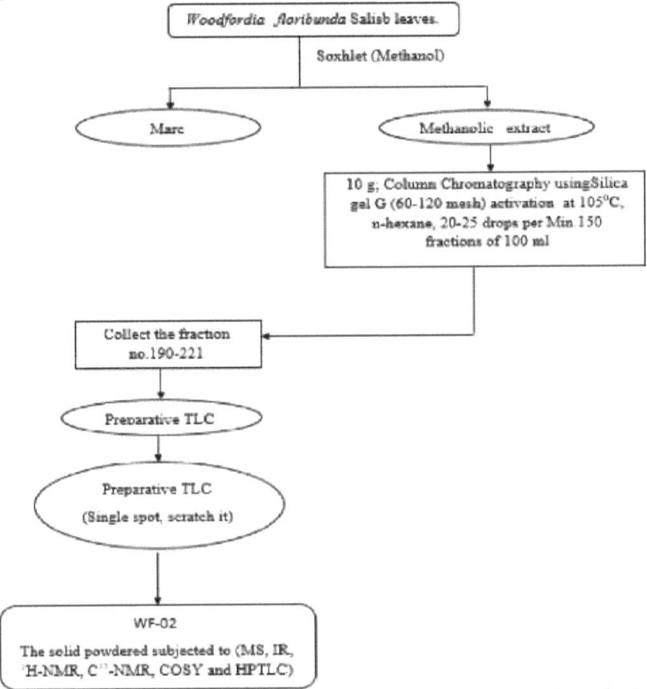

Figura: 3.2 Esquema de extração do esteviosídeo (WF-02) das folhas de W. floribunda Salisb.

3.5.3.3 Isolamento de (WF-05) do extrato metanólico da flor (Extrato WFME)

A flor de *W. floribunda* Salisb foi recolhida e transformada em pó fino e submetida ao aparelho de extração soxhlet utilizando o solvente metanol. Após 5-6 dias, obtém-se o extrato metanólico bruto. Foi submetido a cromatografia em coluna e recolhida a fração de 100 ml cada. A fração n.º 135-155 foi submetida a TLC preparativo com solvente acetato de etilo e etanol (1:1). Por fim, o pó esbranquiçado foi submetido a MS, IR,[1] H-NMR,[13] C-NMR, COSY e HPLC e, por fim, descobriu-se a potência antinflamatória do composto isolado.

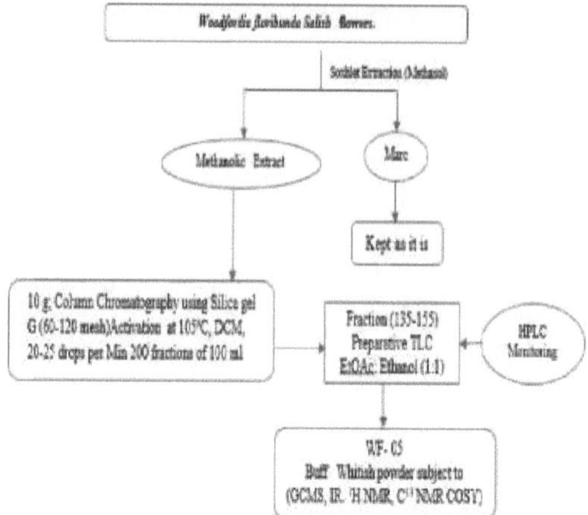

Figura: 3.3 Esquema de extração do Phorbol (WF-05) da flor de W. floribunda *Salisb.*

3.6 Preparação de partículas de nano AgNPs em fita (WF-06)

3.6.1 Recolha e preparação do extrato de folhas de plantas

As folhas da planta foram colhidas em Gardani road, perto da cascata de Shivdoh, Akole, Ahmednagar e Maharashtra, Índia. A identificação taxonómica foi efectuada pelo BSI pune (n.º BSI/WRC/Iden.Cer./2021/ 1905210003955 (A&B). As folhas foram lavadas cuidadosamente em água corrente da torneira para remover materiais aderentes e, finalmente, lavadas com água destilada esterilizada. As folhas da planta secaram durante 2-5 dias. As folhas frescas e secas são trituradas até se obter um pó fino. Pesar 40g de folhas em pó e 250 ml de água destilada esterilizada para ferver a mistura durante 10 minutos antes de decantar a mistura. O caldo de folhas de plantas preparado é armazenado a 4^0 C para ser utilizado em estudos posteriores.

3.6.2 Preparação de NPs de prata

Para a redução dos iões de cobre durante a criação de nanopartículas de prata, foram adicionados 5 ml de caldo de folhas a 85 ml de uma solução de nitrato de prata de 1 mmol L-1. O líquido transformou-se numa pasta de cor castanha depois de ser agitado num agitador magnético durante 12 horas. A centrifugação a 20.000 rpm durante 20 minutos produziu o produto final. Em seguida, adquirimos um pó de cor castanha, que foi utilizado para caraterização adicional e armazenado em recipientes devidamente rotulados.

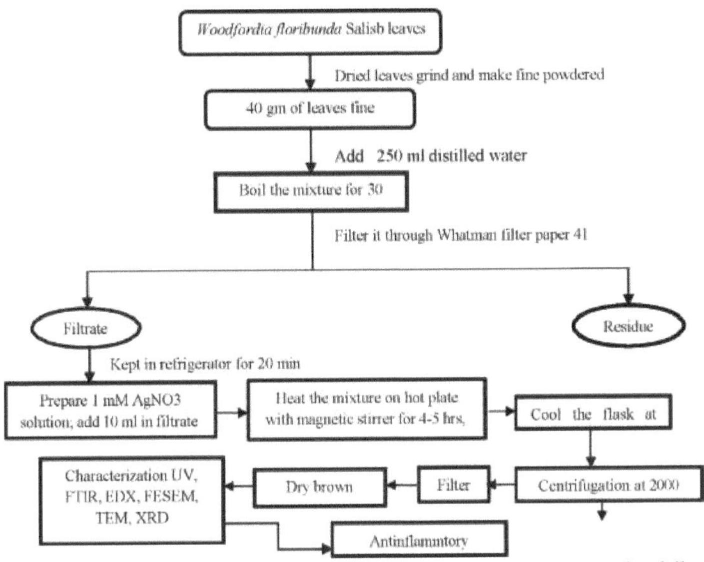

Figura: 3.4 Preparação de nano partículas de prata (WF-06) a partir das folhas de W.

floribunda Salisb.

3.7 Identificação de fitoconstituintes (análise GC-MS)

3.7.1 Princípio da GC-MS

O equipamento GC-MS é utilizado para simplificar a estrutura complexa da molécula. Para a análise de material vegetal, o GC-MS é um instrumento altamente autêntico. O GC funciona com base numa mistura aquecida e fará com que os componentes sejam separados. Neste caso, a amostra foi injectada a partir da entrada, onde é aquecida até à temperatura de vaporização. A coluna cromatográfica foi passada pelo gás de arraste (hélio). O revestimento da coluna actua como a fase estacionária e o gás de transporte actua como a fase móvel. Uma linha de transferência aquecida liga a secção final da coluna à fonte de iões, onde os compostos que eluem da coluna são convertidos em iões. Os iões são primeiro separados por um analisador de massa antes de serem identificados. O peso molecular de um produto químico e a sua estrutura podem ser deduzidos com a utilização de um espetrómetro de massa. A biblioteca GC-MS é utilizada para determinar os produtos químicos (NIST & WILEY).

3.7.2 Preparação da amostra

Dissolveu-se uma amostra de 100 microlitros em 1 ml de solventes adequados. Durante 10 segundos, utilizou-se um agitador vortex para agitar vigorosamente o líquido. A solução de extrato límpido foi analisada por cromatografia gasosa.

3.7.3 Cromatografia gasosa com protocolo de espetroscopia de massa

A coluna funciona a temperaturas entre +4 e 450 C. A coluna capilar foi utilizada com dimensões de 30m x 0,25mm não polar, 5m x 0,25mm polar e três colunas embaladas para separação permanente de gases. O capilar tem um rácio de separação de até 7500:1. O controlo total do fluxo/sensorização é de até 1000 ml/minuto para hidrogénio e hélio e a regulação total do fluxo varia entre 0 e 200 ml para azoto e 0 e 1000 ml para hidrogénio. O detetor de condutividade térmica (TCD) tem um nível mínimo detetável de 400 pg de tridecano/ml com gás de transporte hélio. O controlo pneumático eletrónico (EPC) tem um controlo eletrónico total da pressão para todas as entradas. Detectores e ajuste da pressão em incrementos de 0,001 psi. Exatidão dos sensores de pressão: <±0,01 psi. A repetibilidade do tempo de retenção foi inferior a 0,0008 minutos. O software de processamento de dados permite a localização automática de picos com base na largura esperada do pico e num limiar sinal-ruído. Os cálculos automatizados da área dos picos baseiam-se na combinação automática de cortes de picos modulados. O pacote de processamento de dados tem uma função de classificação para agrupar compostos de funcionalidade química semelhante. Os resultados obtidos foram tabulados e os valores medicinais dos compostos importantes presentes foram recolhidos de várias fontes, tais como a base de dados fitoquímica e etnobotânica do Dr. Duke, a biblioteca química do NIST e a literatura disponível. O extrato concentrado foi injetado no dispositivo analítico GCMS para análise, que fornece informações sobre os constituintes bioactivos. A análise GC-MS foi efectuada utilizando os instrumentos Agilent 7890, detetor FID, injetor Headspace, amostrador automático combipal (SAIF, IIT, Bombaim) e Jeol, modelo Accu TOF GCV, analisador de tempo de voo, gama de massas 10-200 amu, resolução de massas 6000

3.8 Toxicidade oral aguda

A toxicidade oral aguda será efectuada de acordo com as diretrizes da OCDE 423. Foram selecionados quatro níveis de dose para a toxicidade oral aguda. Foram utilizadas as doses de 5 mg/kg, 50 mg/kg, 300 mg/kg e 2000 mg/kg. De acordo com o anexo 2a das diretrizes da OCDE 423, apresentadas na figura 3.5, são as seguintes

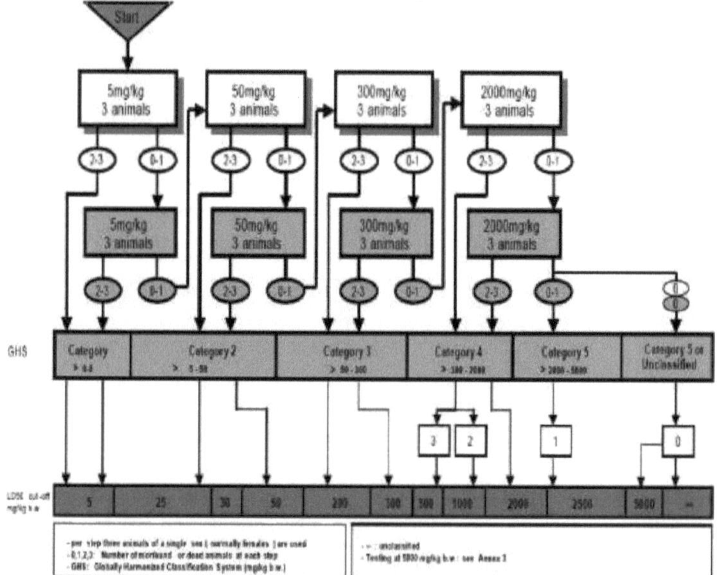

Fig.3.5 Diagrama de fluxo para toxicidade oral aguda para extractos de W. floribunda Salisb

3.9 Análise por HPLC em fase inversa

Quantificação dos fitoconstituintes efectuada por cromatografia líquida de alta eficiência de fase inversa Detalhes da especificação RPHPLC (modelo n.º HPLC série 3000, Analytical Technologies Ltd.) Com detetor (UV-3000-M) e coluna (Cosmosil C18 (250 mm x4,6ID, tamanho de partícula: 5 mícrons) efectuada no centro do instituto de investigação analítica RAP, Nashik, Índia. As soluções-padrão de Fitol, Esteviosídeo, Lupeol, y-Sitosterol e Phorbol foram preparadas em metanol. As curvas de calibração das amostras-padrão foram preparadas utilizando diferentes concentrações. A composição percentual foi calculada por comparação da área do pico do padrão com a área do pico da amostra. As concentrações das amostras dos fitoconstituintes foram determinadas pelo sistema de aquisição de dados Autochro-3000.

3.9.1 MÉTODOS

O espetro UV do composto isolado encontra-se entre 200-400 nm e 238 nm de comprimento de onda. O comprimento de onda é 238 nm e a fase móvel metanol: água (90:10), e o pH da fase móvel: é 3 (o pH é ajustado com ácido o-fosfórico).

O volume da amostra é de cerca de 20pl. Enquanto o caudal é de 1,00 ml/min e a pressão é de 910 MPa, o tempo de funcionamento é de 8,21 min e 10,21 min.

3.10.1 Análise da potência de fracções e compostos isolados

3.10.2 Atividade anti-inflamatória in vivo da fração no edema da pata de rato induzido por carragenina

Todas as experiências com animais são realizadas com autorização prévia do Comité Institucional de Ética Animal (IAEC) do Amruthwahini Pharmacy College, Sangamner. Confirmou as "Guidelines for care and use of animals in scientific research" (INSA 1998, Revised 2000) (AVCOP/IAEC/2021-22/1153/26/01) utilizando o modelo de edema da pata de rato induzido por carragenina. Foram utilizados no presente estudo ratos Wistar de ambos os sexos, pesando 200 ± 20 g. Os animais foram selecionados aleatoriamente no biotério da APCS e alojados num grupo de seis em gaiolas separadas sob condições controladas de temperatura (22 ± 2°C). O extrato foi avaliado quanto à atividade anti-inflamatória. A inflamação aguda foi produzida por injeção sub-plantar de 0,1 ml de carragenina a 1% em solução salina normal na pata traseira direita dos ratos, 1h após a administração do fármaco/extrato. O diâmetro da pata foi medido com um pletismómetro (Medicaid System, Mode No.PTH-707 New Delhi, India). Nos intervalos de 1, 3 e 5 horas após a injeção de carragenina. O diclofenac (10 mg/kg, por via oral) foi utilizado como medicamento padrão e o extrato administrado (1mg/kg, 5 mg/kg e 10 mg/kg) como amostra de ensaio. A atividade anti-inflamatória foi calculada como inibição percentual do edema da pata induzido pela carragenina utilizando a seguinte fórmula.

% de inibição=1-[(diâmetro da pata no tratamento / diâmetro da pata no controlo) x100].

3.10.3 Análise estatística

Os dados obtidos foram analisados com o programa de software In Stat Graph Pad Prism versão 6.0 e expressos como média ± SEM. As diferenças estatísticas entre os grupos foram calculadas através da aplicação de uma análise de variância (ANOVA) seguida dos testes de comparação múltipla de Tukey-Kramer e dos testes de comparação múltipla de Dennett (sempre que mencionados). Os valores de p inferiores a 0,05 (P<0,05) foram considerados como nível de significância.

Referências

1. Ervizal, A. M. Zuhudb, Rondevaldovaa, J e Ladislav K. (2018). Triagem da atividade antimicrobiana n vitro de plantas usadas na medicina tradicional da Indonésia. Biologia Farmacêutica.56 (1), 287-293.

2. Kar, B., Kumar, S., Karmakar, I., Dolai, N., Bala, N., Mazumder, U., Haldar, P. (2012). Actividades antioxidantes e anti-inflamatórias in vitro das folhas de Mimusopselengi, Asian Pacific Journal of Tropical Biomedicine. 3(5), S976-S980.

3. Sireeratawong, S., Vannasiri, S., Sritiwong, S. (2010). Efeitos anti-inflamatórios, anti-nociceptivos e antipiréticos do extrato de etanol da raiz de piper sarmento sum roxb. Jornal da associação médica. 93(1), S1-S6.

4. Habib, M., Waheed, I. (2013). Avaliação das actividades anti-nociceptiva, anti-inflamatória e antipirética do extrato drometanólico de Artemisia scopariahy. J. Ethnopharmacol.145 (1), 18-24.

5. Koliyote, S. (2022). Atividade anti-inflamatória in vitro e estudo da toxicidade oral aguda de nanopartículas de ouro geradas a partir de extrato de caule de tinospora cordifolia. Int. J. Pharm. Investigation. 12(2), 211-215.

6. Kumar, A., Kumar, N., Kumar, B., Kumar, A., Kumar, R., Singh, A., Singh, M. (2021). Atividade Antiurolitíase, Antioxidante, Antiinflamatória, Analgésica e Diurética do Extrato Etanólico de Sementes de Caesalpinia bonducella. Int. J. Pharm. Investigation, 1(3), 306-311.

7. Jain, G., Patil, U. (2021). Avaliação da inibição da acetilcolinesterase e da atividade anti-inflamatória do extrato etanólico de evolvulus alsinoides Linn. Int. J. Pharm. Investigation.11 (1), 104-107.

8. Kenneth, C., Franklin, O., Kenechukwu, C., Richard, O., Anthony, E., Attama, A. (2016). Dissolução melhorada e atividade anti-inflamatória de sistemas de dispersão sólida de ibuprofeno-polietilenoglicol 8000.International Journal of Pharmaceutical Investigation. 12(1), 23-30.

9. Phatangare, N., Deshmukh, K., Murade, V., Naikwadi, P., Hase, D., Chavhan, M., Velis, H. (2017). Isolamento e caraterização de в-Sitosterol de Justicia gendarussa burm. F.-Um composto anti-inflamatório. Jornal Internacional de Farmacognosia e Pesquisa Fitoquímica. 9 (9), 1280-1287.

10. Chaturved, P. (2021). Avaliação do potencial de eliminação de radicais e do conteúdo total de fenóis em Woodfordia fruticosa de diferentes altitudes. J. Plant Biochem. Biotechnol. 21(1), 17-22.

11. Tiwari, Y., Kumar, B., Chauhan, D., Singh, A. (2021). Avaliação in vitro da atividade anti-inflamatória das folhas de woodfordia fruticosa. Anais do R.S.C.B.2 (1), 4156 - 4169.

12. Sareetha, V., Prasad, P. (2021). Administração oral repetida de extrato etanólico de Woodfordia fruticosa (L.) Kurz. Flores contra os modelos animais de depressão. Jornal Nacional de Fisiologia, Farmácia e Farmacologia. 11(5), 28-38.

13. Raj, H., Gupta, A. e Upmanyu, N. (2020). Efeito anti-inflamatório do extrato etanólico das folhas de woodfordia fructicosa em ratos tratados com adjuvante e carragenano. Agentes Anti-Inflamatórios e Anti-Alérgicos em Química Medicinal. 19(1), 103-112.

14. K. (2019). Exploração antiinflamatória de pirazóis diarílicos contendo sulfonamida

com seletividade COX-2 promissora e perfil de segurança gástrica aprimorado.Journal of Heteroclyclic Chemistry.55 (4), 913-92.

15. Choudhary, M., Kumar, V. (2015). Plantas medicinais com potencial atividade anti-artrítica, Journal of Intercultural Ethnopharmacology.4 (2), 11-20.

16. Sujanamulk, B., Salavadhi S. (2020). Comparação da eficácia antifúngica dos extractos etanólicos da folha de *Woodfordia fruticosa* e da casca de Punica granatum em pacientes diabéticos não controlados que utilizam próteses removíveis: Um ensaio clínico controlado e aleatório. Micologia Médica Atual. 6(3), 15-20.

17. Sharma, S. e Sharma, N. (2019). Avaliação farmacognóstica de dhataki (Woodfordia fruticosa kurtz.) Jornal Internacional de Pesquisa Científica Recente. 10(9), 35139-35143.

18. Ghante, M., Bhusari, K., Duragkar, N. (2012). Atividade bronco-protetora, broncodilatadora e anti-inflamatória do extrato etanólico das flores *de Woodfordia fruticosa* (Kurz.). Indian Journal of Pharmaceutical Education and Research.46 (2), 1-15.

19. Chaturvedi, P. (2012). Avaliação do potencial de eliminação de radicais e do teor de fenóis totais em *Woodfordia fruticosa* de diferentes altitudes. J. Plant Biochem. Biotechnol. 21(1), 17-22.

20. Verma1, N., Amresh, G., Sahu, P. (2012). Atividade anti-inflamatória e antinociceptiva do extrato hidroetanólico das flores de Woodfordia fruticosa Kurz, Der Pharmacia Sinica. 3(2), 289-294.

21. Syed, Y., Khan, M. (2013). Investigação fitoquímica e padronização de extractos de flores de Woodfordia fruticosa; um estudo preliminar. J. Pharm. BioSci. 4(2), 134-140.

22. Kumar, D. (2016). Rastreio químico e biológico de plantas medicinais selecionadas. Tese de doutoramento, Faculdade de Ciências Farmacêuticas, Universidade de Kurukshetra, Kurukshetra, 2016.

23. Kumar D, Kumar A, Prakash O. (2012). Potenciais agentes antifertilidade das plantas: A comprehensive review. Journal of Ethnopharmacology 140(3), 1-32.

24. Verma, N., Amresh, Sahu, G., Rao, V. (2012). Singh AP; Atividade anti-hiperglicémica dos extractos de flores de Woodfordia fruticosa (Kurz) no metabolismo da glicose e na peroxidação lipídica em ratos diabéticos induzidos por estreptozotocina". Jornal Indiano de Biologia Experimental; 2012; 50:351-358.

25. Ghante, M., Bhusari, P., Duragkar, J., Jain, N., Warokar, S. (2012). Broncoprotector Efeito broncodilatador e anti-inflamatório do extrato de etanol das flores *de woodfordia fruticosa* kurz. Jornal Indiano de Educação e Investigação Farmacêutica. 46(2), 168-178.

26. Meena, V., Kumar, S. (2015). *Woodfordia fruticosa* Kurz: uma planta ameaçada de alta demanda com valores medicinais potenciais. 4 (3), 100-106.

27. Ervas. Indian medicinal plants.info/index.php/ sanskritnames-of-plants/44-2012- 02-24-07-34-36/248- Wood fordia fruticosa.

28. Das, K. (2007). *Woodfordia fruticosa*: Usos tradicionais e descobertas recentes. J Ethnopharmacol.110 (1), 189-99.

29. Chaudhary, A., Singh, N. e Dalvi, M. (2011). Uma revisão progressiva de Sandhan Kalpna (fermentação biomédica): Uma forma de dosagem imotivada avançada da Ayurveda. 32 (3), 1-16.

30. Atal, K., Bhatia, K., Singh, P. (1981). O papel da *Woodfordia fruticosa* Kurz (Dhataki) na preparação de Asavas e Arishta. J Res Ayur Siddha. 3 (1), 1939.

31. Alam, M., Rani, G., Sathiavasan, N., Dasank, A., Purushathamum, K. (1981). Rastreio microbilógico da flor de Dhataki. J Res Ayurvedic Siddha.2 (1), 371-5.

32. Dubey, D., Patnaik, R. (2014). Atividade antibacteriana in vitro, cromatografia gasosa - Análise de espetrometria de massa de *Woodfordia fruiticosa* Kurz.
Teste de toxicidade do extrato de folhas e do hospedeiro com linfócitos cultivados in vitro a partir do sangue do cordão umbilical humano. www.ncbi.nlm.gov/Pubmed/ 25389577.

33. Ghante, H., Bhusari, (2014).Avaliação farmacológica do potencial anti-asmático e anti-inflamatório dos extractos de flores de *Woodfordia fruticosa*. www.ncbi.nlm.gov/ Pubmed/ 24405177.

34. Atividade anti-hiperglicémica do extrato de flores de *Woodfordia fruticosa* no metabolismo da glicose/ Pubmed/ 22803325.

35. Journal of Intercultural Ethnopharmacology, Plantas medicinais com potencial formicida
atividade artrítica.4 (2), 1-13.

36. Chaves, L, Nicolau, L., Silva, R. (2013). *et al.* Efeitos anti-inflamatórios e antinociceptivos em ratinhos da fração de polissacáridos sulfatados extraídos da alga marinha Gracilariacau data. Immunopharmacol. Immunotoxicol. 35(2), 93-100.

37. Gopal, A., Filho, J., Kumar, T., Anath, K. (2013).S. avaliação anti-inflamatória in vitro de extractos brutos de Bombax ceiba. Revista Internacional de Arquivos Farmacêuticos e Biológicos. 4(1), 1-6.

38. Hemraj, U., Gupta, A., Jindal, A. e Jalhan, S. (2012). Actividades farmacológicas de Stephania glabra *Woodfordia fruticosa* e Cissampelos pareiraa revisão. Revista internacional de farmácia e ciências farmacêuticas. 4 (3), 26-38.

39. Najda, A., Wach, D. e Kaushik, R. (2021). Avaliação do potencial anti-inflamatório e antimicrobiano do extrato etanólico de flores *de woodfordia fruticosa*: Análise GC-MS. Molecules. 26(1), 7193-7194.

40. Kirtikar, K. Basu, B. Indian Medicinal Plants, Vol.4.

41. Baravalia. Y., Kumar, Y., Chanda, S. (2012). Citotoxicidade do camarão de salmoura, propriedades antiinflamatórias e analgésicas das flores de Woodfordia fruticosa Kurz. Iran J Pharm Res. 11(3), 851-61.

42. Bhatt, R., Patel, D., Modi, M., Pandya, B. e Patel, B. (2019). Cromatografia em camada fina e atividade de eliminação de radicais livres in vitro de algumas plantas medicinais dos arredores de Junagadh, Gujarat, Índia. Ann. of Phytomed. 8(1), 45-55.

43. Humbal, R., Sadariya, A., Prajapati, A., Bhavsar, K. e Thaker, M. (2019). Atividade anti-inflamatória de Syzygium aromaticum (L.) Merrill e óleo de Perry no edema de pata induzido por carragenina em ratos fêmeas. Ann. Phytomed. 8(2), 167171.

44. Jia, A., Yang, F. e Kong, Y. (2012). Isolamento e identificação estrutural de C-glicosilflavonas de Callicarpa kwangtungensis Chun. E suas atividades antiinflamatórias preliminares. Chin. J. Pharm. 43(1), 263-7.

45. Kim, M., Kwon, K., Kim, G., Hwang, D., Zhang, Y., Lee e Ahn, S. (2019). Efeitos anti-inflamatórios de callicarpa japonica thunb. Na inflamação pulmonar induzida por ovalbumina. Jornal de Nutrição Clínica da Ásia-Pacífico. 5(2), 202206.

46. Lalawmpuii, R., Lalhriatpuii, C., Lalzikpuii, Lalengliani, k. e Ghosh, K. (2015). Rastreio fitoquímico qualitativo e avaliação da atividade antioxidante in vitro de Callicarpa arborea, uma planta etnomedicinal de Mizoram, Nordeste da Índia. Jornal Asiático de Investigação Farmacêutica e Clínica. 8(5), 201-205

47. Lee, W., Shin, R., Park, W., Park, Y., Kwon, K., Lee, S. e Ahn, S. (2019). Callicarpa japonica Thunb. Atenua a inflamação de neutrófilos induzida pelo fumo do cigarro e a

secreção de muco. Jornal de Etnofarmacologia. 175(3), 1-8.

48. Li, Cantino, P. Olmstead, R. Bramley, L., Xiang, L., Ma, H. e Zhang, X. (2016). Uma filogenia de cloroplasto em larga escala das Lamiaceae lança nova luz sobre sua classificação subfamiliar. Scientific Reports. 6(1), 1-18.

49. Zhang, Z. e Chen, B. (2019). Análise rápida de Callicarpa usando espetrometria de massa de ionização por spray direto. Jornal de Análise Farmacêutica e Biomédica. 124(1), 93-103.

50. Madan, K. e Prakash, R. (2020). Ervas que curam: Floristic boon to the natural healthcare system. Ann. of Phytomed. 9(2), 6-14.

51. Mei, L., Zhuang, Cui, B., Zhao, X. e Dai, F. (2011). Um novo iridoide citotóxico de Callicarpa nudiflora. Natural Product Research. 1(6), 262-268.

52. Nayak S. e Patel, N. (2010). Rastreio anti-inflamatório da raiz, caule e folha de Jatrophacurcas em ratos albinos. Rom. J. Biol. Plant Biol. 55(1), 9-13.

53. Shrilakshmi, Kumar, H. e jagannath, S. (2021). Análise fitoquímica preliminar, atividades antioxidantes e antibacterianas de Callicarpa tomentosa L. Uma planta etnomedicinal de Western Ghats, Karnataka, Índia. Biotecnologia celular vegetal e biologia molecular. (1), 157-166.

54. Wu, S., Shi, Liu, G. W. Wang, R., Huang, S. e Yang, H. (2020). Perfil químico de Callicarpa nudiflora e sua identificação de compostos eficazes por análise de rede composto-alvo. Jornal de Análise Farmacêutica e Biomédica. 182(2), 113-110.

55. Yadav, V., Jayalakshmi, S.Singla, K. e Patra, A. (2011). Avaliação preliminar da atividade anti-inflamatória do extrato de folhas de Callicarpa macrophylla. Jornal Indo-Global de Ciências Farmacêuticas. 1(3), 219-222.

56. Yadav, V., Jayalakshmi, S., Singla, K., Patra, A. e Khan, S. (2012). Avaliação das actividades anti-inflamatórias e analgésicas de Callicarpa macrophylla Vahl. extractos de raízes. Reviews. (1), 11.

57. Batista, O., Coelho, C., Silva, F., Cid, P., Magalhaes, S., Chaves, A. e Coumendouros, K. (2013). Rosmarinusofficinalis (Lamiaceae): atividade in vitro frente a ectoparasitos de importancia veterinaria. Revista Brasileira de Medicina Veterinária. 35(2), 119-125.

58. Batista, O., Florencio, N., Cid, P, Magalhaes, S., Chaves, A. e Coumendouros, K. (2013). Bioprospecgao de extratos de jaborandi contra Ctenocephalides felis felis, Rhipicephalus sanguineus e Rhipicephalus microplus. Revista Brasileira de Medicina Veterinaria. 35(2), 113-118.

59. Batista, O., Cid, P., Almeida, P., Prudencio, R., Riger, J., Souza, A., Coumendouros, K. e Chaves, A. (2016). Eficácia in vitro de óleos essenciais e extratos de Schinus molle L. contra Ctenocephalides felis felis. Parasitology. 143(5), 627-638.

ANÁLISE E INTERPRETAÇÃO

CAPÍTULO IV
ANÁLISE E INTERPRETAÇÃO

4.1 Autenticação de material vegetal

O espécime de herbário da planta, que incluía folhas, florescência e frutos, foi preparado e depositado (PHNWF2) no Botanical Survey of India, Pune. O certificado de autenticação foi emitido com a referência (n.º BSI/WRC/Iden.Cer./2021/1905210003955), como mostra a Fig.4.1.

Fig.4.1 Certificado de autenticação de Woodfordia floribunda Salisb

4.2 Análise elementar

Quadro 4.1 Análise elementar de Woodfordia floribunda Salisb.

N.º Sr.	Elemento analisado	Conteúdo em *Woodfordia floribunda* Salisb
01	Fe	61.04 %
02	Mg	37.14 %
03	Zn	21.8 %
04	Cu	10.28%
05	B	2.33 %

Esta quantificação inorgânica por AAS significa a ligação dativa coordenada de componentes inflamatórios activos com metais. Eles formam compostos de cluster para inibir a potência dos compostos.

4.3 Rastreio fitoquímico preliminar dos extractos

O rastreio fitoquímico preliminar de vários extractos das folhas de *Woodfordia floribunda* Salisb é apresentado no Quadro 4.2.

Quadro 4.2 Rastreio fitoquímico preliminar de extractos de folhas de Floribunda Salisb.

Componentes activos	Testes químicos	PAMPEE Folhas	Folhas da WFME	WFME Flores
Alcalóides	Dragendorffs	+	-	-

	Teste Mayers Teste	+	-	-
	Teste Hagers	+	-	-
	Teste de Wagners	+	-	-
Esteróides	Teste Salkowski	+	-	-
	Liebermann - Burchard	+	-	-
	reação	+	-	-
	Reação de Liebermann			
Di e Tri-Terpenos	Vanilina-Ácido sulfúrico	+	-	+
Taninos e compostos fenólicos	Solução de FeCl3 a 5%			
Glicosídeos	Keller- Killani	-	+	-
	Teste de Borntrager	-	+	-
Flavonóides	Shinoda	-	-	+
	Teste de acetato de chumbo	-	-	+
	Teste de hidróxido de sódio	-	-	+
	Ensaio Zn/HCl	-	-	+
Saponinas	Teste de espuma	-	-	+
Hidratos de carbono	Teste de Molischs	-	-	-
	Teste de Fehlings	-	-	-
	Teste de Benedicts	-	-	-

(+) indica um teste positivo; (-) indica um teste negativo

Estes testes revelaram a presença de alcalóides, esteróides e terpenóides, taninos, glicosídeos, saponinas, flavonóides, compostos fenólicos e hidratos de carbono

4.4 Toxicidade oral aguda

A toxicidade aguda descreve os efeitos adversos de uma substância que resultam de uma única exposição ou de múltiplas exposições num curto período de tempo (normalmente menos de 24 horas). O valor mais referenciado na indústria química é a dose letal média, ou LD50. Esta é a concentração da substância que resulta na morte de 50% dos indivíduos testados (normalmente ratinhos ou ratos) em laboratório.

De acordo com as diretrizes da OCDE 423. Foram selecionados quatro níveis de dose para a exposição oral aguda

toxicidade. É utilizado como intervalo de dose.

Tabela 4.3: Letalidade versus dose para análise da mortalidade.

Sr.No.	Dose	Lealdade		
		Folhas de PAMPEE	**Folhas da WFME**	**Flores WFME**
01	5 mg/kg	0/3	0/3	0/3
02	5 mg/kg	0/3	0/3	0/3
03	50 mg/kg	0/3	0/3	0/3
04	50 mg/kg	0/3	0/3	0/3
05	300 mg/kg	0/3	0/3	0/3
06	300 mg/kg	0/3	0/3	0/3
07	2000 mg/kg	0/3	0/3	0/3

08	2000 mg/kg	0/3	0/3	0/3

São utilizadas doses fixas pré-especificadas de 5, 50, 300 ou 2000 mg/kg. Existe a opção de utilizar um nível de dose adicional de 5000 mg/kg, mas apenas quando justificado por uma necessidade regulamentar específica. Os grupos de animais são doseados por etapas, sendo a dose inicial selecionada como a dose que se espera que produza mortalidade em alguns animais. Outros grupos de animais podem ser doseados com doses fixas mais elevadas ou mais baixas, dependendo da presença de mortalidade, até que o objetivo do estudo seja alcançado, ou seja, a classificação da substância em estudo com base na identificação da(s) dose(s) que provoca(m) mortalidade, exceto quando não se verificam efeitos na dose fixa mais elevada.

Este estudo descreve os pontos fortes e as limitações estatísticas dos vários métodos para determinar com precisão uma estimativa pontual do LD50, limites de confiança em torno da estimativa pontual do LD50 e informações sobre a resposta dose-efeito. Neste contexto, uma curva de dose-resposta aplica-se à estimativa da letalidade e uma resposta dose-efeito aplica-se à estimativa da alteração na variedade e distribuição de todos os outros tipos de sinais toxicológicos com a alteração da dose.

4.5 Identificação de fitoconstituintes por GCMS

4.5.1 Identificação de fitoconstituintes do extrato etéreo de animais de estimação (WFPEE)

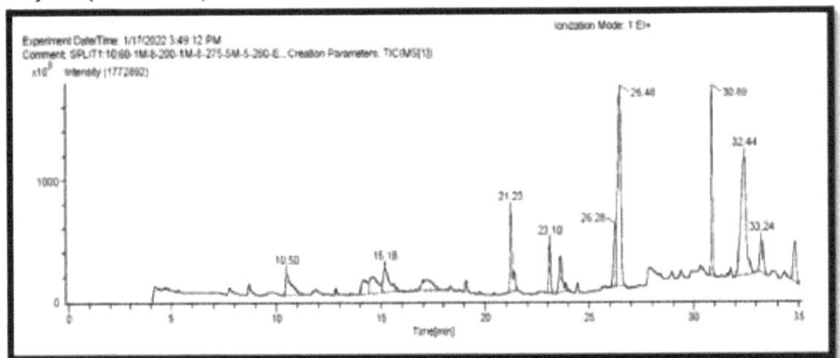

Fig 4.2: Identificação de fitoconstituintes por cromatografia gasosa (GC) de

extrair o PAMFEE das folhas de Woodfordia floribunda Salisb.

4.5.2 Fitoconstituintes identificados do extrato O extrato WFPEE das folhas de *Woodfordia floribunda* Salisb

Tabela 4.4: Fito constituintes identificados do extrato WFPEE das folhas de Woodfordia floribunda Salisb

Tempo de retenção (Min)	Componente	Área de pico (%)
10.50	Esqualeno	4.43
14.17	Y- Sitosterol	2.9
14.61	12,13-didecanoato de 4a-Forbol	4.5
15.18	Ácido hexadeacanóico	5.1
17.17	1,2,3-Benztriol	0.10

21.23	Lupulon	6.20
23.10	5в Pregnano-3^a ,20e-diol,14a, 18^a -(4-metil-3 -oxo-diacetato	0.50
26.28	Ácido 8,11,14-E icosatrienóico	4.26
26.48	Fitol	0.62
30.89	Vitamina E	1.94
34.82	Lupeol	4.61

O estudo GCMS do extrato de éter de animais de estimação indica a presença predominante de Y-Sitosterol (2,9%), Fitol (0,62%), Lupeol (4,61%), etc., o que mostra a potência anti-inflamatória.

4.5.3 Identificação de fitoconstituintes do extrato de éter de petróleo (WFME)

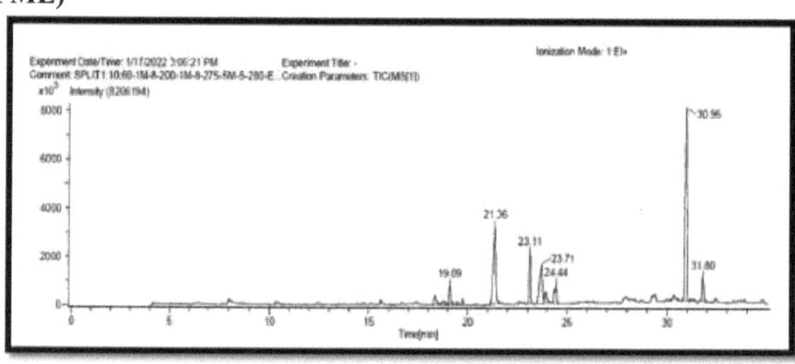

Fig 4.3: Identificação de fitoconstituintes por cromatografia gasosa
(GC) do extrato WFME das folhas de Woodfordia floribunda Salisb

Tabela 4.5: Fitoconstituintes identificados do extrato WFME das folhas de Woodfordia florubunda Salisb

Tempo de retenção (Min)	Componente	Área de pico (%)
31.80	9, 12 Ácido octadecadienóico [z,z]	3.81
30.95	Esteviosídeo	3.83
22.44	Ácido 8,11,14-E icosatrienóico	5.17
23.71	Vitamina E	1.24
23.11	Ácido n -Hexadeacanóico	7.90
21.36	Octadecano, 3-etil-5(2-etilbutílico)	2.10
19.9	Éster mono (2- etil-hexílico) do ácido 1, 2-benzenodicarboxílico	0.37

O estudo GCMS do extrato metanólico mostra esteviosídeo, (3,83 %) que mostra a potência anti-inflamatória.

4.5.4 Identificação dos fito constituintes do extrato metanólico (WFME)

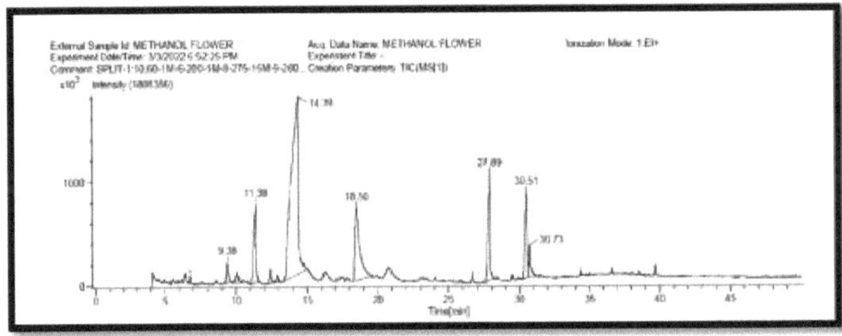

*Fig 4.4: Identificação de fitoconstituintes por cromatografia gasosa (GC) do
extrato WFME da flor de Woodfordia floribunda Salisb*

*Tabela No.4.6: Identificação de fitoconstituintes usando cromatografia gasosa (GC) do
extrato*

Cromatografia gasosa (GC) do extrato WFME da flor de *Woodfordia
floribunda* Salisb.

Tempo de retenção (Min)	Componente	% Área de pico
9.38	Phorbol	1.78
10.06	4H-Ciclopropa (5',6') benz (1',2',7,8) azuleno (5, 6-b) oxireno-1-ona, 8,8a-bis (acetiloxi) -2a [(acetiloxi) metil] 1, 1a, 1b, 1c, 2a, 3, 3 a, 6a, 6b, 7, 8, 8a, dodeca-hidrina	1.09
11.38	4H-pirano-4-ona, 5,3-di-hidro, 3, 5-di-hidroxi-6-metilo	7.57
12.45	O colestenol[3,2-c] é oquninoloina-1'(2'H)-ona,3', 4' -dihidro-6' -7' -dimetoxi	0.12
18.50	1,2,3-Benztriol	15.32
27.89	Ácido hexadecanóico	8.74
30.51	12,13 -didecanoato de 4a-Forbol	8.0
30.73	12,13 -didecanoato de 4a-Forbol	2.18

4.6 Quantificação de fitoconstituintes de extractos das folhas de *Woodfordia floribunda* Salisb utilizando RP-HPLC

A análise RP-HPLC foi efectuada para a estimativa quantitativa dos compostos isolados de *Woodfordia floribunda* Salisb e a sua pureza foi determinada utilizando os padrões correspondentes. Os resultados da análise por HPLC de fase reversa são apresentados nos **quadros 5.19 e 5.20 e nas figuras 5.13 a 5.30.**

Mostrou a presença de compostos bioactivos como o gama-sitosterol 99,99% p/p, esteviosídeo 85,51% p/p, fitol 82,84% p/p, lupeol 82,17% p/p e forbol 83,78 % p/p, respetivamente. O tempo de retenção do gama-sitosterol, esteviosídeo, fitol, lupeol e forbol padrão foi observado como 5,30, 12,21 e 4,13, 5,78, 3,33 min, respetivamente. A padronização e quantificação por HPLC de plantas medicinais e produtos naturais são de enorme importância para confirmar a sua segurança e qualidade para saber sobre as concentrações ideais de compostos bioactivos presentes nos extractos (Harwansh *et al.*, 2014). No presente estudo, quantificámos Gama Sitosterol, Stevioside, Phytol, Lupeol e

AgNPs das folhas e Phorbol da flor de *Woodfordia floribunda* Salisb e por RP-HPLC pela primeira vez. Os extractos foram padronizados utilizando compostos marcadores analíticos.

Tabela no.4.7: Quantificação por RP-HPLC de vários extractos das folhas de Woodfordia floribunda Salisb

Particular	Constituintes fito quantificados		
	Y- Sitosterol WF01	**Esteviosídeo WF02**	**Fitol WF03**
Fase móvel	Metanol :ÁGUA (0,1%OPA) (95:5)	Metanol : ÁGUA (0,1%OPA) (95:5)	Metanol : ÁGUA (0,1%OPA) (95:5)
UV Comprimento de onda de deteção (nm)	280	256	280
Tempo de retenção (min.)	5.30	12.217	4.13
Equação	Y=17,51x+22,91	Y=52,29x+3,651	Y=143,9x+3,282
r^2	0.998	0.9991	0.998
Teor (%w/w)	99.99 %	85.51%	82.84%

Tabela 4.8: Quantificação por RP-HPLC de vários extractos das folhas de *Woodfordia floribunda* Salisb

Particular	Fitoconstituintes quantificados	
	Lupeol WF04	Phorbol WF05
Fase móvel	MeOH:0,05% OPA emH$_2$ O (90:10)	MeOH:0,05%OPAem H$_2$ O(90:10)
UVDesempenho de onda de deteção (nm)	270	256
Tempo de retenção (min.)	5.78	3.331
Equação	Y=7,6746x+2,786	Y=66,074x+190,27
r^2	0.9935	0.9975
Teor (%w/w)	82.17 %	83.78 %

Os resultados são expressos como média ± DP de três análises independentes.

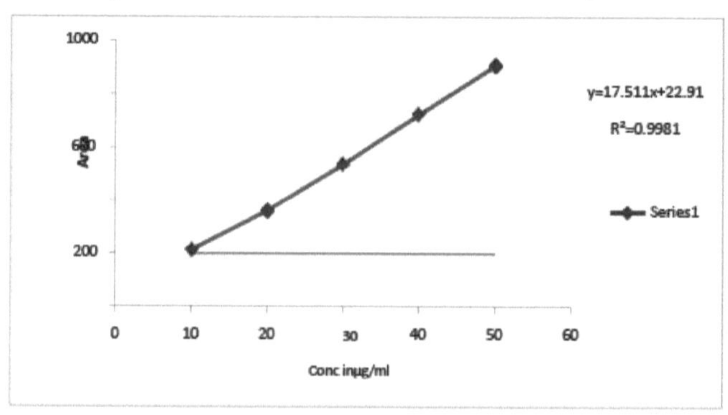

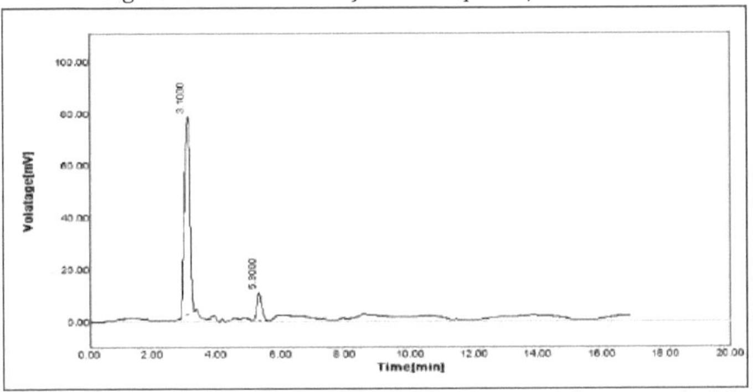

Fig. 4.6 Quantificação por HPLC do composto y- Sitosterol do extrato de folhas de
Woodfordia floribunda Salisb

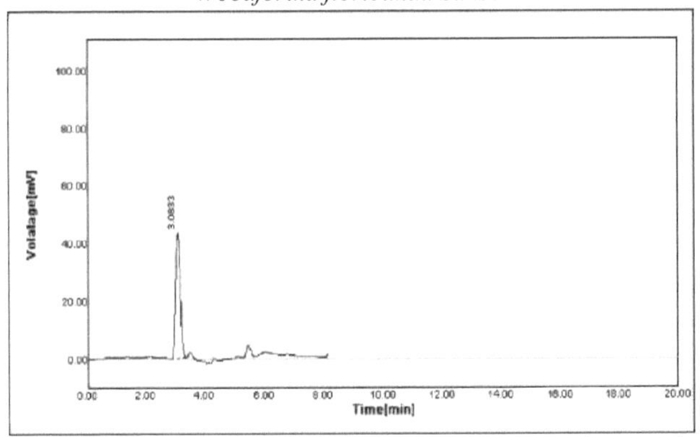

Fig.4.7 Quantificação por HPLC do composto padrão Y-Sitosterol   do extrato de
folhas de Woodfordia floribunda Salisb

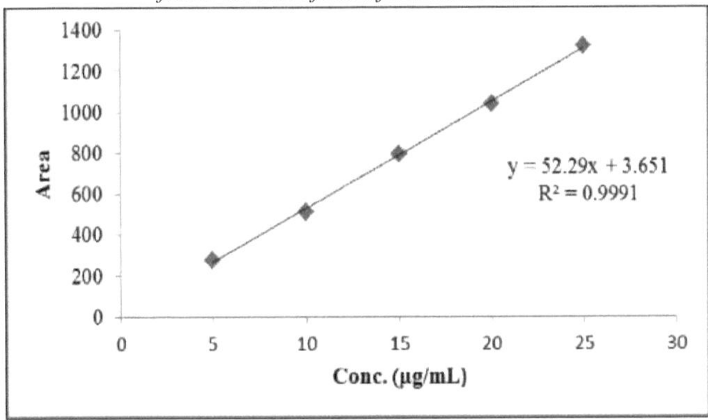

Fig. 4.8: Curva de calibração do esteviosídeo.

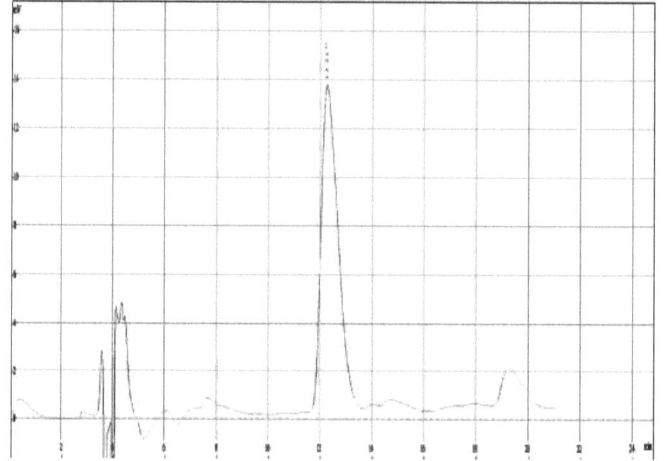

Fig.4.9: Quantificação por HPLC do esteviosídeo do extrato de folhas de Woodfordia floribunda Salisb

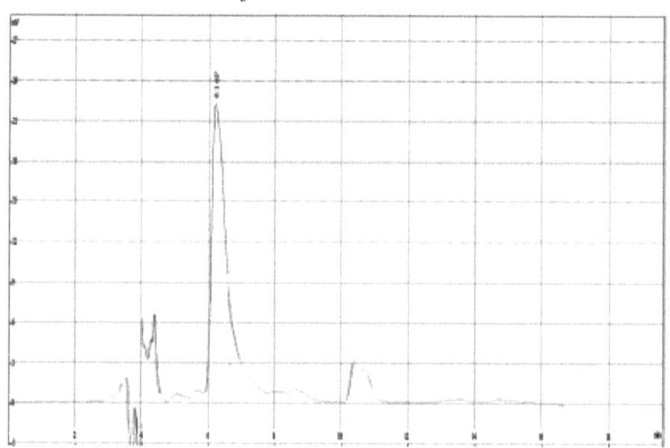

Fig.4.10 Cromatograma de HPLC do esteviosídeo padrão.

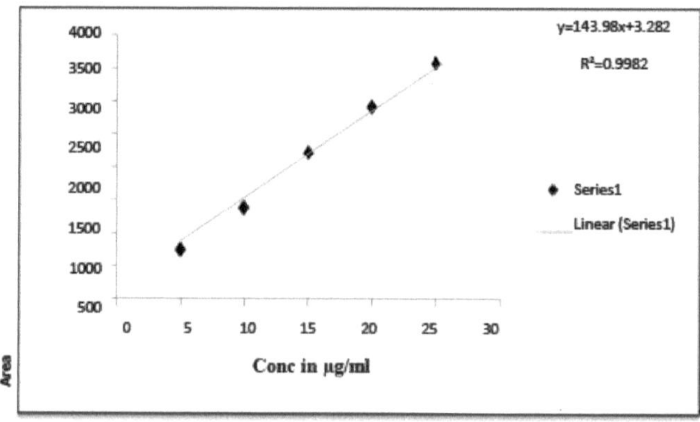

Fig.4.11 Curva de calibração padrão de Phytol.

86

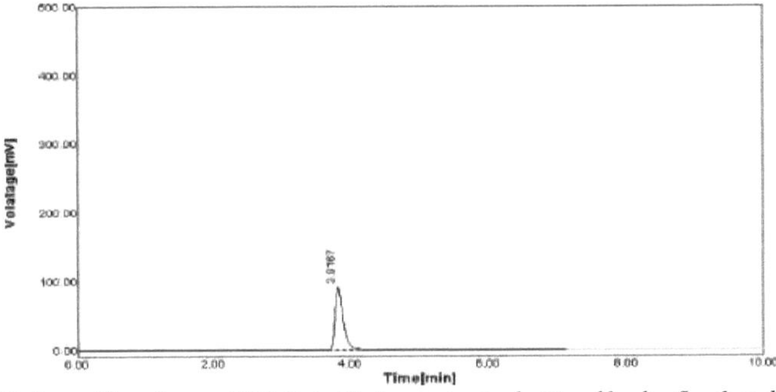

Fig. 4.12 Quantificação por HPLC do fitol no extrato de Woodfordia floribunda Salisb.

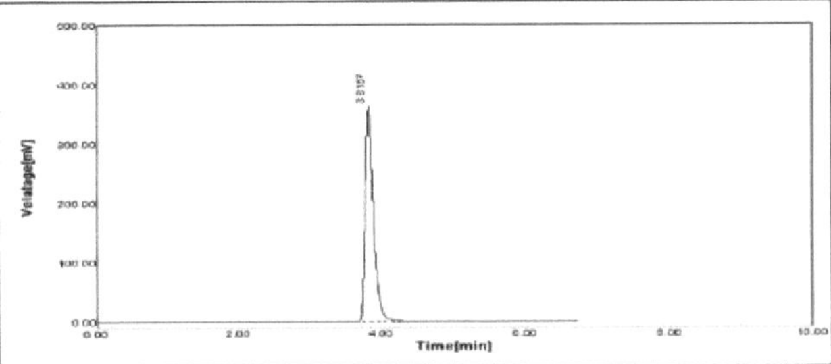

Fig.4.13 Cromatograma de HPLC do padrão Phytol

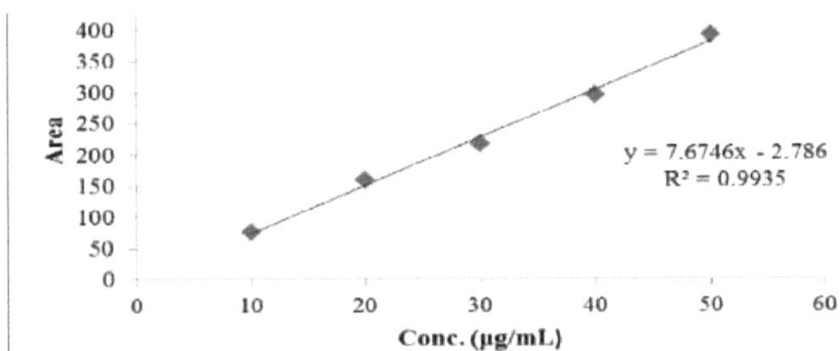

Fig.4.14 Curva de calibração padrão do Lupeol

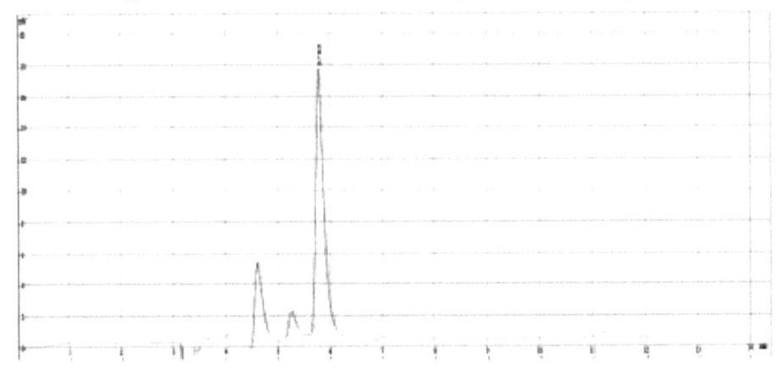

Fig.4.15 Quantificação por HPLC da amostra de Lupeol

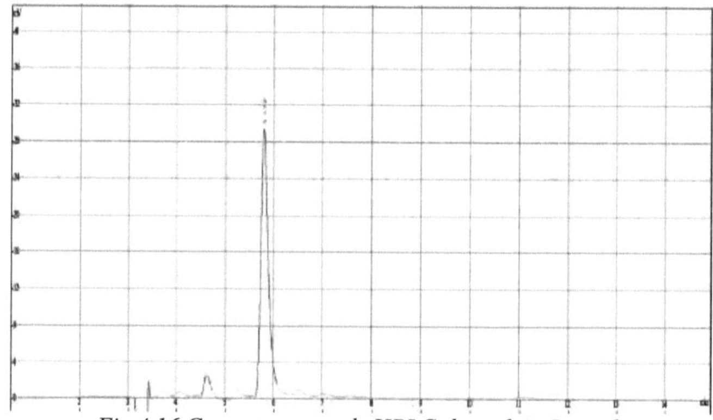

Fig.4.16 Cromatograma de HPLC do padrão Lupeol.

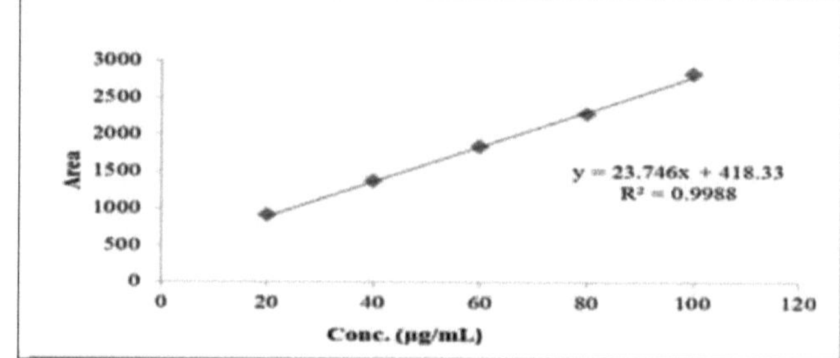

Fig.4.17 Curva de calibração padrão do Phorbol.

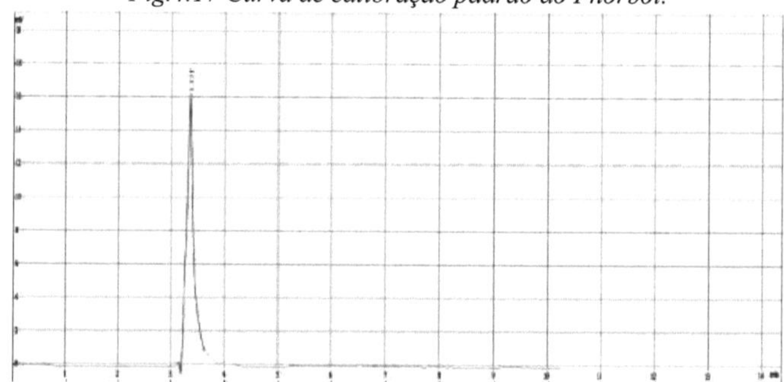

Fig.4.18 Quantificação por HPLC da amostra de Phorbol

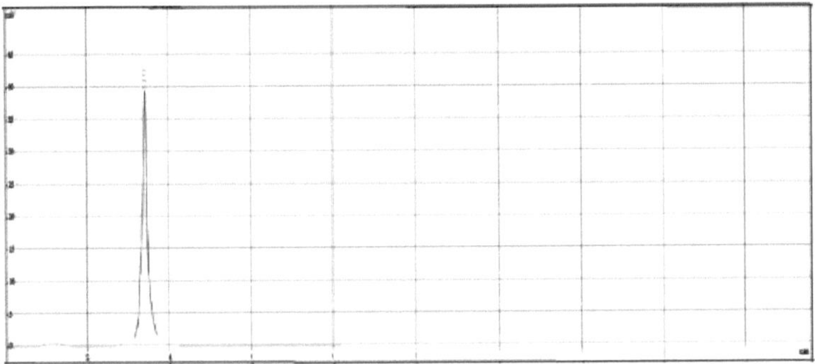

Fig.4.19 Cromatograma de HPLC do padrão Phorbol.

4.7 Isolamento e identificação de fitoconstituintes das folhas de *Woodfordia floribunda* Salisb

4.7.1 Caracterização espetral do composto -WF01

De acordo com a literatura disponível, a caraterização espetral do
(Dyer, 2004; Kemp, 2008; Willard 1986; Pavia, 1976).

Descrição : Composto cristalino branco

Solubilidade Metanol quente, éter de petróleo

Ponto de fusão : 147-148°C

4.7.1.1 Espectro de infravermelhos do composto WF-01

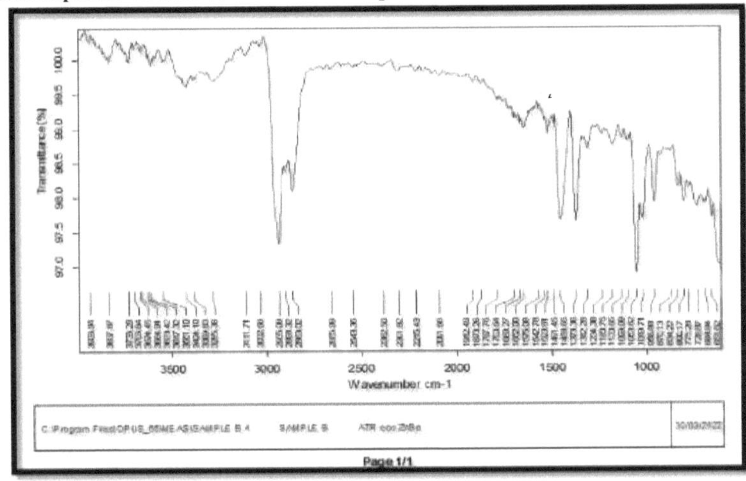

Fig. 4.20: Espectro de IV do composto WF-01.

A frequência de estiramento IR do grupo hidroxilo (-OH) é observada a 2935-3424 cm^1 e
o estiramento da ligação dupla do carbono (C=C) a 1652-1669 cm^{-1}

4.7.1.2 Espectros de RMN do composto WF01

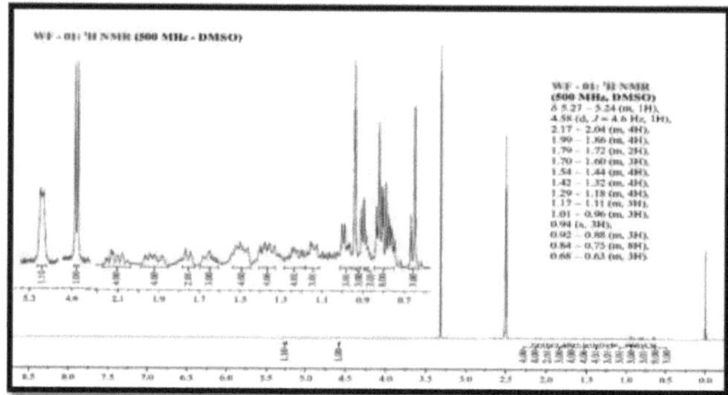

Fig. 4.21[1] Espectros de RMN (500MHz, DMSO) do composto WF01

4.7.1.2[1] H-NMR Spectral Analysis

^{1}H-NMR (DMSO, 500 MHz):

H-NMR deu sinais a65 .27-5.24(m,1H),4.58(d,J=4.6Hz,1H),2.17-2.04(m,4H),1.99-1.86(m,4H),1.79-1.72(m,2H),1.70-1.60(m,3H),1.54-1.44(m,4H),1.42-1.32(m,4H),1.29-1.18(m,4H),1.17-1.11(m,3H),1.01-0.96(m,3H),0.94(s,3H),0.92-0.88(m,3H),0.84-0.75(m,8H),0.68-0.63 (m, 3H).

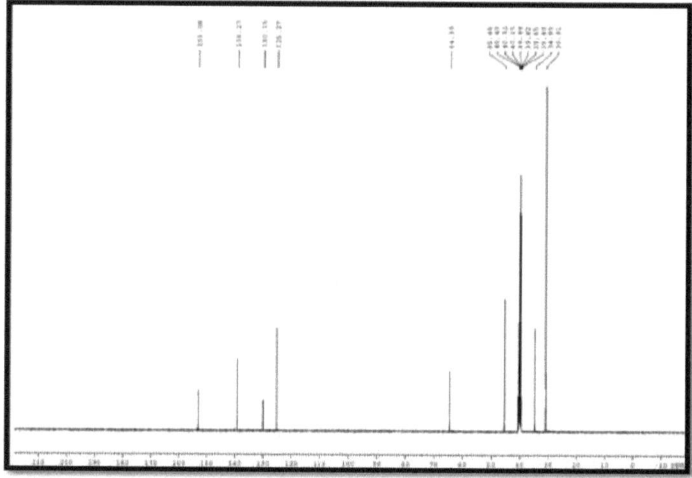

Fig. 4. 22[13] Espectros de RMN (125MHz, DMSO) do composto WF01.

4.7.1.3[13] Espectros de CNMR do composto WF01

C(C-OH), 153,08, c4, c4', c4"=34,89 (s), c5, c5'=125,27 (s), c7=45,46 (t), c2=139,32 (s), c3=30,91 (s), c6=130,15 (s), c8=40,32 (q).

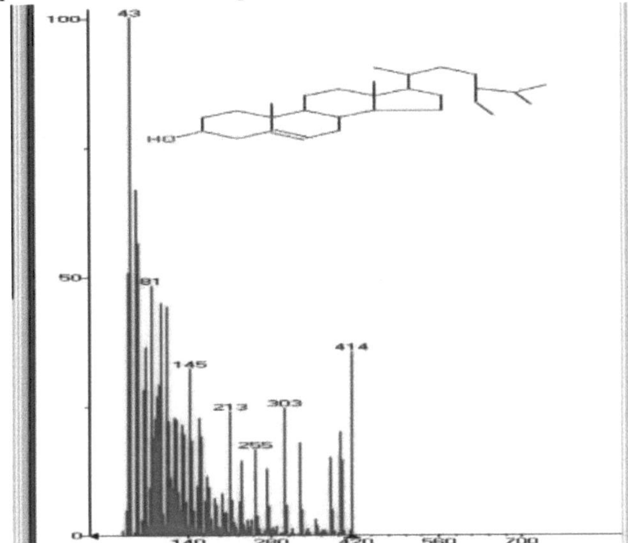

Fig.4.23 Espectro de massa do composto-WF01

O espetro de massa do composto-WF01 mostra o fragmento de massa em 414(M+) e os valores (m/z) são 329,303,255,213,161,145,133,119,107,81,57,55.

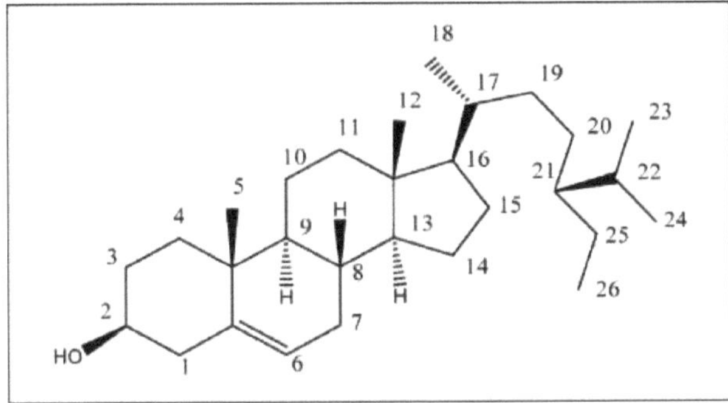

Fig.4.24 Estrutura final do WF-01

O composto WF-01 foi obtido como um composto cristalino esbranquiçado (20mg).

A fórmula molecular foi estabelecida como C29H50O2 através do estudo dos dados do espetro de massa a m/z 414 [M$^+$] e os seus espectros de massa e interpretação dos espectros de massa são mostrados na Fig.

4.23, respetivamente. O espetro de IV (Fig. 4.20) mostrou a absorção de hidroxi (OH) 2935-3424 (amplo), 1652-1669 cm^{-1} devido à frequência de estiramento C=C. O espetro de^1 H NMR (Fig. 4.21) em DMSO indicou OH-, (S) 2,0 6, e H6 4,20 6 e o restante deslocamento químico mostrado nos dados acima.

4.7.2 Caracterização espetral do composto-2 (WF02)

Descrição : Sólido amorfo branco

Solubilidade : Etanol e petéter

Ponto de fusão : 198°C

4.7.2.1 Espectros FTIR do composto WF02

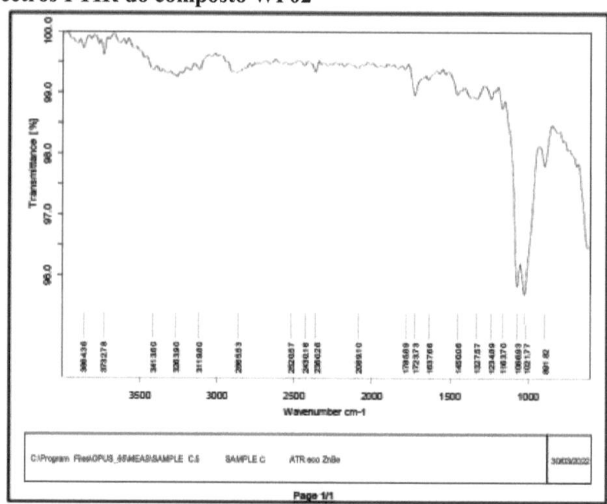

Fig.4.25 Espectros FTIR do composto-WF 02

O composto WF02 apresenta frequências de estiramento IR do grupo OH a 3600-3300 cm^{-1}, 3350-3100 cm^{-1} devido a ligações de hidrogénio intramoleculares intensas. A frequência de estiramento do éster C=O observada a 1740 cm^{-1} e a frequência de estiramento C-O a 1260 cm.$^{-1}$

4.7.2.2 Espectros de RMN do composto-WF 02

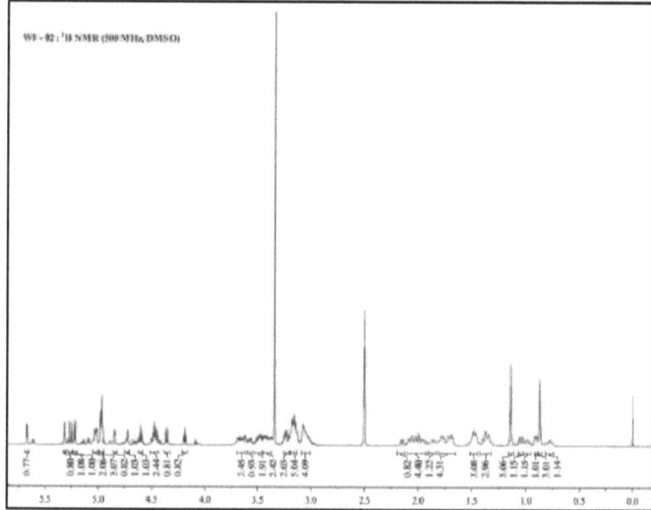

Fig.4.26 Espectros de RMN (500 MHz, DMSO) do composto WF 02.)

6: 5.64 (d, J = 4.4 Hz, 1H),5.32 (d, J = 3.3 Hz, 1H), 5.26 (d, J = 8.2 Hz, 1H), 5.22 (d, J = 5.8 Hz, 1H), 5.05 - 5.00 (m, 2H), 4.99 - 4.95 (m, 3H), 4.85 (d, J = 5.1 Hz, 1H), 4.73 (d, J =

8.3 Hz, 1H),4.61 (t, J = 6.0 Hz, 1H), 4.51 - 4.44 (m, 2H), 4.36 (d, J = 7.7 Hz, 1H),4.19 (t, J = 5.7 Hz, 1H), 3.70 - 3.61 (m, 2H),3.58 (ddd, J = 11.1, 4.9, 2.1 Hz, 1H), 3.53 - 3.46 (m, 2H), 3.41 (ddd, J = 19.3, 9.2, 3.8 Hz, 2H),3.26 - 3.20 (m, 2H), 3.19 - 3.13 (m, 5H),3.09 - 3.01 (m, 4H), 2.15 (d, J = 11.4 Hz, 1H), 2.10 - 1.93 (m, 4H),1.87 (dd, J = 17.2, 10.8 Hz, 1H), 1.74 (dd, J = 34.8, 11.3 Hz, 4H), 1.52 - 1.43 (m, 3H), 1.37 (t, J = 13.0 Hz, 3H), 1.14 (s, 3H),1.05 (d, J = 12.4 Hz, 1H), 0.99 (td, J = 13.2, 3.9 Hz, 1H), 0.91 (d, J = 7.3 Hz, 1H), 0.87 (s, 3H), 0.82 - 0.73 (m, 1H).

4.7.2.3[13] C- Espectros de RMN do composto WF 02)

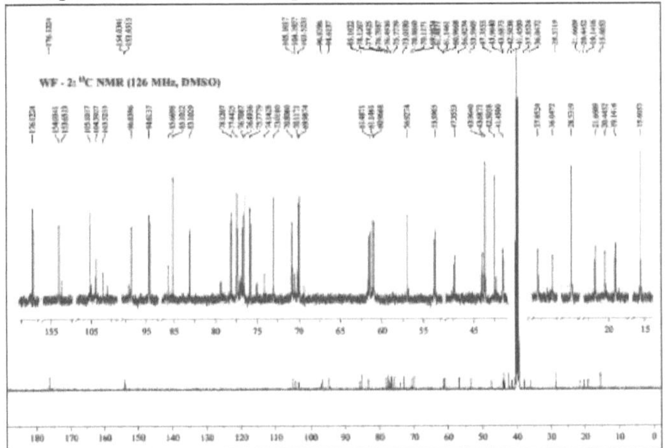

Fig. 4.27[13] Espectro de RMN de C (500 MHz, DMSO) do composto WF 02.)

WF-2:[13] C NMR (126 MHz, DMSO)

6 176.12, 154.03, 153.65, 105.10, 104.39, 103.52, 96.84, 94.61, 85.67, 85.10, 83.10, 78.12, 77.44, 76.71, 76.49, 75.78, 74.14, 73.02, 70.81, 70.12, 69.99, 61.49, 61.15, 60.97, 56.93, 53.59, 47.36, 43.96, 43.69, 42.50, 41.45, 37.85, 36.05, 28.53, 21.66, 20.45, 19.14, 15.61.

4.7.2.4 Espectro de massa do composto-WF 02

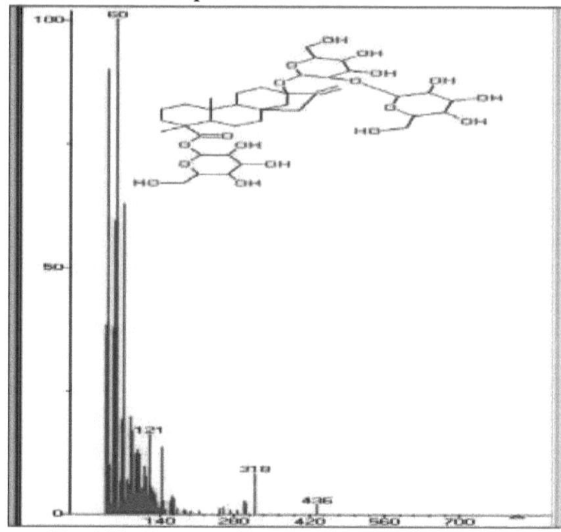

Fig.4.28: Espectro de massa do composto - WF 02

O espetro de massa do esteviosídeo mostra o pico significativo em (M$^+$) 436, 318, 121, 60 (figura: 4.28). O espetro de IV é observado na frequência de estiramento C-O a 1000 cm^{-1} , o pico largo de -OH observado a 3500-3600 cm^{-1} , o espetro mostra o grupo funcional do éster a 1735-1740 cm^{-1} .Para além disso, a frequência de estiramento C=C a 2190-2260 cm^{-1} (Figura 5.35). Os detalhes sobre o^1 H- NMR e^{13} C-NMR são mostrados na figura 4.27 acima

4.7.2.5 Espectros COSY do composto-WF 02

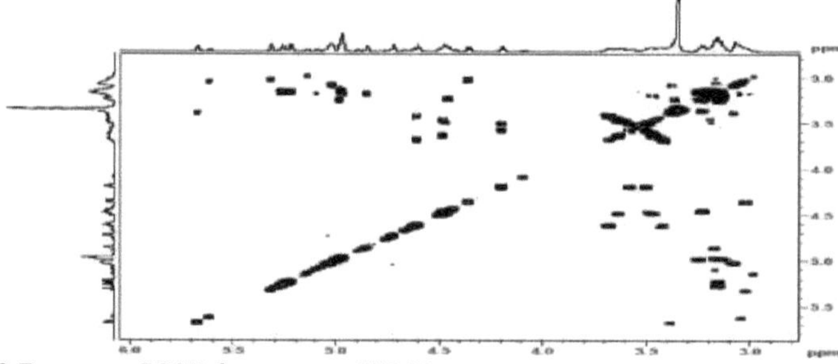

Fig.4.29 Espectros COSY do composto WF 02

A espetroscopia de correlação do espetro do composto WF02 mostra 5,24 6 (dd) copupled com 3,54 (m, 1H).também o 3,54 (m, 1H) acoplado com o 4,85 6 e também é adjacente ao 3,54 m, 1H

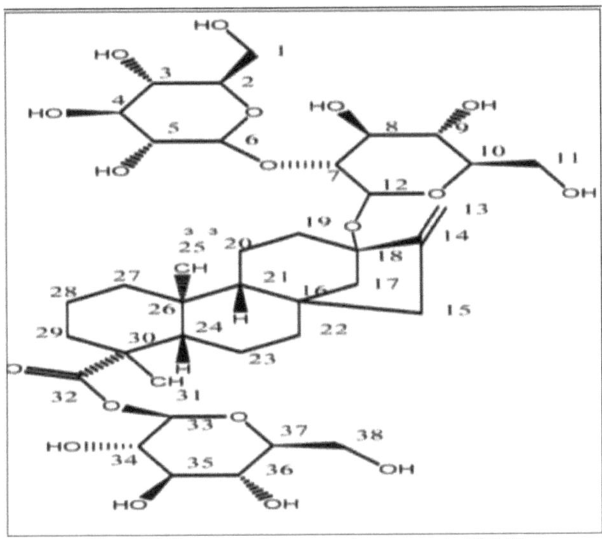

Fig.4.30 Espectro de massa do composto-WF 02

4.7.2 Caracterização espetral do composto 3 (WF 03)

Descrição: Pó amorfo branco
Solubilidade: Etanol e éter de petróleo
Ponto de ebulição: 203 a 204 C^0

4.7.3.1 Espectros FTIR do composto-WF 03

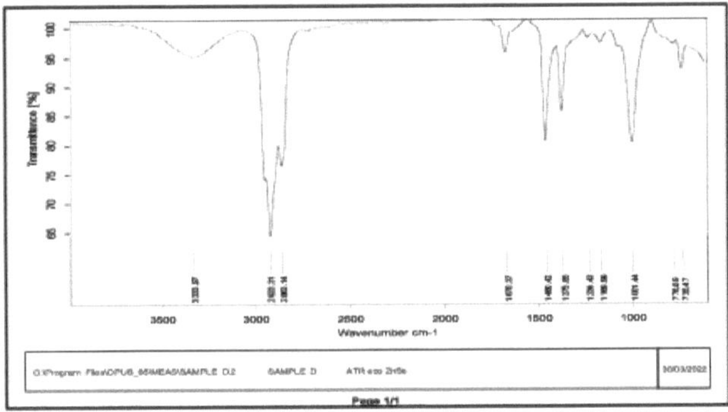

Fig.4.31 Espectros FTIR do composto-WF 03

O espetro de IV do composto WF 03 mostra uma ampla frequência de estiramento -OH a 3290 cm^{-1} e a frequência de estiramento da ligação dupla C=C a 1458 cm^{-1} . O modo de flexão CH3 está a 1373 cm^{-1} enquanto a frequência de estiramento C-H está a 2920 (forte).

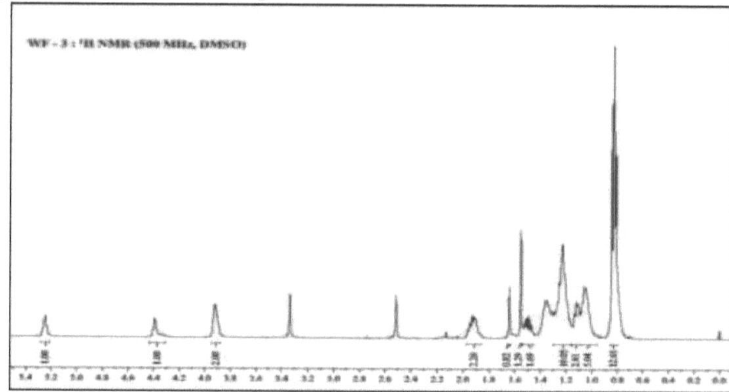

Fig. 4.32[1] Espectros de RMN (400 MHz, DMSO) do composto-3 (WF 03)
Interpretação de[1] H-NMR do composto - (WF 03)

WF-3:[1] H NMR (500 MHz, DMSO)

6 5.28 - 5.21 (m, 1H), 4.43 - 4.31 (m, 1H), 3.92 (d, J = 4.5 Hz, 2H), 1.92 (tt, J = 20.3, 10.1 Hz, 2H), 1.64 (s, 1H), 1.55 (s, 1H), 1.50 (ddd, J = 19.7, 13.1, 6.6 Hz, 2H), 1.31 - 1.16 (m, 10H), 1.16 - 1.08 (m, 3H), 1.08 - 0.96 (m, 5H), 0.85 - 0.80 (m, 12H).

4.7.3.3[13] C Espectros de RMN do composto-3 (WF 03)

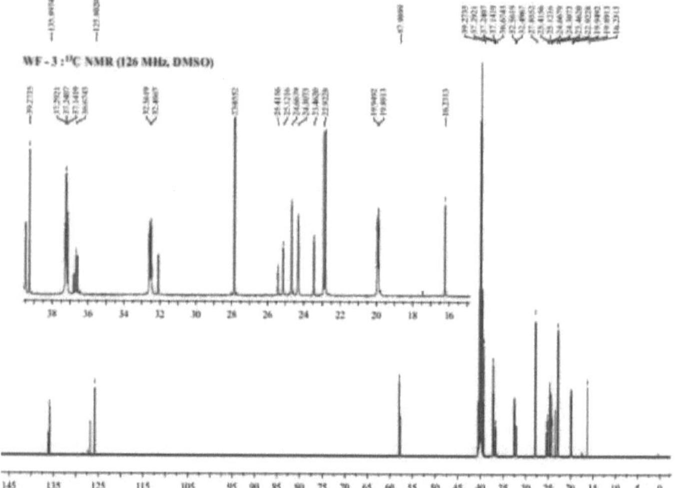

Fig. 4.33[13] C Espectros de RMN (400MHz, DMSO) do composto-3 (WF 03)

WF-3:[13] C NMR (126 MHz, DMSO)

6 135.90, 125.80, 57.99, 39.27, 37.29, 37.24, 37.14, 36.67, 32.56, 32.50, 27.86, 25.42, 25.12, 24.67, 24.31, 23.46, 22.92, 19.95, 19.89, 16.23.

4.7.3.4 Espectro de massa do composto-3 (WF03)

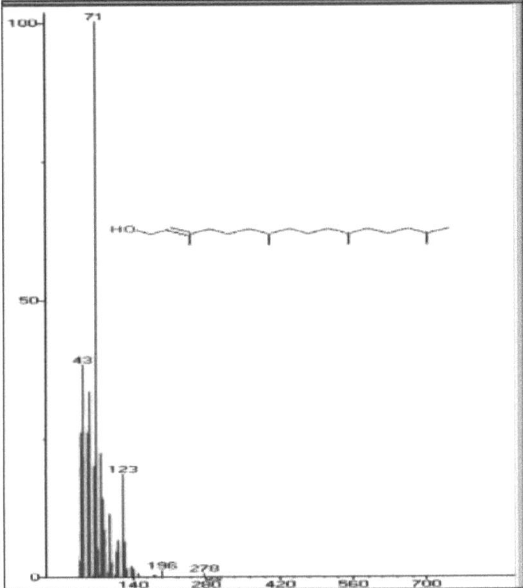

Fig 4.34 Espectro de massa do composto-3 (WF03)

No espetro de massa do WF03 observam-se os picos mais intensos a 278 (M^+), 196,123, 71 e 43. O composto WF-03 foi obtido como líquido oleoso (15 ml) solúvel em etanol e éter de petróleo e tem constante física 204-206°C. A fórmula molecular foi estabelecida como $C_{20}H_{40}O$. A caraterização do Phytol (WF03) por infravermelho dá 3250-3500cm^{-1}, onde a frequência de estiramento de alquilo a 2900 cm^{-1} e a frequência de estiramento de C-O observada a 1005 cm^{-1}, a frequência de estiramento duplo está em C=C devido a um -OH respetivamente.

4.7.3.5 Espectros COSY do composto-3 (WF 03)

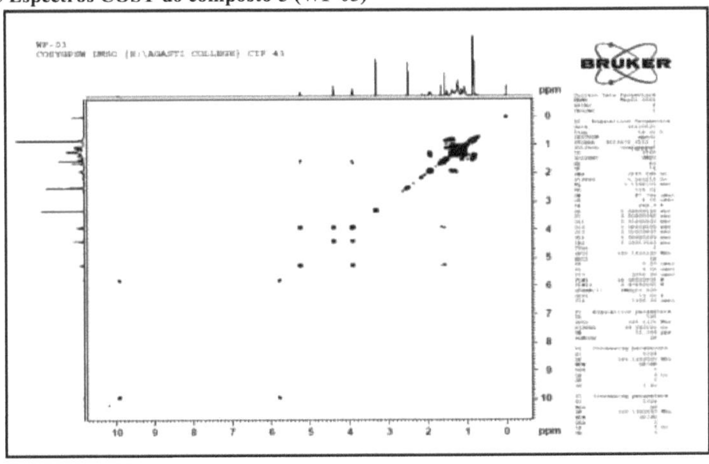

A partir da espetroscopia de correlação (COSY), confirmámos que o protão 5,256 está acoplado ao protão 3,90 6, o protão 3,90 6 está acoplado ao protão 4,40 6, o protão 1,90 6 está acoplado aos protões 1,00 6, 1,10 6 e 1,20 6, e que o protão 5,25 6 e o protão 3,90 estão acoplados aos protões 1,50 6 e 1,55 6.

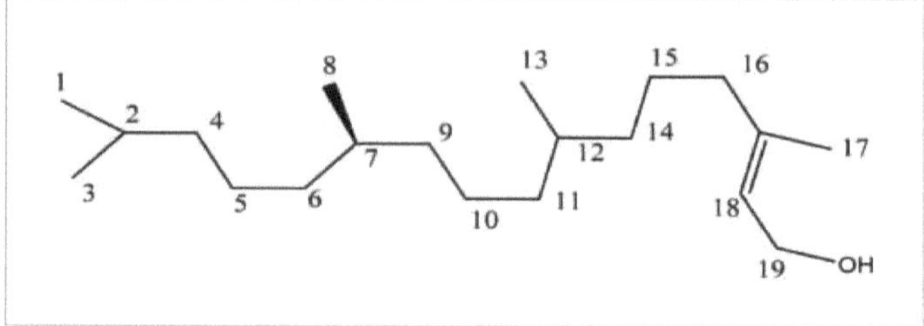

Fig 4.36 Estrutura final de (WF 03)

4.7.4 Caracterização espetral do composto 4 (WF04)

Descrição : Líquido incolor transparente

Solubilidade : Etanol

Ponto de fusão : 215-216 °C

4.7.4.1 Espectros FTIR do composto-4 (WF 04)

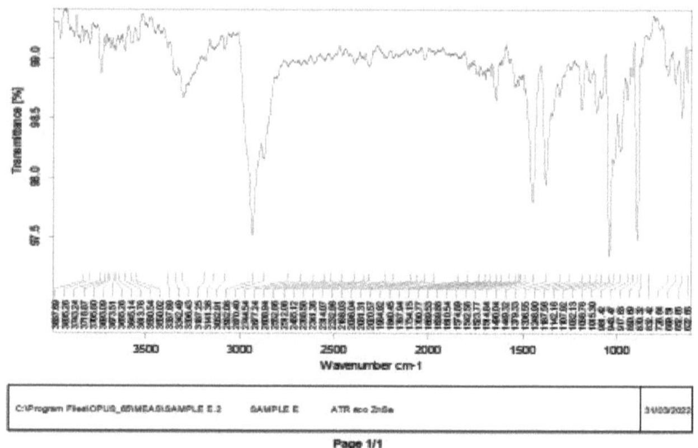

Fig.4.37 Espectros FTIR do composto-4 (WF 04).

Os espectros de infravermelhos do composto WF04 mostram uma ampla frequência de estiramento de -OH a 3290 cm^{-1} e uma ligação C=C a 1485. Enquanto que a frequência de flexão e estiramento de CH3 de C-H é de 1373 e 2990 cm^{-1}

4.2 Espectros de 1H-NMR do composto-4 (WF-04)

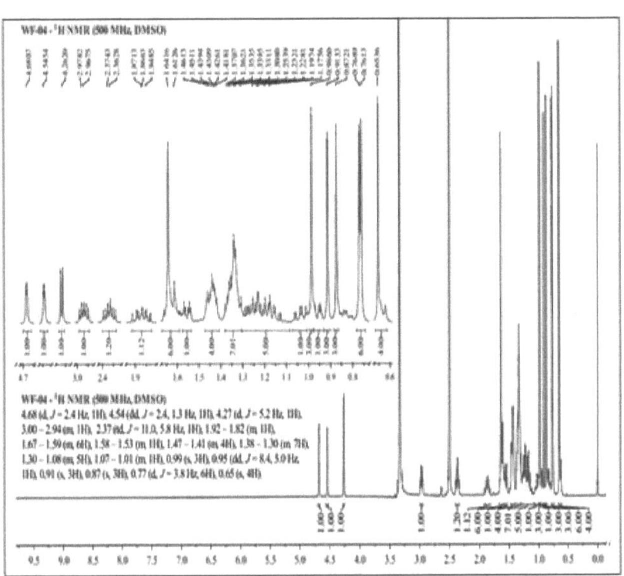

*Fig.4.38 Espectros de RMN de 1H (500 **MHz**, DMSO) do composto-WF 04* **WF-04-'H RMN (500 MHz, DMSO)**

4.68 (d, J 2.4 Hz, 1H), 4.54 (dd, J=2.4, 1.3 Hz, 1H), 4.27 (d, J = 5.2 Hz, 1H), 3.00-2.94 (m IH), 2.37 (td, J-11.0, 5.8 Hz, 1H), 1.92-1.82 (m, 1H), 1.67-1.59 (m, 6H), 1.58-1.53 (m, 1H), 1.47-1.41 (m, 4H), 1.38-1.30 (m, 7H), 1.30-1.08 (m 5H), 1.07-1.01 (m, 1H), 0.99 (s, 3H), 0.95 (dd, J=8.4, 5.0 Hz, IH), 0.91 (s, 3H), 0.87 (s, 3H), 0.77 (d, J-3.8 Hz, 6H), 0.65 (s, 4H).

4.7.4.3 Espectros de 13C-NMR do composto-4 (WF 04)

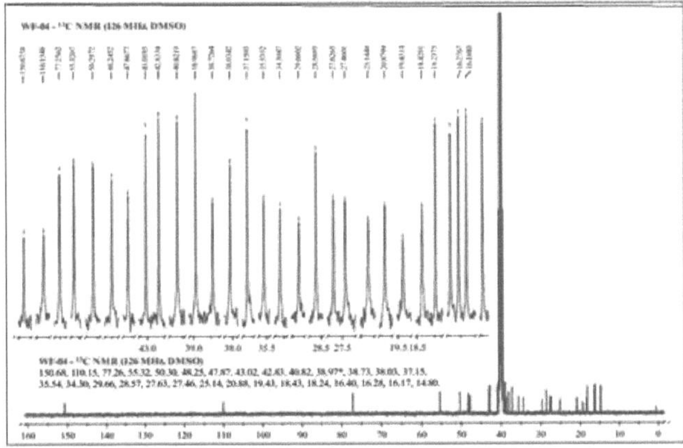

Fig.4.39 Espectros de 13C-NMR (126MHz, DMSO) do composto-WF 04

WF-04-C NMR (126 MHz, DMSO) 150.68, 110.15, 77.26, 55.32, 50.30, 48.25, 47.87, 43.02, 42.83, 40.82, 38.97, 38.73, 38.03, 37.15, 35.54, 34.30, 29.66, 28.57, 27.63, 27.46, 25.14, 20.88, 19.43, 18.43, 18.24, 16.40, 16.28, 16.17, 14.80.

4.7.4.4 Espectros de massa do composto-04 (WF 04)

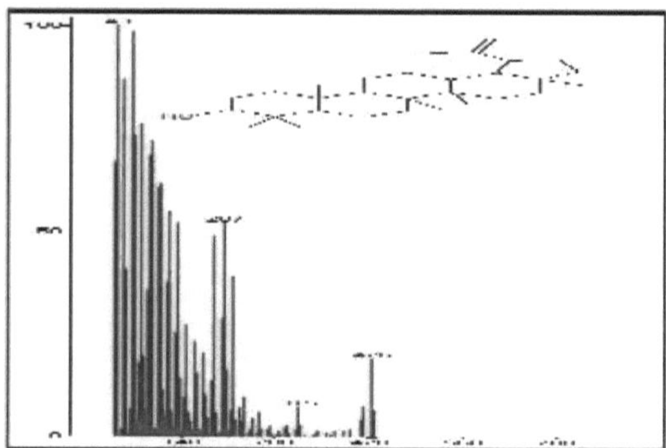

***Fig.4.40 Espectro de massa do composto-04 (WF04)* O espetro de massa do composto**
O WF 04 mostra o pico base a 426 (M+) e os picos de reamianto são 315, 123, 207, 43.
O composto WF-04 foi obtido como líquido incolor transparente (17 ml) solúvel em etanol e constante física 204-206 °C. A fórmula molecular foi estabelecida como $C_{30}H_{50}O$. A caraterização do lupeol (WF 04) por infravermelhos dá 3387cm^{-1} de frequência típica de estiramento -OH do grupo hidroxilo. A banda intensa observada a 2477 cm^{-1} confirmou a presença da frequência de estiramento da ligação alifática -C-H. A frequência de estiramento da ligação C=C foi observada a 1490-1248 cm^{-1} Por 1H-NMR δ_H (ppm, J, Hz)posição 1 -OH a 3.01 - 2.92 5,H_2 (td, J = 11.0, 5.8 Hz, 2H),H_{23} e H_{24} 4.68 (d, J = 2.4 Hz, 1H) e 4,68 (d, J = 2,4 Hz, 1H)^{13} C- NMR δ_c (ppm) etc. De acordo com a literatura, o lupeol está associado a outros fenólicos, terpenóides, alcalóides e apresenta atividade anti-inflamatória.

4.7.4.5 Espectros COSY do composto-04 (WF04)

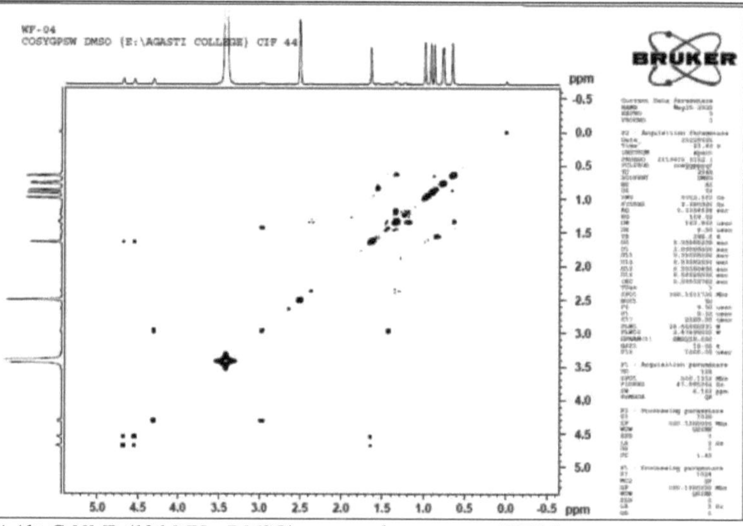

Fig.4.41^{13} C-NMR (126 MHz, DMSO) espetro do composto-WF 04

A partir da espetroscopia de coreação, conclui-se que 4,27 5 (d, J = 5,2 Hz, 1H) copupled com 2,37 (td, J = 11,0, 5,8 Hz, 2H) e 3,01 - 2,92 (m, 1H) também são copupled com 1,38-

1,68 (m, 2H)

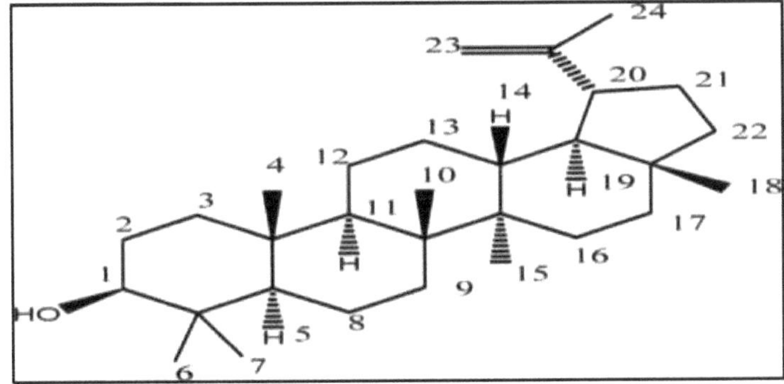

Fig.4.42 Estrutura final do composto-WF 04

4.7.5 Caracterização espetral do Composto-05 (WF05)

Descrição: Pó sólido
Solubilidade: Metanol e Etanol
Ponto de fusão: 250-251°C
4.7.5.1 Espectros FTIR do composto-05 (WF 05)

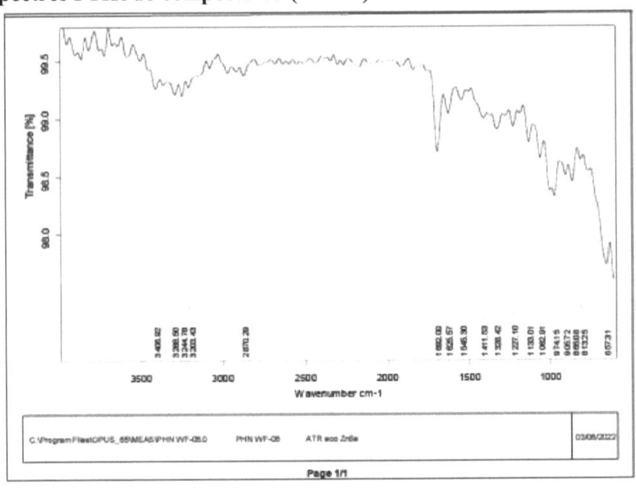

Fig.4.43 Espectros FTIR do composto-5 (WF 05)

A partir do espetro de IV, observou-se que o estiramento de OH foi observado a 3290 cm^{-1} e 1458 a frequência de estiramento da ligação C=C 1373 cm^{-1} , a frequência de estiramento de C-H a 2920 cm^{-1} .

4.7.5.2^{1} Espectros de RMN H do composto-05 (WF 05)

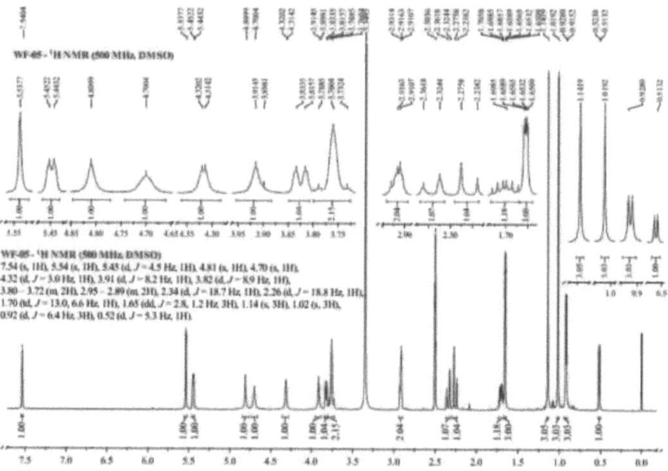

Fig .4.44¹ H-NMR (500MHz, DMSO) espetro do composto-WF 05

WF-05 - 1H NMR (500 MHz, DMSO) 7,54 (s, 1H), 5,54 (s, 1H), 5,45 (d, J = 4,5 Hz, 1H), 4,81 (s, 1H), 4.70 (s, 1H), 4.32 (d, J = 3.0 Hz, 1H), 3.91 (d, J = 8.2 Hz, 1H), 3.82 (d, J = 8.9 Hz, 1H), 3.80 - 3.72 (m, 2H), 2.95 - 2.89 (m, 2H), 2.34 (d, J = 18.7 Hz, 1H), 2.26 (d, J = 18.8 Hz, 1H), 1.70 (td, J = 13.0, 6.6 Hz, 1H), 1.65 (dd, J = 2,8, 1,2 Hz, 3H), 1,14 (s, 3H), 1,02 (s, 3H), 0,92 (d, J = 6,4 Hz, 3H), 0,52 (d, J = 5,3 Hz, 1H).

4.7.5.3¹³ Espectros de RMN-C do composto-05 (WF 05)

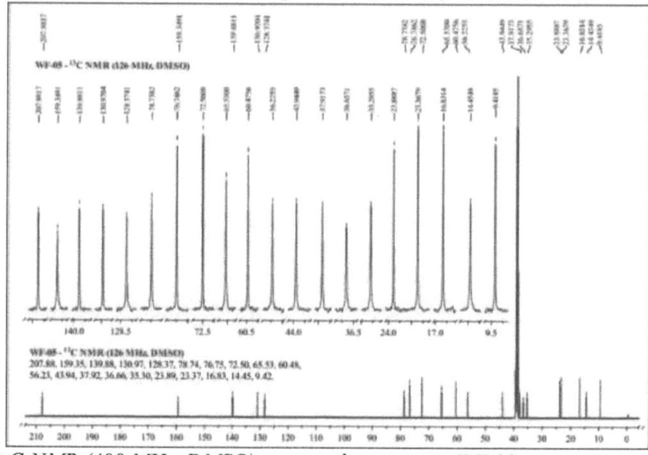

Fig.4.45¹³ C-NMR (400 MHz, DMSO) espetro do composto WF 05

WF-05- **¹³C NMR (126 MHz, DMSO)** 207,88, 159,35, 139,88, 130,97, 128,37, 78.74, 76.75, 72.50, 65.53, 60.48, 56.23, 43.94, 37.92, 36.66, 35.30, 23.89, 23.37, 16.83, 14.45, 9.42.

4.7.5.4 Espectro de massa do composto-5 (WF 05)

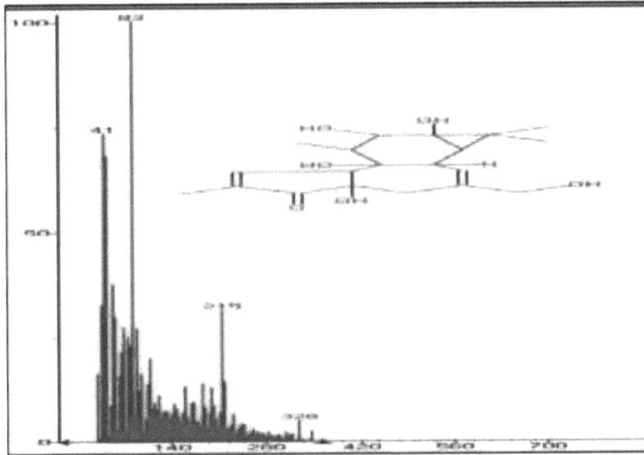

Fig 4.46 Espectro de massa do composto-WF05

Os espectros de massa do composto WF05 mostram um pico de base a 328 (M^+) e os restantes segmentos a 215, 83 e 41 são observados. O composto WF-05 foi obtido como pó branco amorfo (21 mg) solúvel em etanol e metanol e tem uma constante física de 250-251°C. A fórmula molecular foi estabelecida como $C_{20}H_{28}O$.

4.7.5.5 Espectros COSY do composto (WF 05)

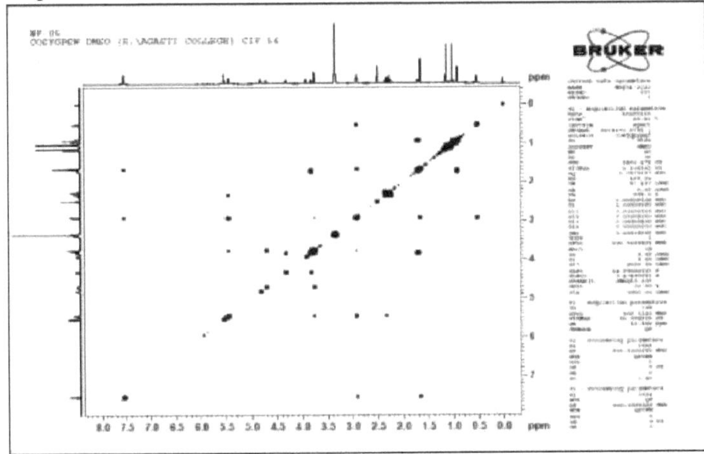

Fig 4.47 Espectro COSY do composto (WF 05)

A partir da espetroscopia de co-realização, 2,95 - 2,89 6 é coputado com 1,666 (d, J = 1,2 Hz, 3H) e 7,546 (s, 1H) coputado com 1,81 - 1,676 (m, 1H) também 5,546 (s, 1H) coputado com 3,82 6 (d, J = 8,9 Hz, 1H)

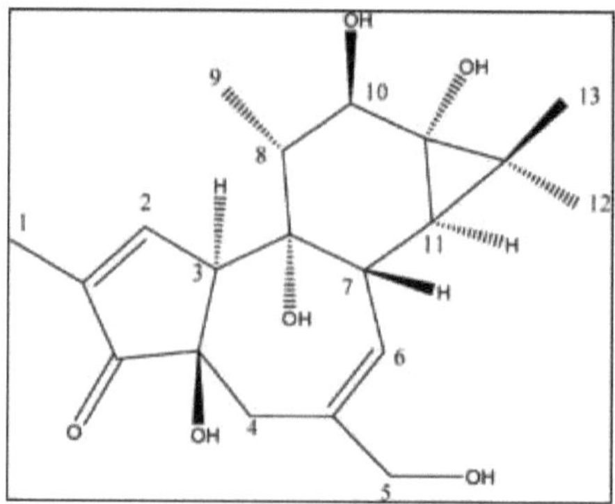

Fig 4.48 Estrutura final do composto-05 (WF 05)

4.7.6 Caracterização espetral das AgNPs compostas (WF06)

Descrição: cor amarela
Solubilidade: Metanol e Etanol
Ponto de fusão: 112°C

4.7.6.1 Análise do espetrofotómetro UV-Visível

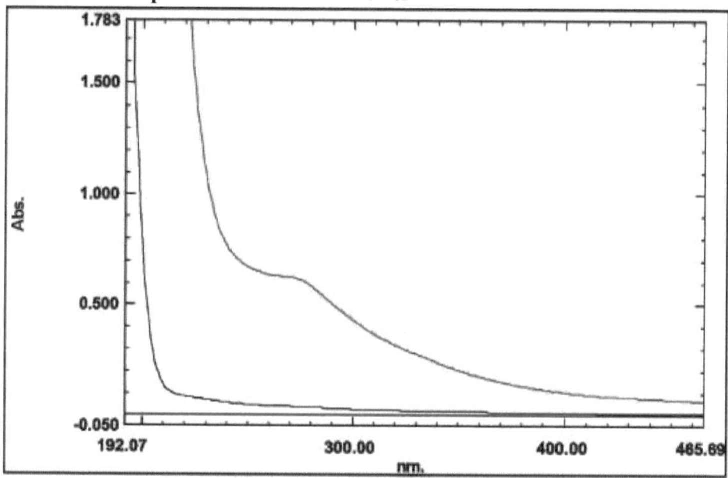

Fig 4.49 UV-vis spectra of silver nanoparticals

A redução dos iões de prata em nanopartículas de prata durante a exposição a extractos de plantas foi observada como resultado da mudança de cor. A mudança de cor deve-se ao fenómeno de ressonância plasmónica de superfície. As nanopartículas metálicas têm electrões livres, que dão origem à banda de absorção SPR, devido à vibração combinada dos electrões das nanopartículas metálicas em ressonância com a onda de luz. A banda das nanopartículas de prata foi observada em torno de 352 nm. As bandas das nanopartículas de prata foram observadas em torno de 352 nm. A partir de diferentes literaturas, verificou-se que as nanopartículas de prata apresentam um pico de absorção SPR em cerca de 352 nm. De. A intensidade do pico de absorção aumenta com o aumento do período de tempo. Esta variação de cor caraterística deve-se à excitação da SPR nas nanopartículas metálicas. A redução dos iões metálicos ocorre muito rapidamente; mais de 90% da redução dos iões Ag+ fica concluída em 4 horas após a adição dos iões metálicos ao extrato da planta. Observou-se que as partículas metálicas eram estáveis em solução mesmo 4 semanas após a sua síntese. Por estabilidade, entendemos que não houve variação observável nas propriedades ópticas das soluções de nanopartículas com o tempo.

4.7.6.2 Análise FTIR

Fig. 4.50 Espectros FTIR de nanopartículas de prata

Foram efectuadas medições de FTIR para identificar as biomoléculas para a cobertura e estabilização eficiente das nanopartículas metálicas sintetizadas. O espetro de FTIR das nanopartículas de prata nos casos das proporções 60:1 e 120:1 mostrou que a banda entre 2972-2660 cm-1 corresponde ao estiramento de O-H de álcoois e fenóis ligados a H. O pico encontrado em torno de 1021-1695 cm-1 mostrou um estiramento para a ligação C-H, onde o estiramento para Ag-NPs foi encontrado em 3742,94cm-1. Por conseguinte, as nanopartículas sintetizadas estavam rodeadas de proteínas e metabolitos, tais como terpenóides com grupos funcionais. A partir da análise dos estudos de FTIR, confirmámos que os grupos carbonilo dos resíduos de aminoácidos e das proteínas têm uma maior capacidade de ligação ao metal, o que indica que as proteínas poderiam possivelmente ser utilizadas nas nanopartículas metálicas (ou seja, na cobertura das nanopartículas de prata) para evitar a aglomeração e, assim, estabilizar o meio. Isto sugere que as moléculas biológicas podem desempenhar funções duplas de formação e estabilização de nanopartículas de prata no meio aquoso. Os grupos carbonilo provaram que as flavanonas ou os terpenóides foram absorvidos na superfície das nanopartículas metálicas. As flavanonas ou os terpenóides podem ser adsorvidos na superfície das nanopartículas metálicas, possivelmente por interação através de grupos carbonilo ou n - electrões na ausência de outros agentes ligantes fortes em concentração suficiente. A presença de açúcares redutores na solução poderia ser responsável pela redução dos iões metálicos e pela formação das nanopartículas metálicas correspondentes. É também possível que os terpenóides desempenhem um papel na redução dos iões metálicos através da oxidação de grupos aldeídicos nas moléculas em ácidos carboxílicos. Estas questões podem ser abordadas quando as várias fracções do extrato da planta Woodfordia floribunda Salisb forem separadas, identificadas e analisadas individualmente quanto à redução dos iões metálicos. Este estudo bastante elaborado está atualmente em curso.

4.7.6.3 Microscópio eletrónico de varrimento por emissão de campo (FESEM)

O instrumento utilizado para o FESEM é da marca Carl Zeiss, modelo supra 55, Alemanha. A figura 2 mostra imagens FESEM de nanopartículas de prata. Revela que as nanopartículas de prata eram esféricas e que as partículas formavam aglomerados. As imagens mostraram as nanopartículas sintetizadas em várias ampliações de 100 nm, 200 nm e 300 nm (Mag.= 20,50,60,75 e 100 KX ,EHT = 5,21 KV e WD = 2,7 e 2,8 mm) que dão distintamente a morfologia física, o tamanho das partículas e o rácio de aspeto

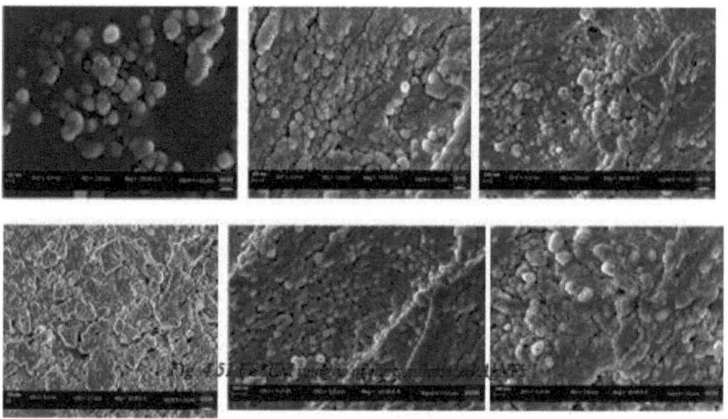

Fig. 4.51 Imagens FESEM das AgNPs sintetizadas

4.7.6.4 Microscópio eletrónico de transmissão (TEM)

A microscopia eletrónica de transmissão tem uma resolução 1000 vezes superior à da microscopia eletrónica de varrimento, uma vez que utiliza um feixe de electrões mais potente. A TEM fornece detalhes consideráveis à escala atómica. A Figura 3 mostra imagens TEM de nanopartículas de prata. As AgNPs formadas tinham uma forma quase esférica no intervalo de 20-500 nm com uma área de superfície média. As partículas eram monodispersas, com apenas algumas partículas de tamanho diferente. No entanto, os resultados de TEM estavam em boa conformidade com os resultados de XRD também. Para a análise TEM, foi utilizado o instrumento Jeol JEM 2100 plus.

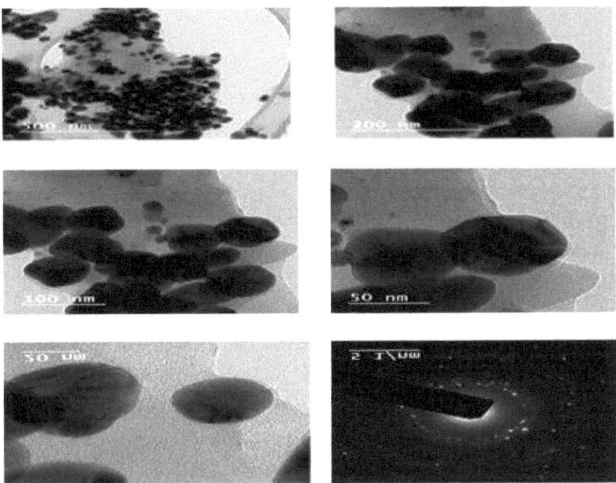

*Fig. 4.52 Imagens TEM indicando a presença de AgNPs esféricas registadas
em várias ampliações*

4.7.6.5 Análise de raios X por dispersão de energia (EDS)

A análise foi efectuada por um instrumento EDS da marca Bruker XFlash 6130. O estudo EDS confirma que as partículas são de natureza cristalina e, de facto, NPs de Ag metálicas (Fig.4). A presença de carbono, oxigénio, boro, ferro, azoto e cobre indica que as moléculas orgânicas extracelulares estão adsorvidas na superfície das nanopartículas metálicas. As nanopartículas de prata metálica biossintetizadas apresentam um pico de absorção ótica típico na gama de 3 a 4 Kev. A especificação do instrumento EDS éCarl Zeiss modelo supra 55 Alemanha foi usado para análise.

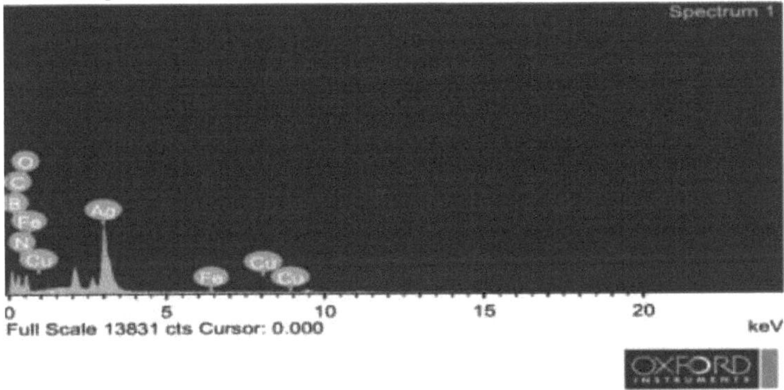

Fig.4.53 Espectro EDS das NPs de Ag sintetizadas

4.7.6.6 Análise XRD

Para a análise XRD, foi utilizado o instrumento Rigaku Japan, smart lab. A cristalinidade das nanopartículas de Ag preparadas foi analisada por difratómetro de raios X. O padrão de XRD é apresentado na Fig. [5]. Foi obtido numa gama de 2080° com uma fonte de radiação Cu Ka (1 = 1,5406 A°). Foram observados quatro picos principais no padrão

XRD das AgNPs biogénicas (extrato de folhas de Woodfordia floribunda Salisb L.) sintetizadas.

O tubo de raios X funcionou a 60 mA e 50 Kv. O eixo de varrimento é Gonio, [29°] intervalo de movimento - 0,5 a 170, 29°, Material do ânodo - Cu. O padrão XRD apresenta sete picos a 29° = 32,3439, 38,1962, 44,4344, 54,8829, 64,5862, 77,4115 e 81,5886. Os dados de XRD revelaram que as nanopartículas de prata cristalizam numa estrutura fcc. O pico de maior intensidade para materiais fcc é geralmente a reflexão (111) e é mostrado pelas nanopartículas de prata sintetizadas. A intensidade dos picos reflecte a natureza cristalina das nanopartículas de prata. Foram observados cinco picos a 29 valores de 38,1962, 44,4343, 64,5862, 77,4115 e 81,5886 graus correspondentes aos planos (111), (200), (220), (311) e (222) da prata, que coincidem bem com o cartão de difração de pó padrão do Comité Conjunto de Normas de Difração de Pó (JCPDS), ficheiro de prata n.º 04-0783. O tamanho dos cristais, determinado utilizando a equação de Debye Scherrer a partir dos meios máximos de largura total (FWHM) do pico distinto 29° = 38,1962, foi de 26,14 nm. A dimensão média dos cristais das nanopartículas de Ag pode ser determinada a partir da fórmula de Debye Scherrer, D K/jp cos9, em que D é a dimensão dos cristais, 1 é o comprimento de onda da radiação de raios X, K é a constante de Scherrer e в é a largura total a meia altura máxima (FWHM), 9 é o ângulo de difração de Bragg.

O tamanho médio dos cristais das nanopartículas de Ag foi calculado em 23,18 nm utilizando a FWHM dos picos distintos 26° = 32,3439, 38,1962, 44,4343, 54,8829, 64,5862, 77,4115 e 81,5886

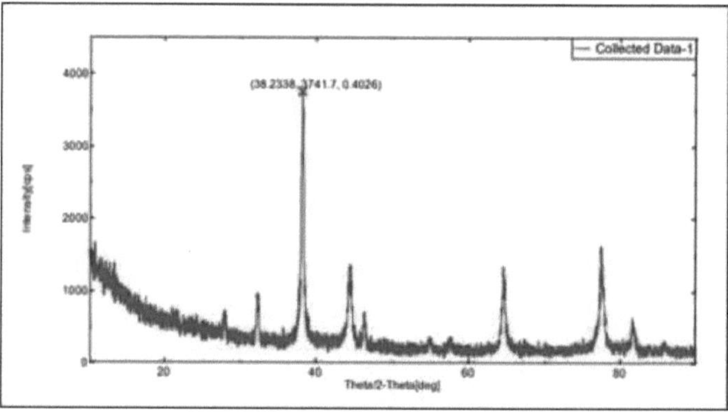

Fig.4.54 XRD de nano partículas de prata.

Os picos de Bragg acentuados podem dever-se ao facto de o agente de cobertura estabilizar a nanopartícula. As reflexões de Bragg intensas sugerem que os centros de dispersão de raios X são fortes na fase cristalina e podem ser devidos a agentes de revestimento. A cristalização independente dos agentes de cobertura foi excluída devido ao processo de centrifugação e redispersão do pellet em água millipore após a formação das nanopartículas como parte do processo de purificação. Por conseguinte, os resultados de XRD também sugerem que a cristalização da fase bio-orgânica ocorre na superfície das nanopartículas de prata ou vice-versa. Geralmente, o alargamento dos picos nos padrões de XRD dos sólidos é atribuído aos efeitos do tamanho das partículas. Os picos mais largos significam um tamanho de partícula mais pequeno e reflectem os efeitos devidos às condições experimentais sobre a nucleação e o crescimento dos núcleos de cristal.

4.8 Atividade anti-inflamatória dos extractos das folhas de *Woodfordia floribunda* Salisb

4.8.1 Modelo animal de edema da pata induzido por carragenina

A empresa LACSMI BIOFARMS PVT.LTD. Passaydan, Survey No.28/3/21 Samarth colony, Pimple Naka, Pune (nota de entrega n.º A-106/ 12/03/2022) forneceu o rato (Wistar) com um peso de cerca de 160-200 gm. Os animais são alojados em ciclos de 12 horas de luz/obscuridade, 40-60% de humidade e 25-34^0 C de temperatura. Foram preparadas gaiolas de polipropileno para os ratos e foram fornecidas ração e água normais para roedores.

Os animais estiveram em jejum durante 12 horas antes da experiência e não lhes foi dada qualquer comida ou água. Como a água pode ser prejudicial para os seres vivos, são utilizadas diferentes medidas para garantir que é adequada para consumo humano. A W. floribunda Salisb, uma das plantas medicinais mais importantes devido à sua atividade anti-inflamatória, possui um extrato aquoso de AgNPs, cujo tamanho da dose depende do peso do animal e da literatura anterior. As doses podem ser facilmente calculadas utilizando as informações fornecidas neste estudo

Medicamentos:

A aquisição de ratos Wistar com peso entre 160 e 200 g. Adquiridos às respectivas empresas, o diclofenac (Pharma Cure Laboratories Garha, Jalandhar) e a lecitina de soja carragenina (Indore, Madhya Pradesh, Índia) foram utilizados no estudo.

4.8.2 Considerações éticas:

O procedimento experimental e o protocolo, de acordo com o Amruthwahini College of Pharmacy, Sangamner, Dist., A. Nagar, e Maharashtra, aprovaram a proposta para o estudo da atividade animal. Utilizando um modelo de edema da pata de rato induzido por carragenina, foram confirmadas as "Diretrizes para os cuidados e a utilização de animais na investigação científica" (Academia Nacional de Ciências da Índia 1998, revista em 2000) (AVCOP/IAEC/2021- 22/1153/26/01). Os ratos foram divididos em três grupos (n=6) depois de receberem doses de 1, 5 e 10 mg/kg p.o. do extrato aquoso de AgNPs e água destilada (controlo). O peso médio dos ratos wistard situava-se entre 140-190 gm, o que foi utilizado para calcular o tamanho da dose. O diclofenac (1mg/kg) foi administrado como padrão. A carragenina (0,1 ml, 1%) foi injectada na subplanta da pata traseira direita de cada rato. O volume de injeção de carragenina foi determinado utilizando um pletismómetro (Medicaid System Mode No. PTH-707, Nova Deli, Índia) aos 0, 30, 60, 90, 120, 180, 240 e 300 minutos. Após cada intervalo, a seguinte fórmula é utilizada para calcular a percentagem de inibição (PI) do edema:

PI = 1-Vt/Vc X 100

Onde Vt e Vc são os volumes utilizados para a comparação entre o peru e o controlo do edema. O extrato aquoso de AgNPs *W. floribunda* salisb produziu resultados visivelmente melhores (p 0,05), demonstrando as suas propriedades anti-inflamatórias.Percentagem de inibição do edema = 1- Vt / Vc x 100 Onde Vt e Vc são os volumes do edema nos ratos tratados com o medicamento e no controlo resp.

Os resultados são expressos como média ±SEM. ***P < 0,001,** P < 0,01 e* P < 0,05 em comparação com o grupo de controlo (One-wayANOVA seguido do teste post hoc de comparação múltipla de Tukey-Kramer, n=6). Tempo Vs % Inibição % Inibição < 50%

considerado como moderado e <25% considerado como baixa atividade anti-inflamatória.

4.8.3 Edema de pata induzido por carragenina em WF 01

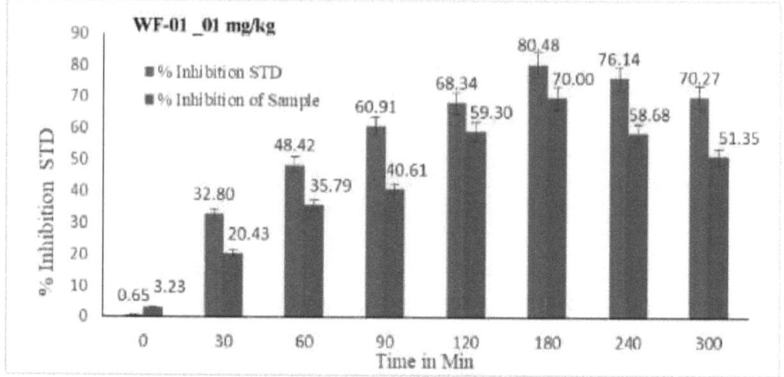

Fig. 4.55 Percentagem de inibição em relação ao padrão na dose de 01 mg/kg. A dose de 1 mg/kg indica a % de inibição de 35,79% (após 1 hora), 59,30% (após 2 horas) e 70% (após 3 horas), depois a inflamação diminuiu constantemente.

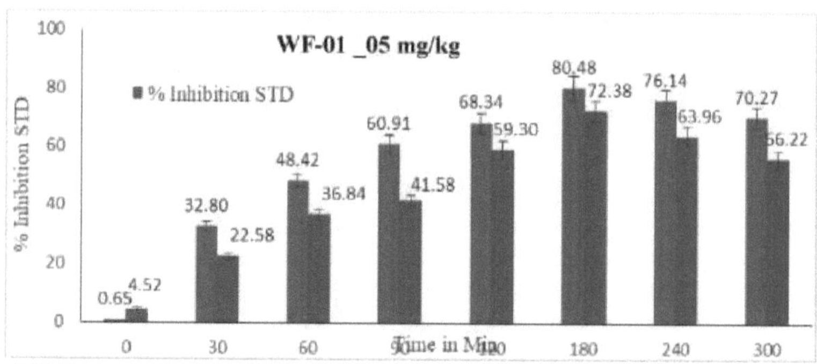

Fig 4.56 Percentagem de inibição em relação ao padrão na dose de 05mg/kg.

A dose de 5 mg/kg indica uma % de inibição de 36,84 % (após 1 hora), 59,30 % (após 2 horas) e 72,38 % (após 3 horas), tendo a inflamação diminuído constantemente.

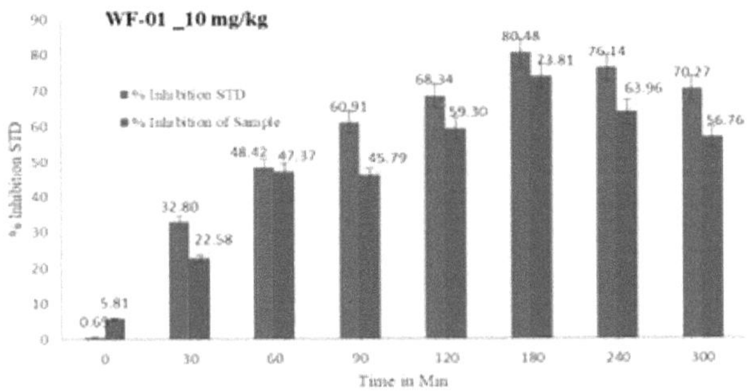

Fig 4.57 Percentagem de inibição em relação ao padrão na dose de 10 mg/kg.
A dose de 10 mg/kg indica uma % de inibição de 47,37 % (após 1 hora), 59,30 % (após 2 horas) e 73,81 % (após 3 horas), tendo a inflamação diminuído constantemente.

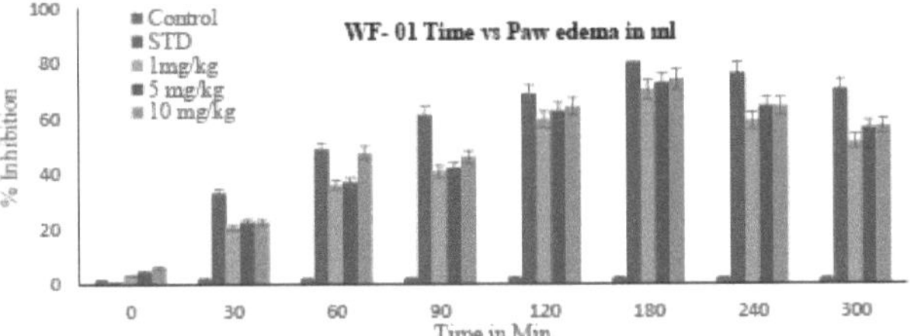

Fig 4.58 Tempo Vs edema médio da pata em ml. WF01
De acordo com a dose de 1mg/kg, 5 mg/kg, 10 mg/kg, a % de inibição após 3 horas de inflamação diminuiu constantemente. O WF-01 mostra uma forte atividade anti-inflamatória em comparação com o padrão.

Tabela 4.9 Aumento do Pawedema ± SEM de WF 01 com diferentes doses e tempos.

Tratamento (mg/kg)	0Min	30Min	60Min	90Min	120 min	180 min
Controlo	1.55 ± 0.014	1.87 ± 0.015	1.91 ±0.013	1.98 ± 0.009	2.00 ± 0.015	2.10 ± 0.013
Std (05mg/kg)	1.54±0.023	1.25±0.023	0.98±0.016	0.77±0.023	0.63±.009	0.41±0.09
01mg/kg	1.52±0.057	1.56±0.023	1.27±0.014	1.14±0.023	0.74±0.022	0.61±0.023
05mg/kg	1.47±0.013	1.51±0.045	1.15±0.023	1.1±0.025	0.74±0.017	0.56±0.023
10mg/kg	1.38±0.021	1.50±0.08	1.12 ±0.020	1.01±0.017	0.71±0.031	0.53±0.036

4.8.4 Edema da pata induzido por carragenina em WF02

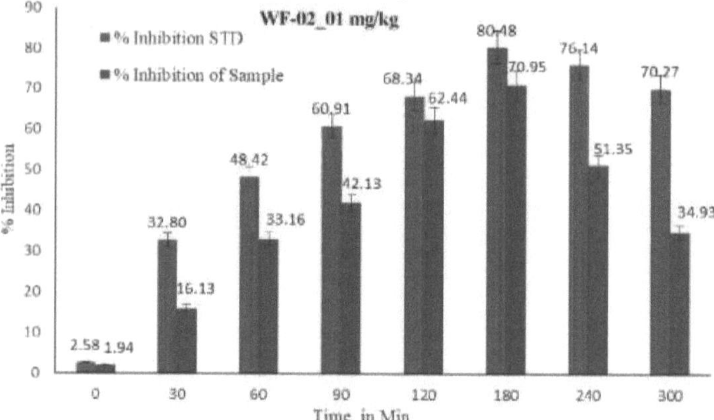

Fig. 4.59 Percentagem de inibição em relação ao padrão na dose de 01mg/kg de WF02 A dose de 1 mg/kg indica a % de inibição de 33,16% (após 1 hora), 62,44% (após 1 hora) e 1,25 % (após 1 hora).

(após 2 horas) e 70,95 % (após 3 horas) e, em seguida, a inflamação diminuiu constantemente.

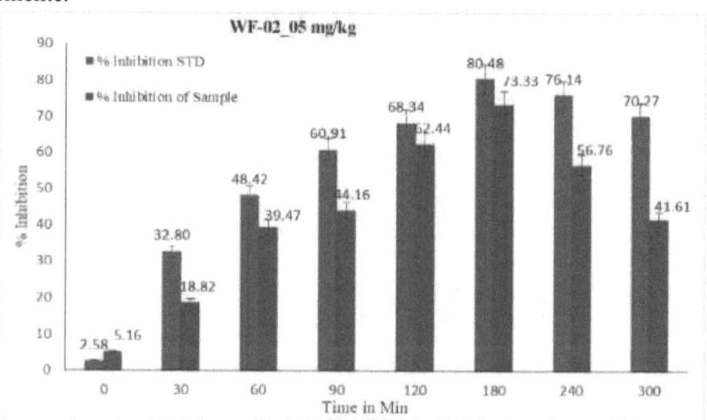

Fig.4.60 Percentagem de inibição em relação ao padrão na dose de 05 mg/kg de WF02

A dose de 5 mg/kg indica uma percentagem de inibição de 39,47% (após 1 hora), 62,44% (após 2 horas) e 73,33% (após 3 horas), tendo a inflamação diminuído constantemente.

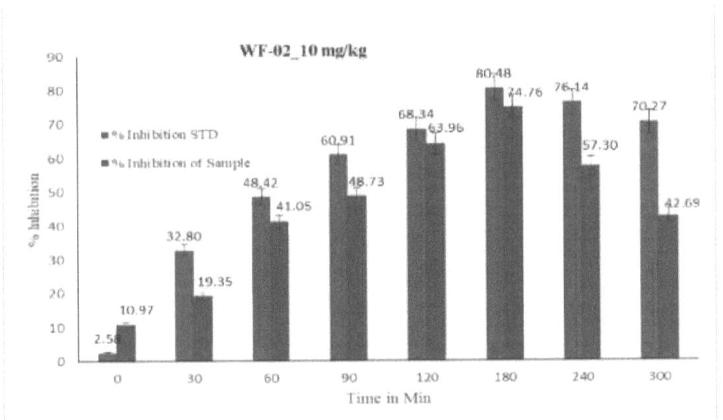

Fig 4.61 Percentagem de inibição em relação ao padrão na dose de 10 mg/kg de WF02
A dose de 10 mg/kg indica uma % de inibição de 41,05 % (após 1 hora), 63,96 % (após 2 horas) e 74,76 % (após 3 horas), tendo a inflamação diminuído constantemente.

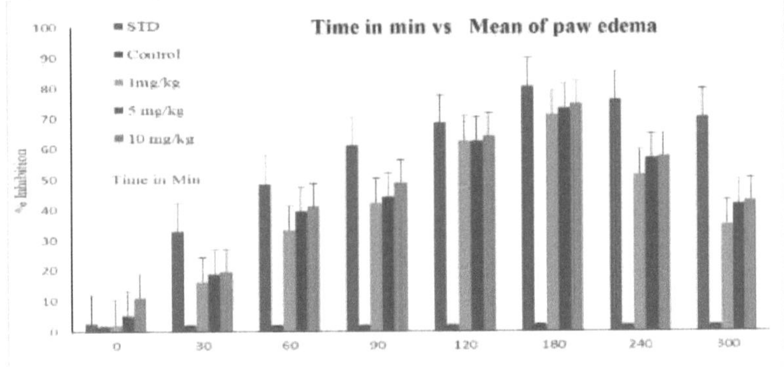

Fig.4.62 Tempo Vs edema médio da pata em ml de WF02.

De acordo com a dose de 1mg/kg, 5 mg/kg, 10 mg/kg, a % de inibição após 3 horas de inflamação diminuiu constantemente. O WF-02 mostra uma forte atividade anti-inflamatória em comparação com o padrão.

Tabela 4.10 Aumento do edema da pata ± SEM de WF02 com diferentes doses e tempos

Tratamento (mg/kg)	0Min	30Min	60Min	90Min	120 min	180 min
Controlo	1.55 ± 0.014	1.87 ± 0.015	1.91 ±0.013	1.98 ± 0.009	2.00 ± 0.015	2.10 ± 0.013
Std 05 mg/kg	1.54±0.023	1.25±0.023	0.98±0.016	0.77±0.023	0.63±.009	0.41±0.09
01mg/kg	1.51± .057	1.56±0.023	1.27±0.014	1.14±0.023	1.82±0.022	1.66±0.023
05mg/kg	1.50±0.013	1.50±0.045	1.18±0.023	1.11±0.025	1.74 ±0.017	1.63±0.023
10mg/kg	1.47±0.021	1.52±0.008	1.03±0.017	1.71±0.031	0.6±0.036	0.83±0.030

4.8.5 Edema de pata WF03 induzido por carragenina

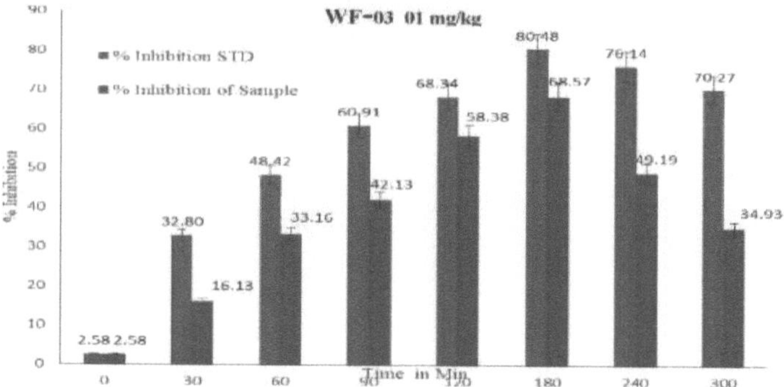

Fig 4.63 *Percentagem de inibição em relação ao padrão na dose de 01 mg/kg de WF03*
A dose de 01 mg/kg indica uma % de inibição de 33,16% (após 1 hora), 58,38% (após 2 horas) e 68,57% (após 3 horas), tendo a inflamação diminuído constantemente.

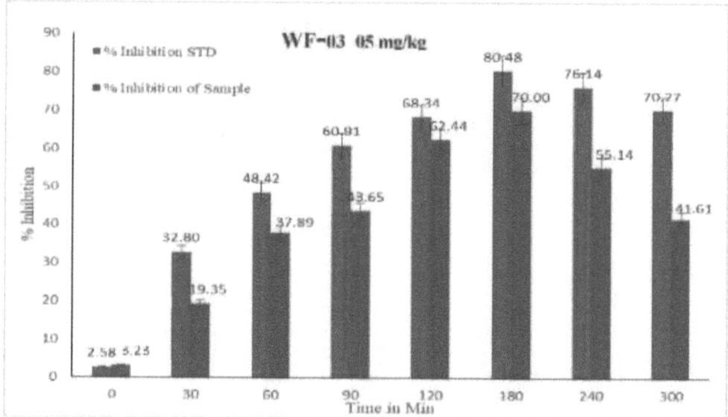

Fig.4.64 *Percentagem de inibição em relação ao padrão na dose de 05 mg/kg de WF03*
A dose de 05 mg/kg indica uma % de inibição de 37,89 % (após 1 hora), 62,44 % (após 2 horas) e 70,00 % (após 3 **horas),** tendo a inflamação diminuído constantemente.

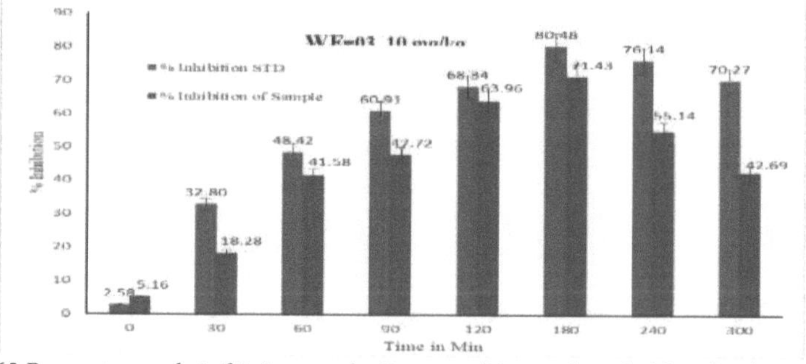

Fig.4.65 *Percentagem de inibição em relação ao padrão na dose de 10mg/kg de WF03*

A dose de 10 mg/kg indica a % de inibição de 41,58% (após 1 hora), 63,96% (após 2 horas) e 71,43% (após 3 horas), depois a inflamação diminuiu constantemente.

114

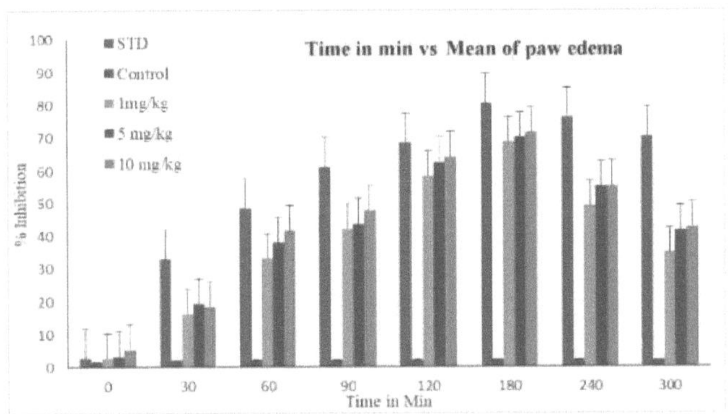

Fig.4.66 Tempo Vs edema médio da pata em ml. de WF03

De acordo com a dose de 1mg/kg, 5 mg/kg, 10 mg/kg, a % de inibição após 3 horas de inflamação diminuiu constantemente. O WF-03 mostra uma forte atividade anti-inflamatória em comparação com o padrão.

Tabela 4.11 Aumento do edema da pata ± SEM de WF 03 com diferentes doses e tempos.

Tratamento (mg/kg)	0Min	30Min	60Min	90Min	120Min	180Min
Controlo	1.55±0.014	1.87±0.015	1.91±0.013	1.98±0.009	2.00±0.015	2.10±0.013
Padrão	1.54±0.023	1.25±0.023	0.98±0.016	0.77±0.021	0.63±0.022	0.41±0.011
01mg/kg	1.49 ±0.018	1.47±0.017	1.19±0.013**	1.15±0.015**	0.88±0.012**	0.80±0.0239*
05mg/kg	1.46±0.017	1.44±0.015	1.20±0.014*	1.11±0.018*	0.03±0.011**	0.81±0.0194*
10mg/kg	1.39±0.012	1.41±0.011	1.00±0.027	1.03±0.017	0.70±0.0324	0.79±0.030

4.8.6 Edema da pata induzido por carragenina em WF04

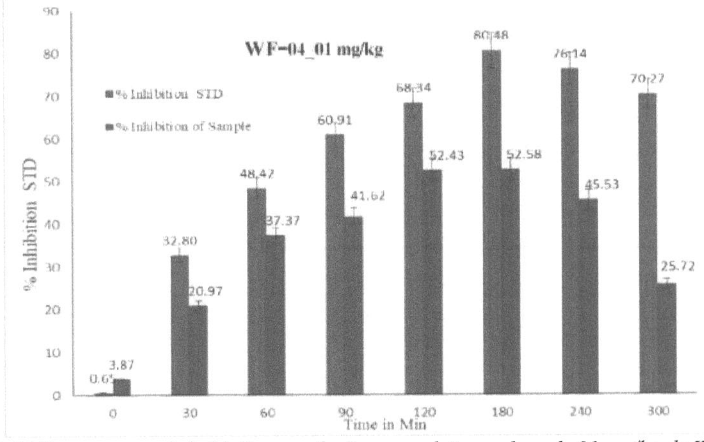

Fig. 4.67 Percentagem de inibição em relação ao padrão na dose de 01 mg/kg de WF04

A dose de 01 mg/kg indica uma % de inibição de 37,73% (após 1 hora), 52,43% (após 2 horas) e 52,58% (após 3 horas), tendo a inflamação diminuído constantemente.

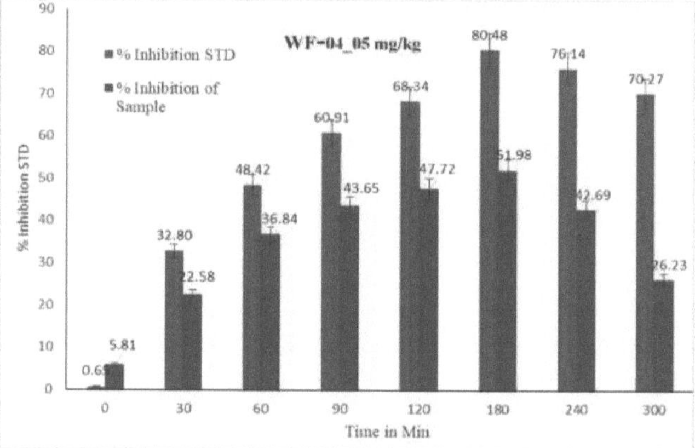

Fig.4.68 Percentagem de inibição em relação ao padrão na dose de 05 mg/kg de WF04

A dose de 05 mg/kg indica a % de inibição de 36,84% (após 1 hora), 47,72% (após 2 horas) e 51,58% (após 3 horas), depois a inflamação diminuiu constantemente.

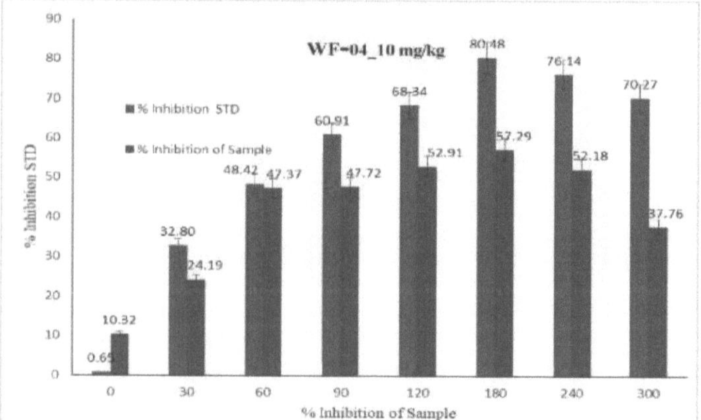

Fig. 4.69 Percentagem de inibição em relação ao padrão na dose de 10mg/kg de WF04

A dose de 10 mg/kg indica a % de inibição de 47,37% (após 1 hora), 52,91% (após 2 horas) e 57,29% (após 3 horas), depois a inflamação diminuiu constantemente.

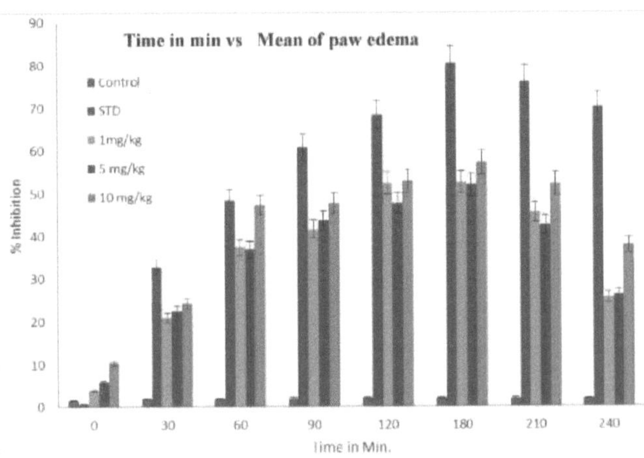

Fig 4.70 Tempo Vs edema médio da pata em ml de WF04

De acordo com a dose de 1mg/kg, 5 mg/kg, 10 mg/kg, a % de inibição após 3 horas de inflamação diminuiu constantemente. O WF-04 mostra uma atividade anti-inflamatória moderada em comparação com o padrão.

Tabela 4.12 Aumento do edema da pata ±SEM de WF04 com dose e tempo diferentes.

Tratamento (mg/kg)	0Min	30 minutos	60 min	90 min	120 min	180 min
Controlo	1.55±0.014	1.87±0.015	1.91±0.013	1.98±0.009	2.00±0.015	2.10±0.013
Padrão	1.54±0.023	1.25±0.023	0.98±0.016	0.77±0.021	0.63±0.022	0.41±0.011
01mg/kg	1.50±0.015*	1.49±0.018**	1.22±0.015***	1.18±0.012**	1.81±0.018***	0.93±0.015**
05mg/kg	1.49±0.018	1.46±0.013	1.23±0.016	1.13±0.015	1.80±0.018	0.69±0.024
10mg/kg	1.47±0.016	1.45±0.011	1.05±0.014	1.03±0.011	1.83±0.025	0.76±0.039

4.8.7 Edema da pata induzido por carragenina em WF05

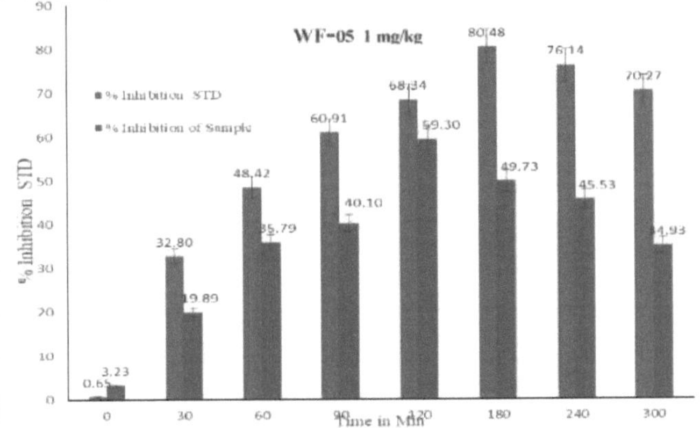

Fig.4.71 Percentagem de inibição em relação ao padrão na dose de 01mg/kg de WF 05

O tamanho da dose 01 mg/kg indica a % de inibição de 35,79% (após 1 hora), 59,30% (após 2 horas) e 49,73% (após 3 horas).

(**após** 2 horas) e 49,73% (após 3 horas), **depois** a inflamação diminuiu **constantemente**.

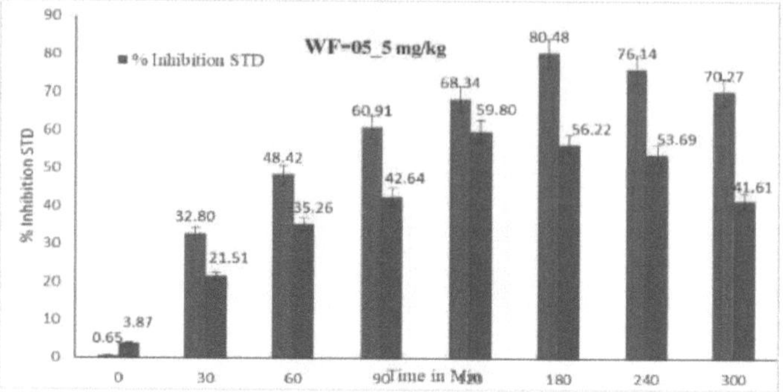

Fig. 4.72 Percentagem de inibição em relação ao padrão na dose de 05mg/kg de WF05

A dose de 05 mg/kg indica uma % de inibição de 35,26 % (após 1 hora), 59,80 % (após 2 horas) e 56,22 % (após 3 horas), tendo a inflamação diminuído constantemente.

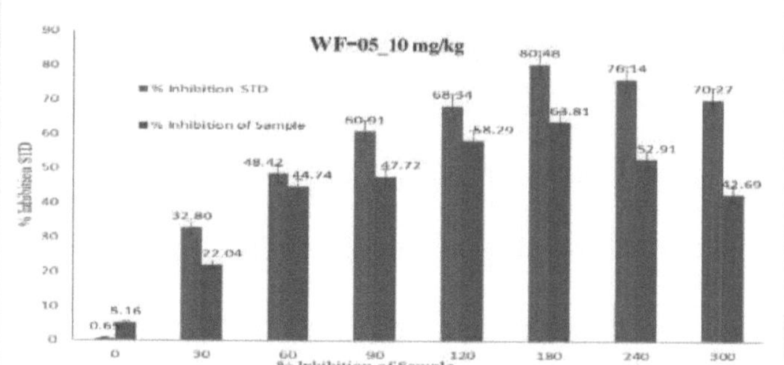

Fig. 4.73 Percentagem de inibição em relação ao padrão na dose de 10 mg/kg de WF05

A dose de 10 mg/kg indica uma % de inibição de 44,74 % (após 1 hora), 58,29 % (após 2 horas) e 63,81 % (após 3 horas), tendo a inflamação diminuído constantemente.

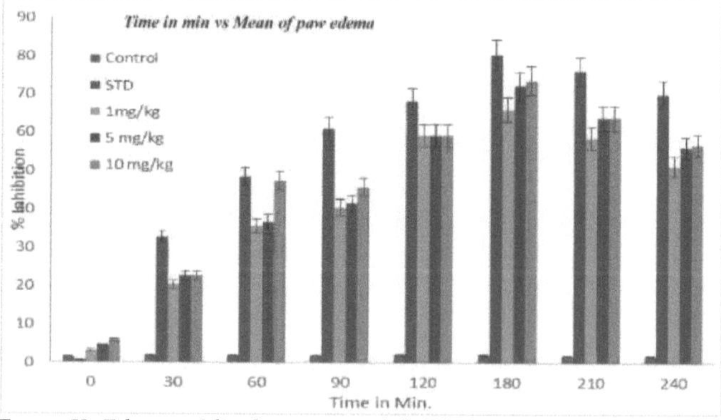

Fig.4.74 Tempo Vs Edema médio da pata em ml de WF05.

De acordo com a dose de 1mg/kg, 5 mg/kg, 10 mg/kg, a % de inibição após 3 horas de inflamação diminuiu constantemente. O WF-05 mostra uma atividade anti-inflamatória moderada em comparação com o padrão.

Tabela 4.13 Aumento do edema da pata ± SEM de WF05 com diferentes doses e tempos

Tratamento (mg/kg)	0Min	30Min	60Min	90Min	120 min	180 min
Controlo	1.55±0.014	1.87±0.015	1.91±0.013	1.98±0.009	2.00±0.015	2.10±0.013
Padrão	1.54±0.023	1.25±0.023	0.98±0.016	0.77±0.021	0.63±0.022	0.41±0.011
01mg/kg	1.50±0.015	$1.49\pm0.015^{**}$	$1.22\pm0.015^{**}$	$1.18\pm0.022^{**}$	$0.81\pm0.018^{**}$	$0.93\pm0.015^{**}$
05mg/kg	$1.49\pm0.018^{*}$	$1.46\pm0.013^{**}$	$1.17\pm0.033^{**}$	$1.23\pm0.016^{*}$	$1.13\pm0.015^{**}$	$0.80\pm0.023^{**}$
10mg/kg	$1.47\pm0.016^{*}$	$1.45\pm0.011^{**}$	$1.05\pm0.014^{*}$	$1.03\pm0.022^{**}$	$0.83\pm0.025^{**}$	$0.76\pm0.039^{**}$

4.8.8 Edema da pata induzido por carragenina em WF06

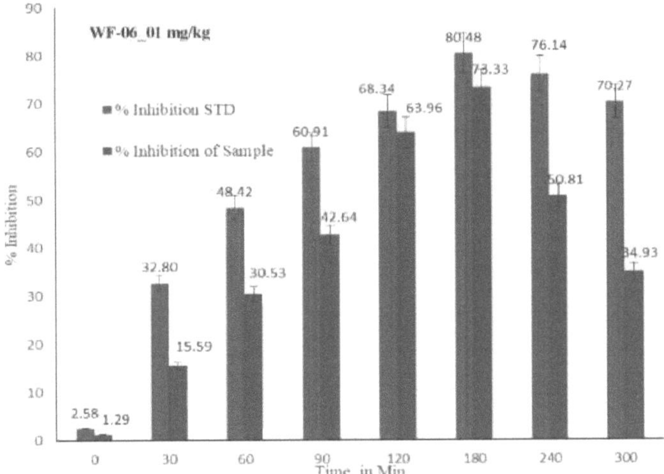

Fig.4.75 Percentagem de inibição em relação ao padrão na dose de 01 mg/kg de WF06

A dose de 01 mg/kg indica uma % de inibição de 30,53 % (após 1 hora), 63,96 % (após 2 horas) e 73,33 % (após 3 horas), tendo a inflamação diminuído constantemente.

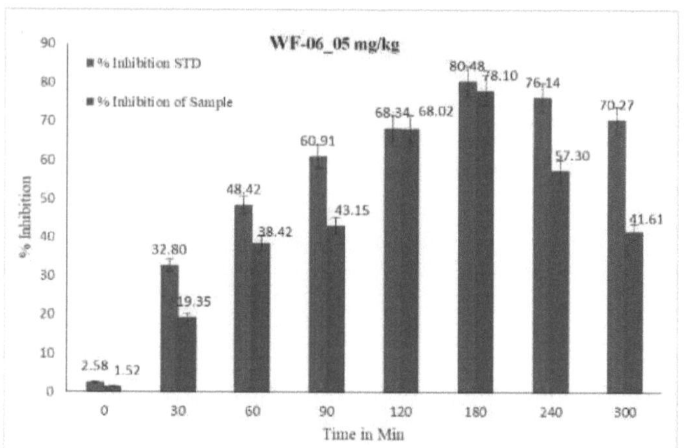

Fig. 4.76 Percentagem de inibição em relação ao padrão na dose de 05 mg/kg de WF06

A dose de 05 mg/kg indica uma % de inibição de 38,42 % (após 1 hora), 68,02 % (após 2 horas) e 78,10 % (após 3 horas), tendo a inflamação diminuído constantemente.

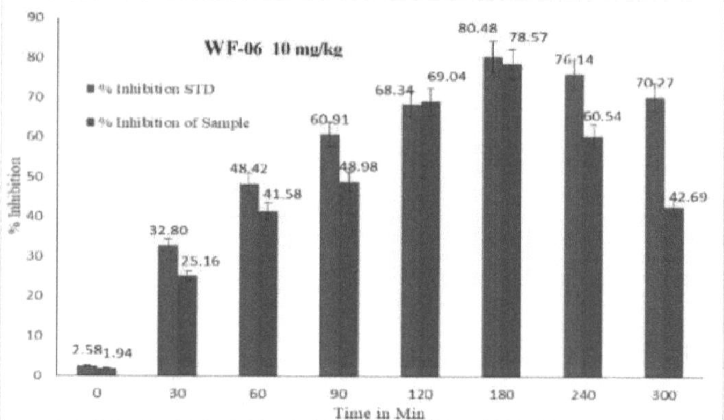

Fig. 4.77 Percentagem de inibição em relação ao padrão na dose de 10mg /kg de WF06

A dose de 10 mg/kg indica uma % de inibição de 41,58 % (após 1 hora), 69,04 % (após 2 horas) e 78,57 % (após 3 horas), tendo a inflamação diminuído constantemente.

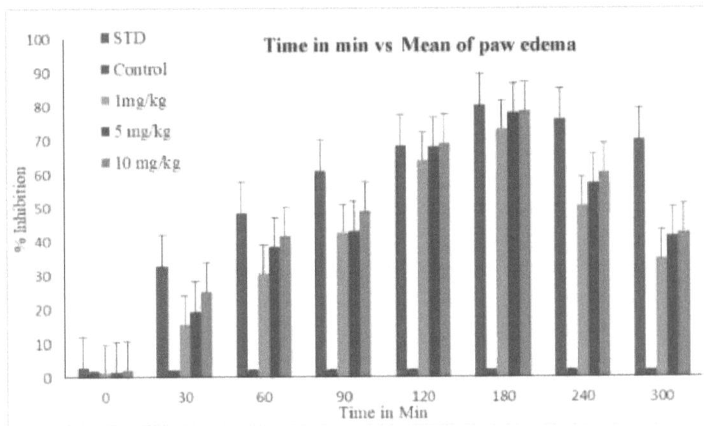

Fig. 4.78 Tempo Vs edema médio da pata em ml.de WF06

De acordo com a dose de 1mg/kg, 5 mg/kg, 10 mg/kg, a % de inibição após 3 horas de inflamação diminuiu constantemente. O WF-06 mostra uma forte atividade anti-inflamatória em comparação com o padrão.

Tabela 4.14 Aumento do edema da pata ± SEM de WF 06 com diferentes doses e tempos.

Tratamento (mg/kg)	0Min	30Min	60Min	90Min	120 min	180 min
Controlo	1.55±0.014	1.87±0.015	1.91±0.013	1.98±0.009	2.00±0.015	2.10±0.013
Padrão	1.54±0.023	1.25±0.023	0.98±0.016	0.77±0.021	0.63±0.022	0.41±0.011
01mg/kg	1.53±0.077	1.57±0.026**	1.32±0.013**	1.13±0.025**	0.71±0.011**	0.56±0.027**
05mg/kg	1.52±0.088*	1.50±0.039**	1.17±0.033**	1.12 ±0.02*	0.63±0.019**	0.46±0.02**
10mg/kg	1.52±0.006*	1.16±0.018**	1.11±0.025*	1.005±0.022**	0.61 ±0.02**	0.45±0.023**

Referências

1. Khandelwal, R. (2010). Farmacognosia prática, vigésima edição. Publicação Nirali, Pune.

2. Abdala, S., Dëvora, S., Martm-Herrera, D., Përez-Paz, P. (2014). Atividade antinociceptiva e antiinflamatória de Sambucus palmensis, uma espécie endêmica das Ilhas Canárias. J.Ethnopharmacol.155 (3), 626-632.

3. Aguirre-Hernandez,E.,Rosas-Acevedo,H.,Soto Hernandez,M.,Martmez,A.L.,Moreno, J., Gonzalez-Trujano, E.(2007). Isolamento guiado pela bioatividade do beta-sitosterol e de alguns ácidos gordos como compostos activos nos efeitos ansiolíticos e sedativos da Tiliaamericanavar. Mexicana. PlantaMed. 73(1), 1148-1155.

4. Ahmad, F.,Ali, M.,Alam,P. (2010). Novos fito constituintes da casca de Tinosporacordifolia Miers. Nat. Prod. Res. 24 (1), 926-934.

5. Allan, V., Catherine, J., Dennis, M. (2007). Locomotorypatterns, organização espaço-temporal da exploração e memória espacial em camundongos knock out do transportador de serotonina. Brain Res.169 (1), 87-97.

6. Alves, P., Lima, P., Caliari, M., Pacheco,F. (2012). *et al.* A inflamação mobiliza recursos locais para controlar a hiperalgesia: o papel dos péptidos opióides endógenos. Pharma cology 89 (1), 22-28.

7. Basma, A., Zakaria, Z., Latha, Y., Sasidharan, B.(2011). Atividade antioxidante e triagem fitoquímica no extrato de metanol de Euphorbia hirta L. Asian Pac. J. Trop.Med.4 (1), 386-390.

8. Bateson, N. (2004). O sítio benzodiazepínico do recetor GABAA: um alvo antigo com novo potencial. SleepMed. 5(1), 9-15.

9. Boonyarikpunchai, W., Sukrong, S., Towiwat, P. (2014). Efeito antinociceptivo e anti-inflamatório do ácido sofrosmarinis isolado de Thunbergialaurifolia Lindl. Pharmacol. Biochem. Behav. 124 (1), 67-73.

10. Bourin, M., Petit-Demouliere, B., Dhonnchadha, N., Hascoet, M. (2007). Modelos animais de ansiedade em ratos. Fundam. Clin. Pharmacol. 21 (1), 567-74.

11. Brito, G., Guimaraes, G., Quintans, S., Santos, R., De Sousa, P. (2012). Citronelol, um álcool monoterpeno, reduz as atividades nociceptivas e inflamatórias em roedores. J. Nat. Med. 66, 637-44.

22. Habib, M., Waheed, I.(2013). Avaliação das actividades anti-nociceptiva, anti-inflamatória e antipirética do extrato hidrometanólico de Artemisias coparia. J. Ethnopharmacol. 145 (1),18-24.

23. He, J., Huang, B., Ban, X., Tian, J., Zhu, L., Wang, Y.(2012). Atividade anti-oxidante in vitro e in vivo do extrato de gelo de etanol de Meconopsis quintuplin ervia.J.Ethnopharmacol.141 (3), 104-110.

24. Ishola, O., Akindele, J., Adeyemi, O. (2011). Actividades analgésicas e anti-inflamatórias do extrato metanólico da raiz de Cnestis ferruginea Vahl ex DC (Connaraceae). J. Ethnopharmacol.135 (1), 55-62.

25. Noguer6n-Merino,C.,Jimênez-Ferrer,E.,Roman Ramos, R., Zamilpa, A., Tortoriello, J., Herrera-Ruiz, M. (2015). Interações de uma fração flavonoide padronizada de Tiliaamericana com drogas serotoninérgicas em plusmaze elevado. J. Ethnopharmacol.164 (3), 319-327.

26. Orlandi, L., Vilela, C., Santa-Cedlia, V., Dias, F., Alves-da-Silvac, G., Giusti- Paiva, A. (2011). Efeitos anti-inflamatórios e antinociceptivos da casca de Byrsonimaintermedia A. Juss. J. Ethnopharmacol. 137 (2), 14691476.

27. Rabelo, S., Oliveira, D., Guimaraes, G., Quintans, S., Prata, Gelain, P., (2013). Atividades antinociceptiva, anti-inflamatória e antioxidante do extrato aquoso de Remireamaritima (Cyperaceae). J. Ethnopharmacol.145 (5), 11-17.

28. Saeed, N., Khan, R., Shabbir, M. (2012). Atividade antioxidante, conteúdo fenólico total e flavonoide total de extratos de plantas inteiras Torilis leptophylla L. BMC Complement.Altern.Med. (2), 221-235.

32. Singh, R., Geetanjali. R. (2015). Investigações fitoquímicas e farmacológicas de Ricinus communis Linn. Alg. J.Nat. Prod.3 (2), 120-129.

33. Singh, V., Sharma, S., Dhar, L., Kalia, N. (2013). Isolamento guiado por atividade de composto / fração antiinflamatória da raiz de ricinuscommunis Linn.Int. J. Pharm Tech Res. 5 (2), 1142-1149.

34. Witaicenis, A., Seito, N., Chagas, S., de Almeida Junior, D., Luchini, C., Rodrigues-Orsi, P., Cestari H., Di Stasi, C. (2014). Efeitos antioxidantes e anti-inflamatórios intestinais de   derivados de plantas cumarinderivados. Phytomedicine 21 (3), 240-246.

CAPÍTULO - V

Secção A
Síntese e aplicação de nanopartículas de prata
Secção B
Atividade biológica da nanopartícula de prata

Secção A
Síntese e aplicação de nanopartículas de prata
5.1 Síntese verde de AgNPs de folhas *de Woodfordia floribunda* Salisb usadas como catalisador económico para reacções de Biginelli

Introdução

A combinação de um aldeído, в-cetoéster e ureia sob catalisador ácido para dar uma di-hidropirimidinona foi relatada pela primeira vez por Pietro Biginelli em 1893, referida como a Reação de Biginelli[1] . Esta reação de condensação num único local gera compostos com atividade farmacológica, incluindo a modulação dos canais de cálcio, a inibição da cinesina egs mitótica e a atividade anti-viral e anti-bacteriana[2] . A dihidropirimidinona também apresenta propriedades antitumorais e anti-inflamatórias. Embora a condição de reação original sofresse de um fraco rendimento e de um âmbito de substrato limitado, a recente descoberta da di-hidropirimidinona levou a uma nova exploração da condição de reação, revelando a variedade de solventes compatíveis, catalisadores ácidos e um âmbito de substrato alargado[3] . Mais recentemente, o desenvolvimento de um método assimétrico permitiu a geração de condições de Dihidropirimidinona enantioenriquecida. Além disso, o coletor de reação foi alargado das suas origens em fase de solução para incluir reacções assistidas por micro-ondas, em fase sólida e em fase fluorada .[4]

O desenvolvimento gradual da reação de Biginelli ao longo dos últimos 115 anos, juntamente com o estudo biológico dos compostos resultantes, proporcionou uma porta de entrada para os compostos de di-hidropirimidinona relativamente pouco explorados .[5]

As dihidropirimidinonas (DHPM) são bem conhecidas pela sua vasta gama de bioatividade e pela sua aplicação no domínio da investigação prática. A 1st síntese da di-hidropirimidinona foi registada por Biginelli em 1893. Posteriormente, a síntese das di-hidropirimidinonas multifuncionalizadas ou do composto de Biginelli aumentou drasticamente devido ao seu sistema heterocíclico de notável eficácia farmacológica[6] . Desde então, foram publicadas várias revisões sobre a síntese e as propriedades químicas das pirimidonas .[7]

Nos últimos anos, os derivados da dihidropirimidina-2(1H) têm ganho muito interesse pelas suas propriedades biológicas e farmacêuticas, tais como inibidores do VIH gp-120-CD4, bloqueadores dos canais de cálcio, antagonistas a-adrenérgicos e do neuropeptídeo Y. As dihidropirimidinonas (DHPM), vulgarmente conhecidas como compostos de Biginelli, têm merecido uma atenção sem precedentes devido às suas propriedades biológicas, farmacêuticas e terapêuticas superiores .[8]

Em 1893, Pietro Biginelli relatou a primeira síntese de 3, 4-dihidroprimidina-2(1H) uns (DHPM) através de uma reação de condensação muito simples de um aldeído aromático, ureia e acetoacetato de etilo em solução etanólica[9] . Esta abordagem eficiente às pirimidinas parcialmente reduzidas, denominada reação ou condensação de Biginelli, foi largamente ignorada nos anos seguintes e, por conseguinte, também o potencial sintético destas dihidropirimidinonas multifuncionalizadas permaneceu inexplorado[10] . No entanto, nos últimos anos, o interesse por estes compostos aumentou rapidamente e o âmbito da reação de ciclocondensação original foi amplamente alargado através da variação dos três componentes[11] . Muitas di-hidropirimidinonas e seus derivados são farmacologicamente importantes como bloqueadores dos canais de cálcio, agentes anti-hipertensivos e antagonistas a-1a[12] . As di-hidropirimidinonas, designadas por compostos e derivados Beginelli, são unidades heterocíclicas muito importantes no domínio da química orgânica natural e sintética, com diversas propriedades terapêuticas e farmacológicas .[13]

5.2 Preparação de AgNPs de *Woodfordia floribunda Salisb.*

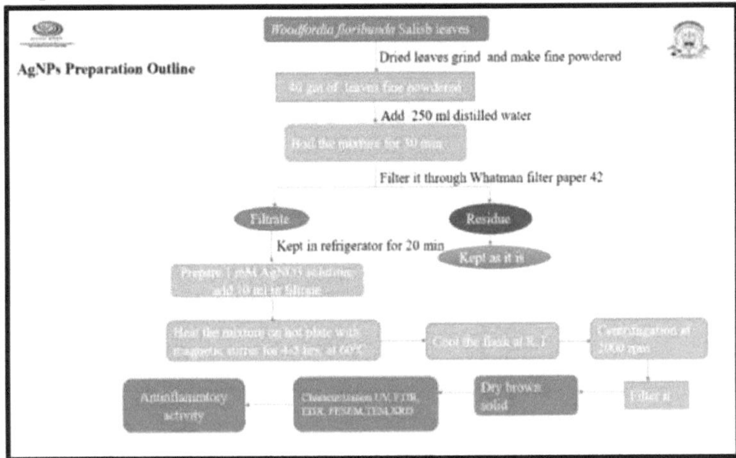

Fig. 5.1 Esquema experimental da nano partícula de prata (WF 06)

5.3 Procedimento geral

Uma mistura de aldeído aromático (10 mmol.), acetoacetato de etilo (1,30gm, 10mmol.), ureia (15mmol.) e catalisador (10mmol %). Foi aquecido com agitação durante o tempo apropriado[14] . O progresso da reação foi monitorizado por TLC, após a conclusão da reação, foi adicionado gelo picado, o produto sólido foi filtrado, lavado com água gelada, seco e cristalizado a partir de etanol .[15]

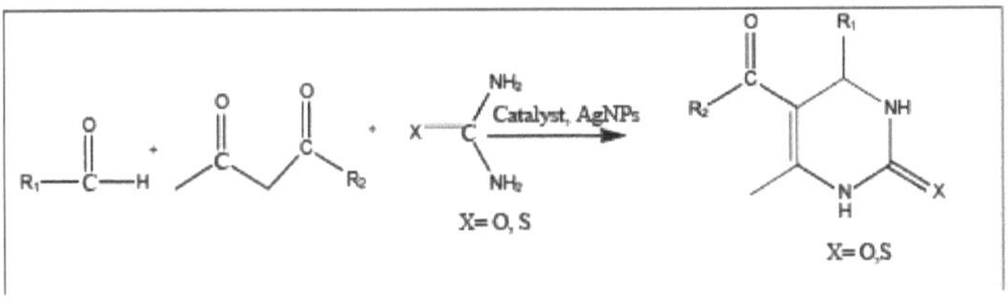

Fig. 5.2 A reação de Biginelli multicomponente geral

As reacções multicomponentes têm sido aparentemente um caminho para a síntese de um grande número de compostos[16] . Têm uma vantagem sobre a síntese em várias etapas devido à sua eficiência, rentabilidade, facilidade de operação, elevada complexidade dos produtos e grande diversidade molecular[17] . Embora a ideia seja bastante antiga, foi nas últimas décadas que a reação multicomponente foi reconhecida como uma arma poderosa no arsenal do químico sintético e, por conseguinte, atraiu[18] . O vasto espetro de funções biológicas que os DHPMs possuem já foi sistematicamente analisado por químicos independentes .[19]

5.4 SECÇÃO EXPERIMENTAL

5.4.1 Síntese do 1, 2, 3, 4-tetrahidro-6-metil-2-oxo-4-fenilpirimidina-5-carboxilato de

etilo

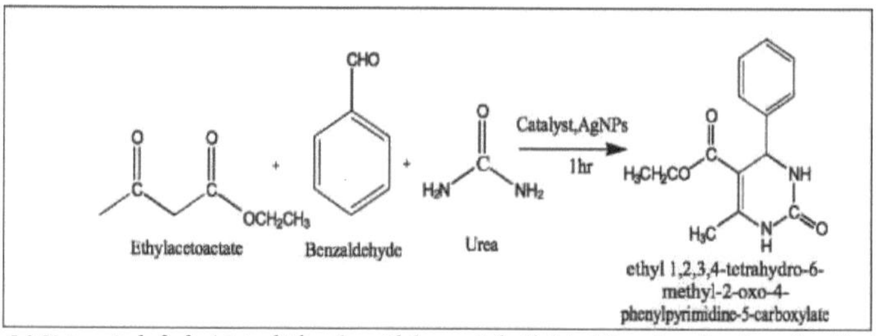

Fig. 5.3 Síntese do 1, 2, 3, 4-tetrahidro-6-metil-2-oxo-4-fenilpirimidina-5-carboxilato de etilo (D1)

Uma mistura de benzaldeído (1,06 gm, 10 mmol.), acetoacetato de etilo (1,30 ml, 10 mmol.), ureia (0,9 gm, 15 mmol.) e catalisador (10 mmol %) foi aquecida com agitação. O progresso da reação foi monitorizado por TLC. Após a conclusão da reação, adicionou-se gelo picado e o produto sólido foi filtrado, lavado com água gelada, seco e recristalizado a partir de etanol. M. P. 204⁰ C. O catalisador utilizado foi o PPA, H3BO3, CuCl2.2H2O-HCl, NH4Cl, AlCl3, ZnCl2, e o CAN comparado com o catalisador AgNPs (D1) dá um rendimento elevado de 85% e um menor tempo de reação.

5.4.2 Síntese do 1,2,3,4-tetrahidro-4-(4-hidroxifenil)-6-metil-2- oxopirimidina-5-carboxilato de etilo

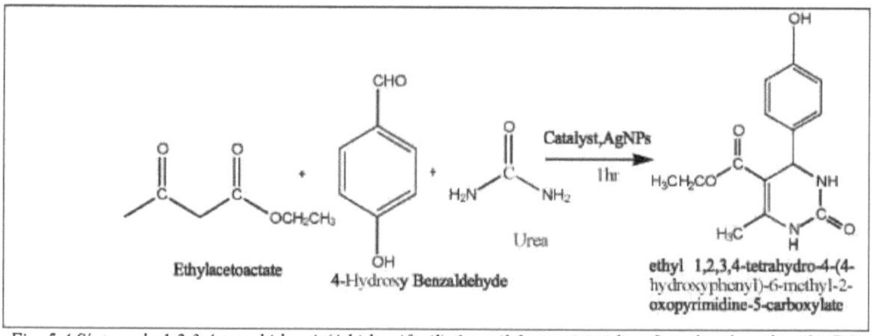

Fig. 5.4 Síntese do 1,2,3,4-tetrahidro-4-(4-hidroxifenil)-6-metil-2-oxopirimidina-5-carboxilato de etilo (D2)

Uma mistura de p-hidroxibenzaldeído (1,06 gm, 10 mmol.), acetoacetato de etilo (1,30 ml, 10 mmol.), ureia (0,9 gm, 15 mmol.) e catalisador (10 mmol %) foi aquecida com agitação. O progresso da reação foi monitorizado por TLC. Após a conclusão da reação, adicionou-se gelo picado e o produto sólido foi filtrado, lavado com água gelada, seco e recristalizado a partir de etanol. M. P. 206⁰ C. O catalisador utilizado foi PPA, H3BO3, CuCl2.2H2O-HCl, NH4Cl, AlCl3, ZnCl2, e CAN em comparação com o catalisador AgNPs (D2) dá um rendimento elevado de 87% e menos tempo de reação.

5.4.3 Síntese do 4-(4-bromofenil)-1,2,3,4-tetrahidro-6-metil-2- oxopirimidina-5-carboxilato de etilo

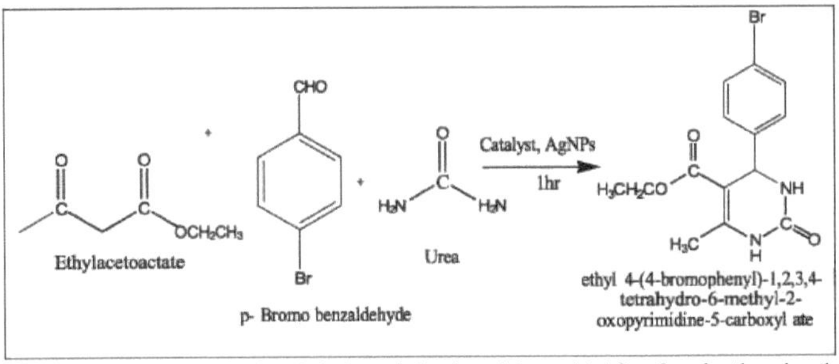

Fig. 5.5 Síntese do 4-(4-bromofenil)-1, 2, 3, 4-tetrahidro-6-metil-2-oxopirimidina-5-carboxilato de etilo (D3)

Uma mistura de P-bromobenzaldeído (0.30 gm, 10 mmol.), acetoacetato de etilo (1.30 ml, 10 mmol.), Ureia (0.9 gm, 15mmol.) e Catalisador (10 mmol %), foi aquecida com agitação. O progresso da reação foi monitorizado por TLC. Após a conclusão da reação, adicionou-se gelo picado, o produto sólido foi filtrado, lavado com água gelada, seco e recristalizado a partir de etanol. M.P. 212^0 C. O catalisador utilizado foi o PPA, H3BO3, CuCl2.2H2O-HCl, NH4Cl, AlCl3, ZnCl2, e o CAN comparado com o catalisador AgNPs (D3) dá um rendimento elevado de 82% e um menor tempo de reação.

5.4.4 Síntese do etil 4-(4-clorofenil)-1,2,3,4-tetrahidro-6-metil-2-oxopirimidina-5-carboxilato

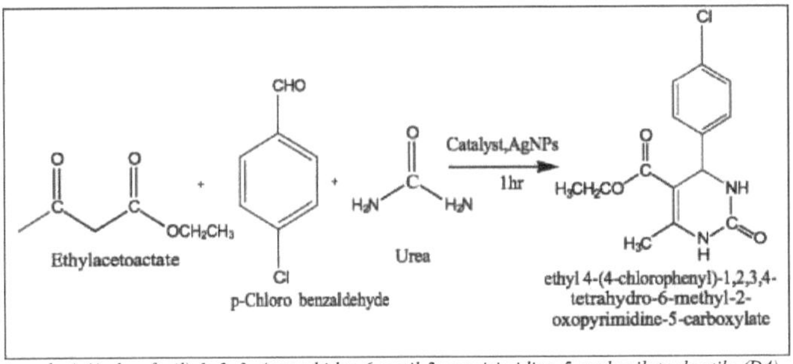

Fig. 5.6 Síntese do 4-(4-clorofenil)-1, 2, 3, 4-tetrahidro-6-metil-2-oxopirimidina-5-carboxilato de etilo (D4)

Uma mistura de p- Clorobenzaldeído (1,40 gm, 10 mmol.), acetoacetato de etilo (1,30 gm, 10 mmol.), ureia (0,9 gm, 15 mmol.) e catalisador (10 mmol %) foi aquecida com agitação. O progresso da reação foi monitorizado por TLC. Após a conclusão da reação, adicionou-se gelo picado, o produto sólido foi filtrado, lavado com água gelada, seco e recristalizado a partir de etanol. M. P. 206^0 C. O catalisador utilizado foi o PPA, H3BO3, CuCl2.2H2O-HCl, NH4Cl, AlCl3, ZnCl2, e o CAN comparado com o catalisador AgNPs (D4) dá um rendimento elevado de 80% e um menor tempo de reação.

5.4.5 Síntese do 1,2,3,4-tetrahidro-6-metil-4-(4-nitrofenil)-2- oxopirimidina-5-carboxilato de etilo

Uma mistura de P- nitrobenzaldeído (9 1,20 gm, 10 mmol.), acetoacetato de etilo (1,30 ml, 10 mmol.), ureia (0,9 gm, 15 mmol.) e catalisador (10 mmol %) foi aquecida com agitação. O progresso da reação foi monitorizado por TLC. Após a conclusão da reação, adicionou-se gelo picado, o produto sólido foi filtrado, lavado com água gelada, seco e recristalizado a partir de etanol. M.P. 212^0 C. Rf = 0,65 (EA/ n-hexano: 1/8). O catalisador utilizado foi PPA, H3BO3, CuCl2.2H2O-HCl, NH4Cl, AlCl3, ZnCl2, e CAN em comparação com o catalisador AgNPs (D5) dá um rendimento elevado de 78% e menos tempo de reação.

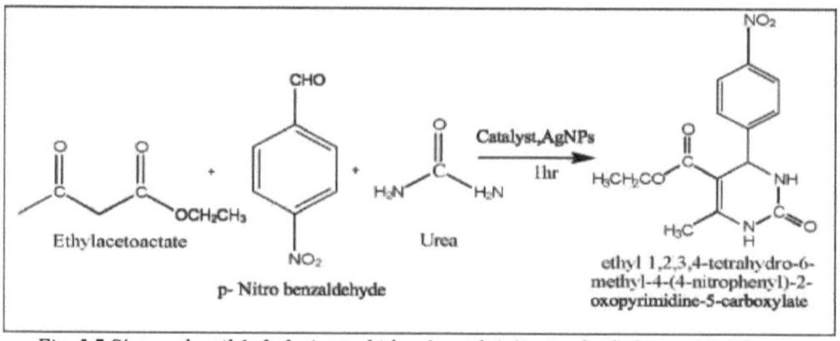

Fig. 5.7 Síntese de etil 1, 2, 3, 4-tetrahidro-6-metil-4-(4-nitrofenil)-2-oxopirimidina-5-Carboxilato (D5)

5.4.6 Síntese do etil 1,2,3,4-tetrahidro-4-(4-metoxifenil)-6-metil-2-oxopyrimidine-5-carboxylate

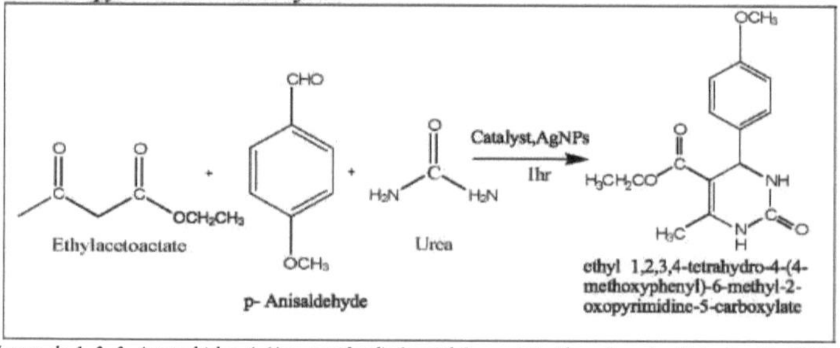

Fig. 5.8 Síntese do 1, 2, 3, 4-tetrahidro-4-(4-metoxifenil)-6-metil-2-oxopirimidina-5-carboxilato de etilo (D6)

Uma mistura de p-anisaldeído (10 mmol.), acetoacetato de etilo (1,30 ml, 10 mmol.), ureia (0,9 gm, 15 mmol.) e catalisador (0,10 gm, 10 mmol %) foi aquecida com agitação. O progresso da reação foi monitorizado por TLC. Após a conclusão da reação, adicionou-se gelo picado, o produto sólido foi filtrado, lavado com água gelada, seco e recristalizado a partir de etanol, M.P. 206^0 C.

O catalisador utilizado foi o PPA, H3BO3, CuCl2.2H2O-HCl, NH4Cl, AlCl3, ZnCl2, e o CAN comparado com o catalisador AgNPs (D6) dá um rendimento elevado de 75% e um tempo de reação menor.

5.4.7 Síntese do 1,2,3,4-tetrahidro-4-(3,4-dimetoxifenil)-6-metil-2- oxopirimidina-5-carboxilato de etilo

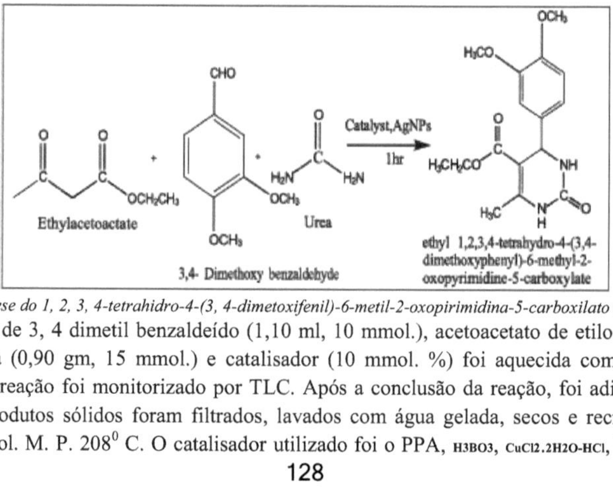

Fig. 5.9 Síntese do 1, 2, 3, 4-tetrahidro-4-(3, 4-dimetoxifenil)-6-metil-2-oxopirimidina-5-carboxilato de etilo (D7)

Uma mistura de 3, 4 dimetil benzaldeído (1,10 ml, 10 mmol.), acetoacetato de etilo (1,30 ml, 10 mmol.), ureia (0,90 gm, 15 mmol.) e catalisador (10 mmol. %) foi aquecida com agitação. O progresso da reação foi monitorizado por TLC. Após a conclusão da reação, foi adicionado gelo picado, os produtos sólidos foram filtrados, lavados com água gelada, secos e recristalizados a partir de etanol. M. P. 208^0 C. O catalisador utilizado foi o PPA, H3BO3, CuCl2.2H2O-HCl, NH4Cl, AlCl3,

ZnCl2, e o CAN comparado com o catalisador AgNPs (D7) dá um rendimento elevado de 86% e um menor tempo de reação.

5.4.8 Síntese do 1,2,3,4-tetrahidro-4-hidroxi-6-metil-2-oxopirimidina-5-carboxilato de etilo

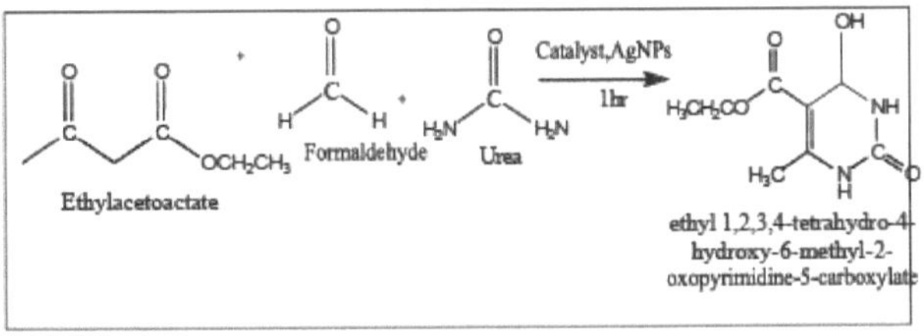

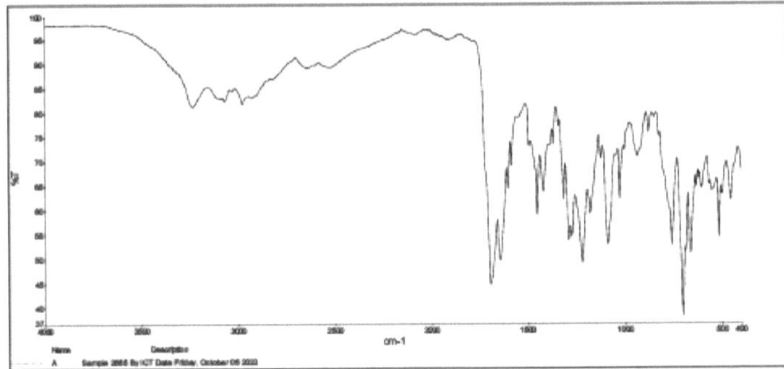

Fig. 5.10 Síntese do 1, 2, 3, 4-tetrahidro-4-hidroxi-6-metil-2-oxopirimidina-5-carboxilato de etilo (D8)

Uma mistura de p- tolune benzaldeído (1,10 ml, 10 mmol.), acetato de etilo (1,30 ml, 10 mmol.), ureia (0,90 gm, 15 mmol.) e catalisador (10 mmol. %) foi aquecida com agitação. O progresso da reação foi monitorizado por TLC. Após a conclusão da reação, foi adicionado gelo picado, os produtos sólidos foram filtrados, lavados com água gelada, secos e recristalizados a partir de etanol. M. P. 208^0 C.

O catalisador utilizado foi o PPA, H3BO3, CuCl2.2H2O-HCl, NH4Cl, AlCl3, ZnCl2, e o CAN comparado com o catalisador AgNPs (D8) dá um rendimento elevado de 85% e um menor tempo de reação.

5.5 Análise espetral de IR e NMR

5.5.1 Espectro de infravermelhos

5.5.1.2 Espectro de infravermelhos do 1, 2, 3, 4-tetra-hidro-6-metil-2-oxo-4-fenilpirimidina-5-carboxilato de etilo

Fig. 5.11 Espectro de infravermelhos do derivado (D1)

5.5.1.3 Espectro de infravermelhos do 1, 2, 3, 4-tetra-hidro-4-(4-hidroxifenil)-6-metil-2-oxopirimidina-5-carboxilato de etilo

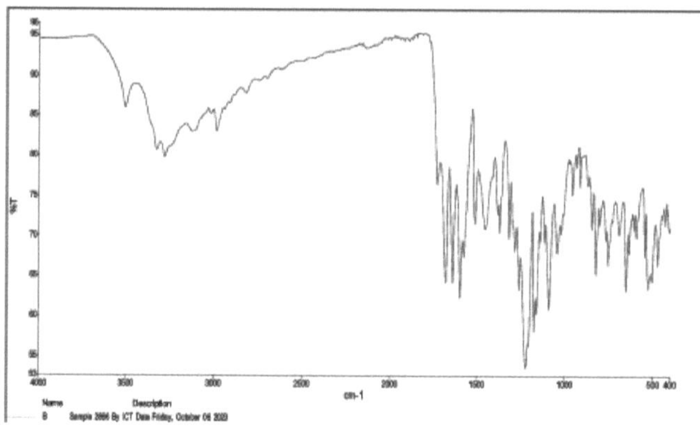

Fig. 5.12 Espectro de infravermelhos do derivado (D2)

5.5.1.4 Espectro de infravermelhos do 4-(4-bromofenil)-1, 2, 3, 4-tetra-hidro-6-metil-2-oxopirimidina-5-carboxilato de etilo

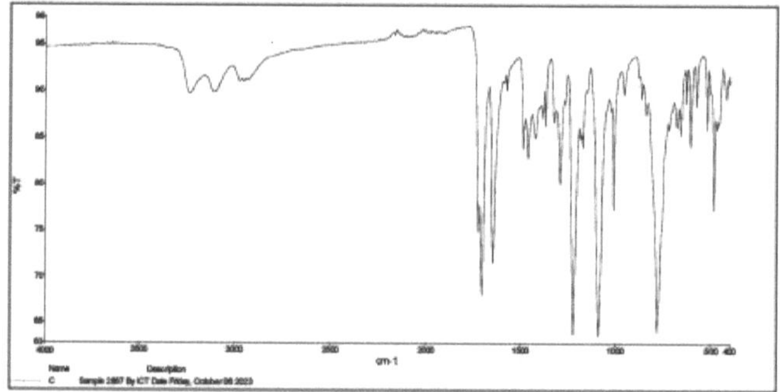

Fig. 5.13 Espectro de infravermelhos do derivado (D3)

5.5.1.5 Espectro de infravermelhos do 4-(4-clorofenil)-1, 2, 3, 4-tetra-hidro-6-metil-2-oxopirimidina-5-carboxilato de etilo

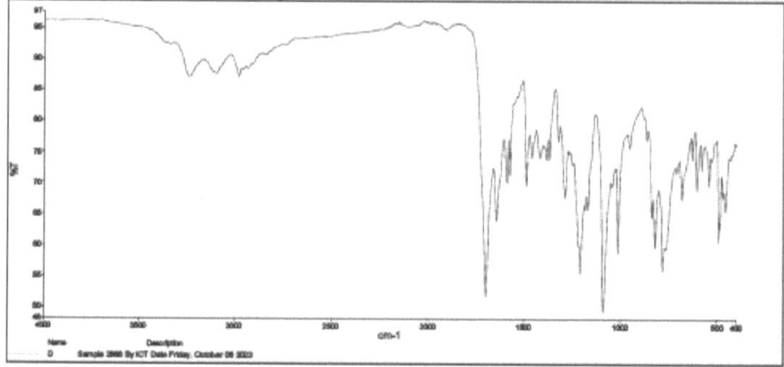

Fig. 5.14 Espectro de infravermelhos do derivado (D4)

5.5.1.6 Espectro de infravermelhos do 1, 2, 3, 4-tetra-hidro-6-metil-4-(4-nitrofenil)-2-oxopirimidina-5-carboxilato de etilo

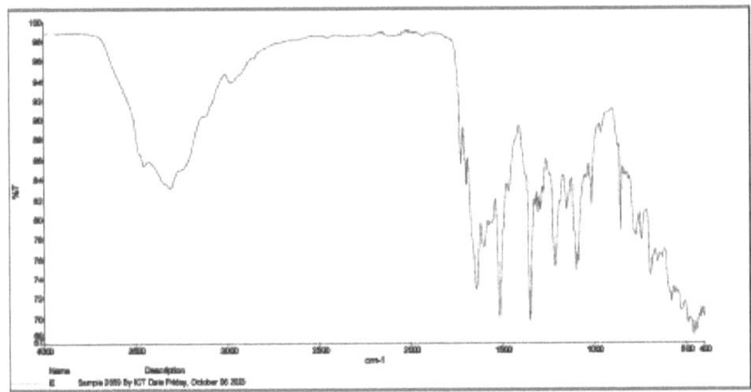

Fig. 5.15 Espectro de infravermelhos do derivado (D5)

5.5.1.7 Espectro de infravermelhos do 1, 2, 3, 4-tetra-hidro-4-(4-metoxifenil)-6-metil-2-oxopirimidina-5-carboxilato de etilo

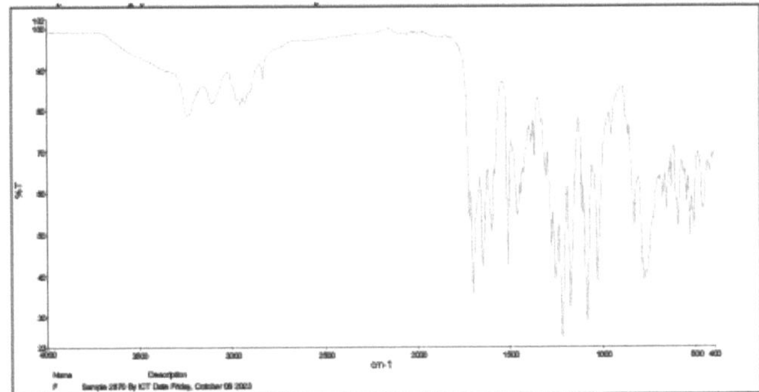

Fig. 5.16 Espectro de infravermelhos do derivado (D6)

5.5.1.8 Espectro de infravermelhos do 1, 2, 3, 4-tetra-hidro-4-(3, 4- dimetoxifenil)-6-metil-2-oxopirimidina-5-carboxilato de etilo

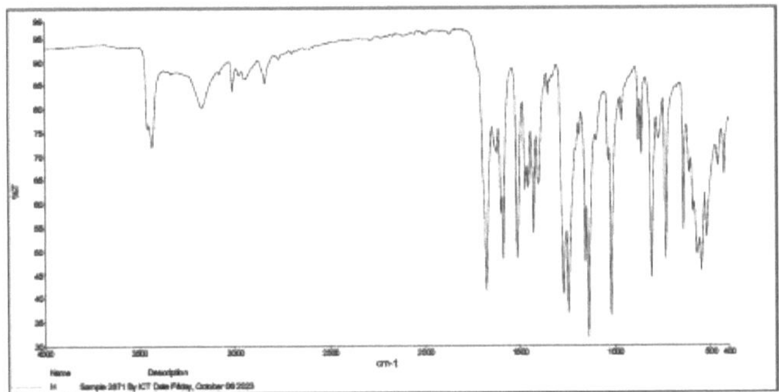

Fig. 5.17 Espectro de IV do derivado (D7)

5.5.1.9 Espectro de infravermelhos do 1, 2, 3, 4-tetra-hidro-4-hidroxi-6-metil-2-oxopirimidina-5-carboxilato de etilo

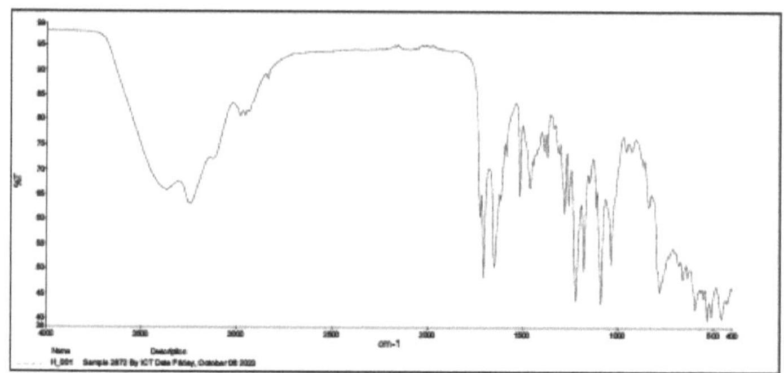

Fig. 5.18 Espectro de IV do derivado (D8)

5.5.2 Espectro de RMN

5.5.2.1 RMN do 1, 2, 3, 4-tetrahidro-6-metil-2-oxo-4-fenilpirimidina-5-carboxilato de etilo

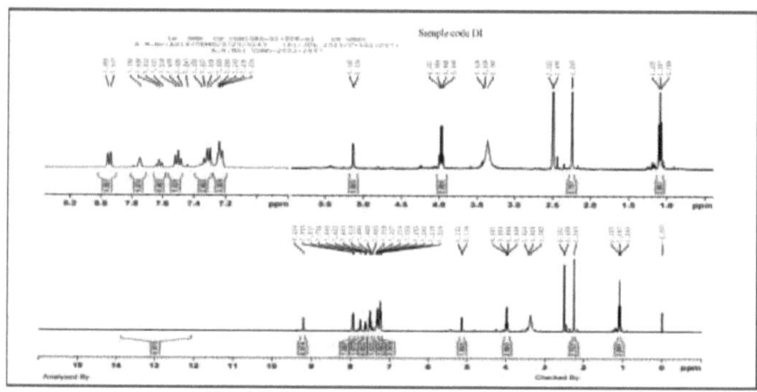

Fig. 5.19 Espectro de RMN do derivado (D1)

[1]Dados H-NMR

7.14 6 (2H,dt, J= 8 & 2 Hz), 7.06 5 (2H,dt, J= 8Hz & 2 Hz),7.07 6 (1H,tt,J= 2 & 8Hz),1.30 6 (3H,t),4.19 6 (2H,q,J= 7 Hz),1.71 6 (3H,s),6.0 6(2H,d),5.56(1H,d,J=7Hz).

5.5.2.2 RMN do 1, 2, 3, 4-tetrahidro-4-(4-hidroxifenil)-6-metil-2- oxopirimidina-5-carboxilato de etilo

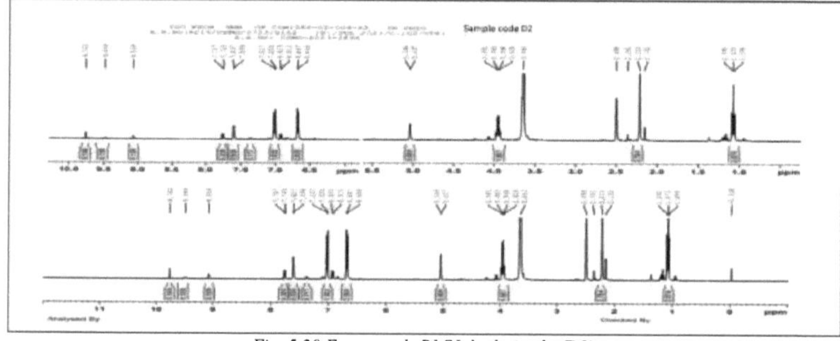

Fig. 5.20 Espectro de RMN do derivado (D2)

[1]Dados H-NMR

5,06(1H,d),6,89 6 (2H,dt, J=2Hz & 8Hz),6,61 6(2H,dt, J=2Hz & 8Hz),6,0 6

(2H,d),5.56 5(d, J = 7Hz),1.71 *5 (3H,s)*,4.19 5(2H,q),1.30 *5 (3H,t)*

5.5.2.3 *RMN do etil 4-(4-bromofenil)-1,2,3,4-tetrahidro-6-metil-2-*
oxopirimidina-5-carboxilato

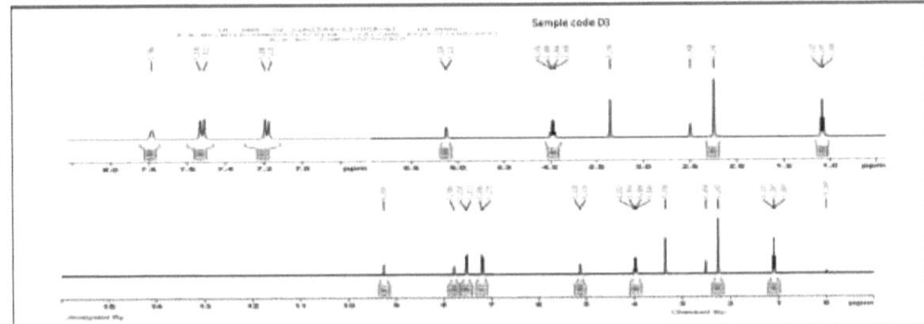

Fig. 5.21 Espectro de RMN do derivado (D3)

[1]Dados H-NMR

6,95 5 (2H, dd, J= 2Hz & 8Hz),7,31 5(2H,dd, J= 2Hz & 8Hz), 6,0 5 (2H,d), 5,56 5(d, J=7Hz), 1,71 5(3H,s), 4,19 5(2H,q),1,30 5 (3H,t)

5.5.2.4 *RMN do 4-(4-clorofenil)-1, 2, 3,4-tetrahidro-6-metil-2- oxopirimidina-5-*
carboxilato de etilo

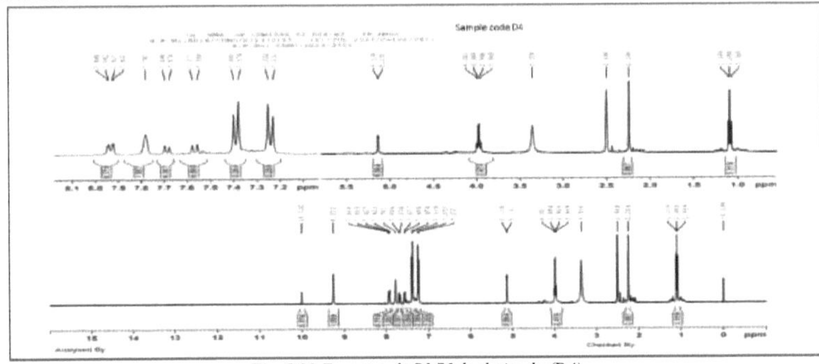

Fig. 5.22 Espectro de RMN do derivado (D4)

[1]Dados H-NMR

7,0 5 (2H, dd, J= 2 & 8Hz), 7,15 5 (2H, J=2Hz& 8Hz), 6,0 5 (2H, d), 5,56 5 (d, J= 7Hz), 1,71 5 (3H, s), 4,19 5 (2H, q), 1,30 5 (3H, t).

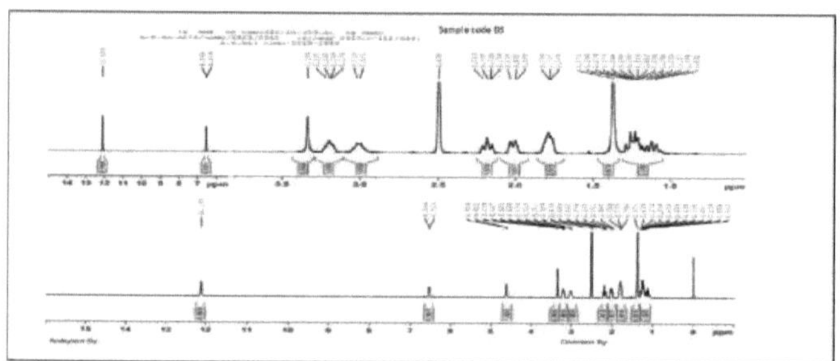

Fig. 5.23 Espectro de RMN do derivado (D5)

[1]Dados H-NMR

7,32(2H, dd, J = 2Hz e 8Hz), 8,07 5 *(2H,* dd, J = 2Hz e 8Hz), 5,56 5 (d, J = 7Hz), *1.71 5* (3H, s), 4.19 5 (2H, q), 1.30 5 (3H, t)

5.5.2.6 *RMN do etil 1,2,3,4-tetrahidro-4-(4-metoxifenil)-6-metil-2-oxopirimidina-5-carboxilato*

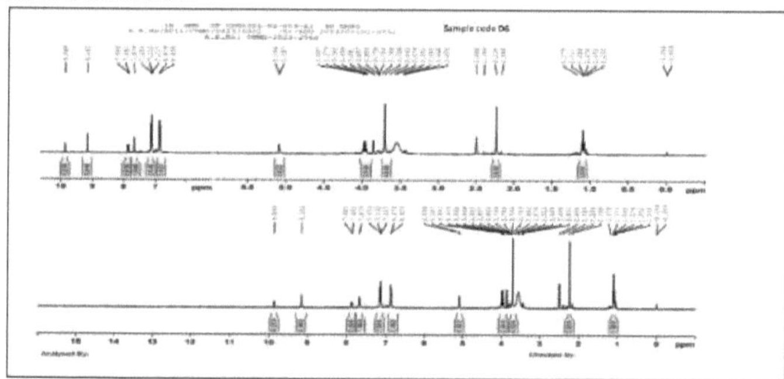

Fig. 5.24 Espectro de RMN do derivado (D6)

[1]Dados H-NMR

6,95 5 (2H, dd, J=2 Hz & 8Hz), 6,65 5 (2H, dd, J=2 Hz& 8 Hz), 5,56 5(d, J=7Hz), 1,71 5 (3H, s), 4,19 5 (2H, q), 1,30 5 (3H, t)

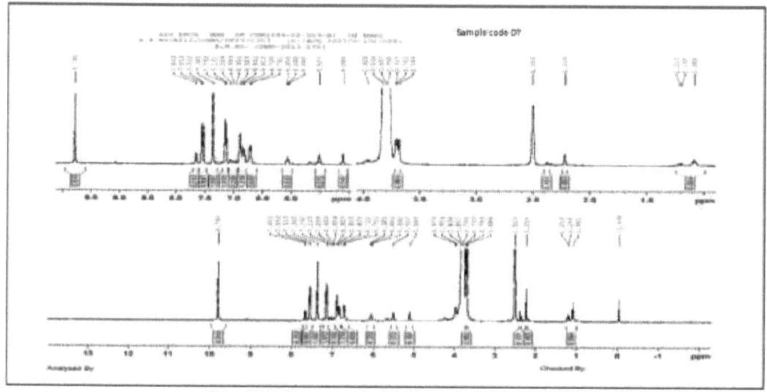

Fig. 5.25 Espectro de RMN do derivado (D7)

[1]Dados H-NMR

6,46(1H, dd, J= 2Hz & 8Hz), 6,51 5 (dd, J= 2Hz & 8Hz), 5,56 5 (d, J = 7Hz), 1,71 5 (3H, s), 4,19 5 (2H, q), 1,30 5 (3H, t)

134

5.5.2.8 RMN do 1, 2, 3, 4-tetra-hidro-4-hidroxi-6-metil-2-oxopirimidina-5-carboxilato de etilo

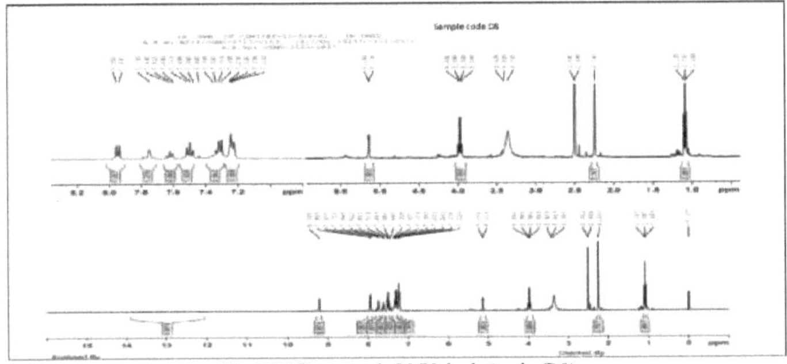

Fig. 5.26 Espectro de RMN do derivado (D8)

[1]Dados H-NMR

6.0 5 (2H,d),6.01 5(1H, dd),2.0 5(1H.d),4.19 5(2H,q), 1.30 5 (3H, t),1.71 5(3H,t)

Referências

1.   ] P. Pramanik, P. Krishnan, A. Maity, N. Mridha, A. Mukherjee, e V. Rai, "Application of nanotechnology in agriculture," in Environmental Nanotechnology, Vol. 4, Environmental Chemistry for a Sustainable World, N. Dasgupta, S. Ranjan, e E. Lichtfouse, Eds., Vol. 32, Springer, Cham. Alemanha, 2020.

2.   ] S. K. Srikar, D. D. Giri, D. B. Pal, P. K. Mishra, e S. N. Upadhyay, "Green synthesis of silver nanoparticles: a review," Green and Sustainable Chemistry, vol. 6, no. 1, pp. 34-56, 2016. [3] K. Jamel, B. V. Sandeep e S. Pola, "Síntese, caraterização e avaliação da atividade antibacteriana da folha de Allophylus serratus e extratos de calo derivados da folha mediados por nanopartículas de prata", Hindwani Journal of Nanomaterials, vol. 2017, Artigo ID 4213275, 11 páginas, 2017.

4.   ] N. Ahmad e S. Sharma, "Green synthesis of silver nanoparticles using extracts of ananas comosus," Green and Sustainable Chemistry, vol. 2, no. 4, pp. 141-147, 2012.

5.   ] V. Dhand, L. Soumya, S. Bharadwaj, S. Chakra, D. Bhatt e B. Sreedhar, "Síntese verde de nanopartículas de prata usando extrato de semente de Coffea arabica e sua atividade antibacteriana", Ciência e Engenharia de Materiais: C, vol. 58, pp. 36-43, 2016.

6.   ] R. Rajan, K. Chandran, S. L. Harper, S.-I. Yun e P. T. Kalaichelvan, "Nanopartículas de prata sintetizadas por extrato vegetal: uma fonte contínua de novos materiais biocompatíveis", Industrial Crops and Products, vol. 70, pp. 356-373, 2015.

7.   ] B. K. Mehta, M. Chhajlani, e B. D. Shrivastava, "Green synthesis of silver nanoparticles and their characterization by XRD," IOP Conference Series: Journal of Physics: Conference Series, vol. 836, 2017.

8.   ] M. Z. Siddiqi, A. R. Chowdhary, e N. Prasad, "Avaliação das propriedades físico-químicas fitoquímicas e da atividade antioxidante em exsudados de goma de Buchanania lanzan," Proceedings of the National Academy of Sciences, India Section B: Biological Sciences, vol. 86, pp. 817-822, 2016.

9.   ] E. Tomaszewska, K. Soliwoda, K. Kadziola et al., "Detection limits of DLS and UV-vis spectroscopy in characterization of polydisperse nanoparticles colloids," Journal of Nanomaterial, vol. 2013, Article ID 313081, 10 páginas, 2013.

10.] R. Das, E. Ali, e S. B. Hamid, "Current applications of X-ray powder diffraction-a

review," Reviews on Advanced Materials Science, vol. 38, pp. 95-109, 2013.

11.] X.-F. Zhang, Z.-G. Liu, W. Shen e S. Gurunathan, "Silver nanoparticles: synthesis, characterization, properties, applications, and therapeutic approaches", International Journal of Molecular Sciences, vol. 17, no. 9, p. 1534, 2016.

12.] Y.-K. Jo, B. H. Kim, e G. Jung, "Antifungal activity of silver ions and nanoparticles on phytopathogenic fungi," Plant Disease, vol. 93, no. 10, pp. 10371043, 2009.

13.] H. Kim, J.-S. Choi, K. S. Kim, J.-A. Yang, C.-K. Joo, e S. K. Hahn, "Flt1 peptide-hyaluronate conjugate micelle-like nanoparticles encapsulating genistein for the treatment of ocular neovascularization," Ata Biomaterialia, vol. 8, no. 11, pp. 3932-3940, 2012.

14.] R. Salomoni, P. Leo, and M. F. A. Rodrigues, "Antibacterial activity of silver nanoparticles (AgNPs) in Staphylococcus aureus and cytotoxicity effect in mammalian cells," Formatex Microbiology, vol. 5, pp. 851-857, 2015.

15.] D. Jain, H. K. Daima, S. Kachhawa, e S. L. Kothari, "Synthesis of plant mediated silver nanoparticles using papaya fruit extract and evaluation of their antimicrobial activities," Digest Journal of Nanomaterials and Biostructure, vol. 4, pp. 557-653, 2009.

16.] S. Aziz, R. Abdulwahid, M. Rasheed, O. Abdullah e H. Ahmed, "Polymer blending as a novel approach for tuning the SPR peaks of silver nanoparticles," Polymers, vol. 9, no. 12, p. 486, 2017.

17.] S. Latha, M. Shilpa, N. Parshuram e Y. Sangappa, "Green synthesis of silver nanoparticles and their characterization," AIP Conference Proceedings, vol. 2220, no. 1, Article ID 020192, 2020.

18.] Q. Sun, X. Cai, J. Li, M. Zheng, Z. Chen, e C.-P. Yu, "Green synthesis of silver nanoparticles using tea leaf extract and evaluation of their stability and antibacterial activity," Colloids and Surfaces A: Physicochemical and Engineering Aspects, vol. 444, pp. 226-231, 2014.

19.] D.-L. Su, P.-J. Li, M. Ning, G.-Y. Li e Y. Shan, "Síntese verde assistida por micro-ondas de nanopartículas de prata à base de pectina e suas atividades antibacterianas e antifúngicas", Materials Letters, vol. 244, pp. 35-38, 2019.

20.] S. K. Chaudhuri, C. Shivani e L. Malodia, "Síntese verde mediada por plantas de nanopartículas de prata usando extrato de folhas de Tecomella undulate e sua caraterização", Nano Biomedicina e Engenharia, vol. 8, pp. 1-8, 2016.

21.] A. Sukhwal, D. Jain, A. Joshi, P. Rawal, e H. S. Kushwaha, "Nanopartículas de prata biossintetizadas utilizando extrato aquoso de folhas de Tagetes patula L. e avaliação da sua atividade antifúngica contra fungos fitopatogénicos," IET Nanobiotechnology , vol. 11, no. 5, pp. 531-537, 2017.

22. Asthana A, et al. Contas de alginato de cálcio aprisionadas com nanopartículas de prata para remoção de Fe (II) via adsorção. em Macromolecular Symposia: Biblioteca Online Wiley; 2016.

23. Bahuguna G, et al. Síntese ecológica e caraterização de nanopartículas de prata utilizando um extrato aquoso de pétalas da planta medicinal Combretum indicum. Mat Res Express. 2016;3(7):075003.

24. Bar H, et al. Green synthesis of silver nanoparticles using seed extract of Jatropha curcas. Colloids Surf A Physicochem Eng Asp. 2009; 348(1-3):212-6.

25. Das SK, et al. Material biohíbrido nano-prata: síntese, caraterização e aplicação na purificação da água. Bioresour Technol. 2012;124:495-9.

26. Diallo A, et al. Efeito da Tectona grandis na anemia induzida pela fenil-hidrazina em

ratos. Fitoterapia. 2008; 79(5):332-6.

27. Feng QL, et al. Um estudo mecanicista do efeito antibacteriano dos iões de prata em Escherichia coli e Staphylococcus aureus. J Biomed Mater Res. 2000; 52(4):662-8.

28. Guzman MG, Dille J, Godet S. Síntese de nanopartículas de prata pelo método de redução química e sua atividade antibacteriana. Int J Chem Biomol Eng. 2009; 2(3):104-11.

29. He Y, et al. Síntese verde de nanopartículas de prata pelo extrato de Chrysanthemum morifolium Ramat. Extrato e sua aplicação em gel de ultra-sons clínicos. Int J Nanomedicine. 2013;8:1809.

30. Ibrahim HM. Síntese verde e caraterização de nanopartículas de prata usando extrato de casca de banana e sua atividade antimicrobiana contra microorganismos representativos. J Radiat Res Appl Sci. 2015; 8(3):265-75.

31. Indira E, Mohanadas K. Factores intrínsecos e extrínsecos que afectam a polinização e a produtividade dos frutos da teca (Tectona grandis Linn. f.). Indian J Genet Plant Breeding. 2002; 62(3):208-14.

32. Jaybhaye D, Varma S, Gagne N. Efeito das sementes de Tectona grandis Linn. Sementes na atividade de crescimento do cabelo de ratos albinos. Int J Ayurveda Res. 2010; 1(4):211.

33. Kowshik M, et al. Síntese extracelular de nanopartículas de prata por uma estirpe de levedura tolerante à prata MKY3. Nanotechnology. 2002; 14(1):95.

34. Krishna MS, Jayakumaran N. Potencial antibacteriano, citotóxico e antioxidante de diferentes extractos de folhas, casca e madeira de Tectona grandis. Int J Pharm Sci Res. 2010; 2:155-8.

35. Kumar VG, et al. Facile green synthesis of gold nanoparticles using leaf extract of antidiabetic potent Cassia auriculata. Colloids Surf B: Biointerfaces. 2011; 87(1):159- 63.

36. Lin S, et al. Esferas compósitas de nanopartículas de prata-alginato para desinfeção de água potável no ponto de utilização. Water Res. 2013; 47(12):3959-65.

37. Matsumura Y, et al. Modo de ação bactericida do zeólito de prata e sua comparação com o do nitrato de prata. Appl Environ Microbiol. 2003; 69(7):4278-81.

38. Mohanty A, et al. Estudo físico-químico e antimicrobiano de uma formulação à base de plantas. Int J Comprehensive Pharm. 2010; 1(4):1 -3.

39. Mukherjee P, et al. Síntese de nanopartículas de prata mediada por fungos e sua imobilização na matriz micelial: uma nova abordagem biológica à síntese de nanopartículas. Nano Lett. 2001; 1(10):515 -9.

40. Natarajan K, Selvaraj S, Murty VR. Produção microbiana de nanopartículas de prata. Dig J Nanomater Biostruct. 2010; 5(1):135 -40.

41. Neamatallah A, et al. Um extrato da casca de teca (Tectona grandis) inibiu Listeria monocytogenes e Staphylococcus aureus resistente à meticilina. Lett Appl Microbiol. 2005; 41(1):94 -6.

42. Ping H, et al. Deteção visual de melamina no leite cru por nanopartículas de prata sem rótulo. Food Control. 2012; 23(1):191 -7.

43. Prakash P, et al. Green synthesis of silver nanoparticles from leaf extract of Mimusops elengi, Linn. for enhanced antibacterial activity against multi drug resistant clinical isolates. Colloids Surf B: Biointerfaces. 2013; 108:255 -9.

44. Qin Y, et al. Controlo do tamanho das nanopartículas esféricas de prata através da redução do ácido ascórbico. Colloids Surf A Physicochem Eng Asp. 2010; 372(1 -3):172 -

6.

45. Rashid MU, Bhuiyan MKH, Quayum ME. Síntese de nano partículas de prata (Ag-NPs) e sua utilização para análise quantitativa de comprimidos de vitamina C. Dhaka Univ J Pharm Sci. 2013; 12(1):29 -33.

46. Sastry M, et al. Biosíntese de nanopartículas metálicas utilizando fungos e actinomicetos. Curr Sci. 2003; 85(2):162 -70.

47. Sathishkumar M, et al. Extrato de casca de canela zeylanicum e síntese verde mediada por pó de partículas de prata nanocristalinas e sua atividade bactericida. Colloids Surf B: Biointerfaces. 2009; 73(2):332 -8.

48. Shrivastava S, et al. Characterization of enhanced antibacterial effects of novel silver nanoparticles. Nanotechnology. 2007; 18(22):225103.

49. Song KC, et al. Preparação de nanopartículas de prata coloidal pelo método de redução química. Korean J Chem Eng. 2009; 26(1):153 -5.

50. Suman T, et al. Biossíntese, caraterização e efeito citotóxico de nanopartículas de prata mediadas por plantas utilizando extrato de raiz de Morinda citrifolia. Colloids Surf B: Biointerfaces. 2013; 106:74 -8.

Secção B
Atividade biológica da nanopartícula de prata (WF-06)

5.6 Modelo animal de edema da pata induzido por carragenina

A empresa LACSMI BIOFARMS PVT.LTD. Passaydan, Survey No.28/3/21 Samarth colony, Pimple Naka, Pune (nota de entrega n.º A-106/ 12/03/2022) forneceu o rato (Wistar) com um peso de cerca de 160-200 gm. Os animais são alojados em ciclos de 12 horas de luz/obscuridade, 40-60% de humidade e $25\text{-}34^{0}$ C de temperatura. Foram preparadas gaiolas de polipropileno para os ratos e foi-lhes fornecida água e ração normal para roedores[1] . Os animais estiveram em jejum durante 12 horas antes da experiência e não lhes foi dada qualquer comida ou água. Uma vez que a água pode ser prejudicial para os seres vivos, são utilizadas diferentes medidas para garantir que é adequada para consumo humano[2] . A W. floribunda Salisb, uma das plantas medicinais mais importantes devido à sua atividade anti-inflamatória, tem um extrato aquoso de AgNPs O tamanho da dose depende do peso do animal e da literatura anterior. As doses podem ser facilmente calculadas utilizando as informações fornecidas neste estudo .[3]

Medicamentos:

A aquisição de ratos Wistar com peso entre 160 e 200 g. Adquiridos às respectivas empresas, o diclofenac (Pharma Cure Laboratories Garha, Jalandhar) e a lecitina de soja carragenina (Indore, Madhya Pradesh, Índia) foram utilizados no estudo .[4]

5.6.1 Considerações éticas:

O procedimento experimental e o protocolo, de acordo com o Amruthwahini College of Pharmacy, Sangamner, Dist., A. Nagar, e Maharashtra, aprovaram a proposta para o estudo da atividade animal. Utilizando um modelo de edema da pata de rato induzido por carragenina, foram confirmadas as "Diretrizes para os cuidados e a utilização de animais na investigação científica" (Academia Nacional de Ciências da Índia 1998, revista em 2000) (AVCOP/IAEC/2021- 22/1153/26/01). Os ratos foram divididos em três grupos (n=6) depois de receberem doses de 1, 5 e 10 mg/kg p.o. do extrato aquoso de AgNPs e água destilada (controlo)[5] . O peso médio dos ratos wistard situava-se entre 140-190 gm, o que foi utilizado para calcular o tamanho da dose. Diclofenac (1mg/kg) foi administrado como padrão. A carragenina (0,1 ml, 1%) foi injetada na subplanta da pata traseira direita de cada rato[6] . O volume de injeção de carragenina foi determinado utilizando um pletismómetro (Medicaid System Mode No. PTH-707, Nova Deli, Índia) a 0, 30, 60, 90, 120, 180, 240, e 300 minutos. Após cada intervalo, é utilizada a seguinte fórmula para calcular a percentagem de inibição (PI) do edema:

PI= 1-Vt/Vc X 100

Onde Vt e Vc são os volumes utilizados para a comparação entre o peru e o controlo do edema. O extrato aquoso de AgNPs *W. floribunda* salisb produziu resultados visivelmente melhores (p 0,05), demonstrando as suas propriedades anti-inflamatórias.Percentagem de inibição do edema = 1- Vt / Vcx 100 Onde Vt e Vc são os volumes do edema nos ratos tratados com o medicamento e no controlo resp.

Os resultados são expressos como média ±SEM. [***]P < 0,001,[**] P < 0,01 e[*] P < 0,05 em comparação com o grupo de controlo (One-wayANOVA seguido do teste post hoc de Tukey-Kramer para comparações múltiplas, n=6). Tempo Vs % Inibição % Inibição <

139

50% considerado moderado e <25% considerado baixo Atividade anti-inflamatória[7-19]

5.6.2 *Edema da pata induzido por carragenina em WF06*

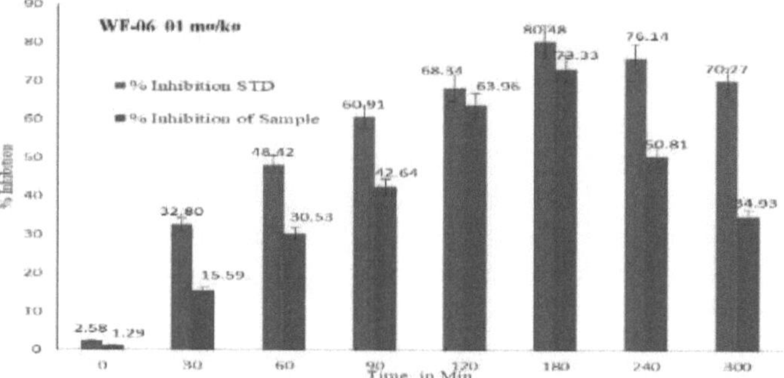

Fig.4.75 Percentagem de inibição em relação ao padrão na dose de 01 mg/kg de WF06

A dose de 01 mg/kg indica uma % de inibição de 30,53 % (após 1 hora), 63,96 % (após 2 horas) e 78,33 % (após 3 horas), tendo a inflamação diminuído constantemente.

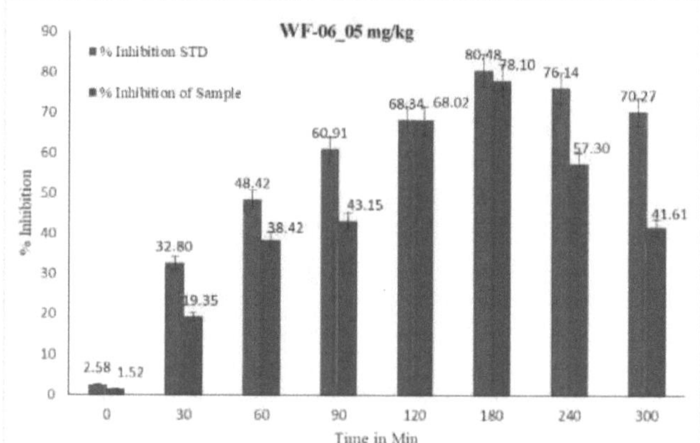

Fig. 4.76 Percentagem de inibição em relação ao padrão na dose de 05 mg/kg de WF06

A dose de 05 mg/kg indica uma % de inibição de 38,42 % (após 1 hora), 68,02 % (após 2 horas) e 78,10 % (após 3 horas), tendo a inflamação diminuído constantemente.

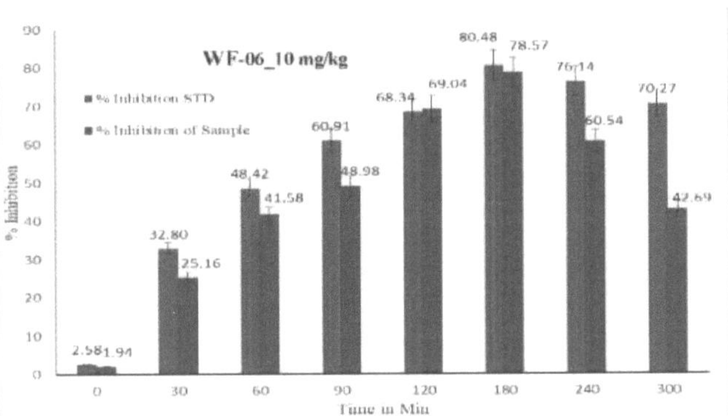

Fig. 4.77 Percentagem de inibição em relação ao padrão na dose de 10mg /kg de WF06

A dose de 10 mg/kg indica uma % de inibição de 41,58 % (após 1 hora), 69,04 % (após 2 horas) e 78,57 % (após 3 horas), tendo a inflamação diminuído constantemente.

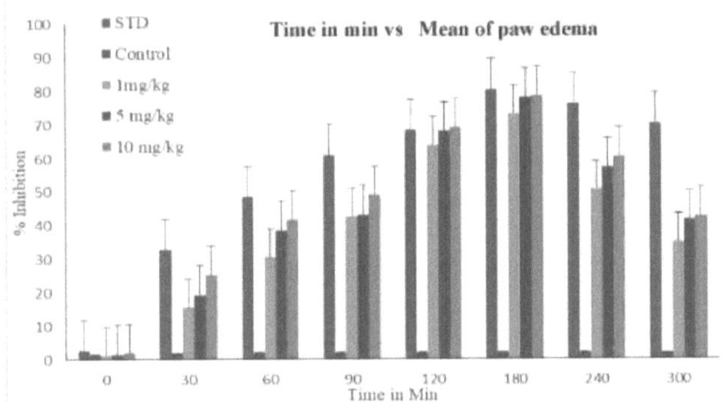

Fig. 4.78 Tempo Vs edema médio da pata em ml.de WF06

Tabela 4.14 Aumento do edema da pata ± SEM de WF 06 com diferentes doses e tempos.
De acordo com a dose de 1mg/kg, 5 mg/kg, 10 mg/kg, a % de inibição após 3 horas de **inflamação** diminuiu constantemente. O WF-06 mostra uma forte atividade anti-inflamatória em comparação com o padrão.

Tratamento (mg/kg)	0Min	30Min	60Min	90Min	120 min	180 min
Controlo	1.55±0.014	1.87±0.015	1.91±0.013	1.98±0.009	2.00±0.015	2.10±0.013
Padrão	1.54±0.023	1.25±0.023	0.98±0.016	0.77±0.021	0.63±0.022	0.41±0.011
01mg/kg	1.53±0.077	1.57±0.026**	1.32±0.013**	1.13±0.025**	0.71±0.011**	0.56±0.027**
05mg/kg	1.52±0.088*	1.50±0.039**	1.17±0.033**	1.12 ±0.02*	0.63±0.019**	0.46±0.02**
10mg/kg	1.52±0.006*	1.16±0.018**	1.11±0.025*	1.005±0.022**	0.61 ±0.02**	0.45±0.023**

Referências

1. Thompson DG, et al. Ultrasensitive DNA detection using oligonucleotide -silver nanoparticle conjugates. Anal Chem. 2008; 80(8):2805 -10.
2. Vigneshwaran N, et al. Functional finishing of cotton fabrics using silver nanoparticles (Acabamento funcional de tecidos de algodão utilizando nanopartículas de

prata). J Nanosci Nanotechnol. 2007a; 7(6):1893 -7.

3.   Vigneshwaran N, et al. Biological synthesis of silver nanoparticles using the fungus Aspergillus flavus. Mater Lett. 2007b; 61(6):1413 -8.

4.   Wiley B, et al. Síntese em poliol de nanopartículas de prata: utilização de cloreto e oxigénio para promover a formação de monocristal, cubos truncados e tetraedros. Nano Lett. 2004; 4(9):1733 -9.

5.   M. Ayel'en V'elez, M. Cristina Perotti, L. Santiago, A. Mar'ia Gennaro e E. Hynes, Bioactive compounds delivery using nanotechnology: design and applications in dairy food, Elsevier Inc., 2017.

6.   A. Bera e H. Belhaj, J. Nat. Gas Sci. Eng., 2016, 34, 1284- 1309.

7.   L. J. Frewer, N. Gupta, S. George, A. R. H. Fischer, E. L. Giles e D. Coles, Trends Food Sci. Technol, 2014, 40, 211-225.

8.   V. J. Mohanraj e Y. Chen, Trop. J. Pharm. Res., 2007, 5, 561-573.

9.   L. Stadler, M. Homafar, A. Hartl, S. NajaDshirtari, R. Zbo, M. Petr, M. B. Gawande, J. Zhi e O. Reiser, ACS Sustainable Chem. Eng., 2019, 7, 2388-2399.

10. M. D. Purkayastha e A. K. Manhar, Nanosci. Food Agri, 2016, 2, 59-128.

11. S. Chatterjee, Dhanurdhar e L. Rokhum, Renewable Sustainable Energy Rev., 2017, 72, 560-564.

12. S. Bagheri e N. M. Julkapli, J. Magn. Magn. Mater. 2016, 416, 117-133.

13. A. P. Ingle, A. Biswas, C. Vanlalveni, R. Lalfakzuala, I. Gupta, P. Ingle, L. Rokhum e M. Rai, Microb. Bionanotechnol. 2020, 135-161.

14. C. Medina, M. J. Santos-Martinez, A. Radomski, O. I. Corrigan e M. W. Radomski, Br. J. Pharmacol, 2007, 150, 552-558.

15. H. Deng, D. McShan, Y. Zhang, S. S. Sinha, Z. Arslan, P. C. Ray e H. Yu, Environ. Sci. Technol., 2016, 50, 8840- 8848.

16. C. Xu, O. U. Akakuru, J. Zheng e A. Wu, Front. Bioeng. Biotechnol. 2019, 7, 141.

17. S. Bagheri, M. Yasemi, E. Safaie-Qamsari, J. Rashidiani, M. Abkar, M. Hassani, S. A. Mirhosseini e H. Kooshki, Artif. Cells, Nanomed. Biotechnol. 2018, 46, 462471.

18. A. Muthuraman, N. Rishitha e S. Mehdi, em Design of Nanostructures for Theranostics Applications, 2018, pp. 529-562.

19. S. Tortorella e T. C. Karagiannis, em Molecular Mechanisms and Physiology of Disease: Implications for Epigenetics and Health, 2014.

20. S. Ahmed, M. Ahmad, B. L. Swami e S. Ikram, J. Adv. Res., 2016, 7, 17-28.

21. S. R. Vijayan, P. Santhiyagu, R. Ramasamy, P. Arivalagan, G. Kumar, K. Ethiraj e B. R. Ramaswamy, Enzyme Microb. Technol., 2016, 95, 45-57.

22. S. Ahmed, Annu, S. Ikram e S. Yudha, J. Photochem. Photobiol., B, 2016, 161, 141-153. 73. P. Mohanpuria, N. K. Rana e S. K. Yadav, J. Nanopart. Res., 2008, 10, 507-517.

23. G. Pathak, K. Rajkumari e L. Rokhum, Nanoscale Adv., 2019, 1, 1013-1020.

24. S. A. Saiqa Ikram, J. Nanomed. Nanotechnol. 2015, 6, 1000309. 22 S. Ahmed e S. Ikram, Nano Res. Appl., 2015, 1, 1-6.

25. K. Rajkumari, D. Das, G. Pathak e L. Rokhum, New J. Chem., 2019, 43, 21342140.

26. B. Changmai, I. B. Laskar e L. Rokhum, J. Taiwan Inst. Chem. Eng., 2019, 102, 276-282. 78. B. Changmai, P. Sudarsanam e L. Rokhum, Ind. Crops Prod., 2020, 145, 111911.

27. B. Nath, B. Das, P. Kalita e S. Basumatary, J. Cleaner Prod., 2019, 239, 118112.

28. S. Nour, N. Baheiraei, R. Imani, M. Khodaei, A. Alizadeh, N. Rabiee e S. M. Moazzeni, J. Mater. Sci: Mater. Med., 2019, 30, 120.

29. O. Bondarenko, K. Juganson, A. Ivask, K. Kasemets, M. Mortimer e A. Kahru, Arch. Toxicol., 2013, 87, 1181- 1200.

30. A. Pal, S. Shah e S. Devi, Mater. Chem. Phys., 2009, 114, 530-532.

31. T. Wu, H. Shen, L. Sun, B. Cheng, B. Liu e J. Shen, ACS Appl. Mater. Interfaces, 2012, 4, 2041-2047.

32. X. Zhang, H. Sun, S. Tan, J. Gao, Y. Fu e Z. Liu, Inorg. Chem. Commun, 2019, 100, 44-50.

33. V. R. Remya, V. K. Abitha, P. S. Rajput, A. V. Rane e A. Dutta, Chem. Int, 2019, 3, 165-171.

RESUMO E CONCLUSÃO

CAPÍTULO VI
RESUMO E CONCLUSÃO

6.1 Resumo

A inflamação é uma das principais ameaças à saúde humana e desempenha um papel importante no desenvolvimento de várias doenças infecciosas e não infecciosas, como a doença de Alzheimer, doenças cardíacas, asma, artrite reumatoide, etc. Dependendo da intensidade desse processo, os mediadores gerados no sítio inflamatório podem atingir a circulação e causar febre. O tratamento clínico das doenças inflamatórias depende de fármacos que pertencem aos grupos químicos dos não esteróides ou dos esteróides. A utilização de anti-inflamatórios não esteróides (AINE) no tratamento de doenças associadas a reacções inflamatórias tem uma atividade potente, mas a utilização a longo prazo destes medicamentos tem vários efeitos adversos graves no fígado, no trato gastrointestinal, etc. Devido a preocupações de segurança associadas à utilização de agentes anti-inflamatórios e analgésicos sintéticos, geralmente as pessoas preferem tomar tratamentos anti-inflamatórios e analgésicos naturais a partir de materiais comestíveis, como frutos, especiarias, ervas e legumes. Por conseguinte, é desejável o desenvolvimento e a utilização de agentes anti-inflamatórios e analgésicos mais eficazes com menos efeitos secundários de origem natural. Na ausência de medicamentos fiáveis para a proteção das articulações ósseas nas práticas médicas alopáticas, as ervas desempenham um papel importante na gestão de várias doenças do fígado. Numerosas plantas medicinais e as suas formulações são utilizadas para doenças das articulações em práticas etnomédicas e no sistema tradicional de medicina.

Acredita-se que as plantas medicinais são uma fonte importante de novas substâncias químicas com potencial efeito terapêutico. A investigação de plantas com alegada utilização folclórica como analgésicos, anti-inflamatórios e agentes hepatoprotectores é uma estratégia de investigação frutuosa e lógica na procura de novos fármacos. No presente estudo, o principal objetivo foi selecionar uma planta medicinal que possa ser utilizada como anti-inflamatório com febre ou sem efeitos secundários. Com base na pesquisa bibliográfica, nos usos medicinais e na disponibilidade das flores da planta, as folhas de *Woodfordia fruticosa* Salisb foram selecionadas para a avaliação de anti-inflamatórios. *Woodfordia fruticosa* Salisb pertence à família Lythraceae, que é um belo arbusto muito ramificado. É a planta das regiões tropicais e subtropicais com uma longa história de utilização medicinal. A planta está abundantemente presente em toda a Índia. Localmente (em Maharashtra) é conhecida como Dhavdi. Todas as partes desta planta possuem propriedades medicinais valiosas, nomeadamente atividade anti-inflamatória, antitumoral, hepatoprotectora e de eliminação de radicais livres, mas as flores são as mais procuradas. As flores estão a ser utilizadas na preparação de medicamentos fermentados ayurvédicos denominados "Aristha" e "Asava" e são muito populares no subcontinente indiano, bem como noutros países do Sul da Ásia. Para a identificação da planta, foi efectuado um estudo macroscópico e microscópico das flores e folhas de *Woodfordia floribunda* Salisb, avaliando diferentes caraterísticas de secções à mão livre de flores frescas e pó seco. As flores *de Woodfordia floribunda* Salisb foram colhidas em março de 2020 na região de Sahyadri, Maharashtra, secas, em pó e armazenadas em frascos herméticos. O pó seco foi desengordurado com éter de petróleo e depois extraído com metanol num aparelho de soxhlet. A análise fitoquímica qualitativa preliminar do pó em bruto de *Woodfordia floribunda* Salisb revelou a presença de alcalóides, flavonóides, saponinas, taninos e triterpenos. Os taninos e os alcalóides estavam presentes em maior quantidade em comparação com outros fitoconstituintes.

Estudos anti-inflamatórios de WF01, WF02,WF03,WF04,WF05 e WF06 foram feitos usando modelos agudos de edema de pata de rato induzido por histamina, dextrano, serotonina e carragenina; este modelo de edema de pata de rato induzido por carragenina é o mais utilizado para avaliar as propriedades anti-inflamatórias de plantas medicinais.*Woodfordia floribunda* Salisb inibiu o aumento do volume da pata no edema induzido por serotonina, prostaglandina e histamina. O diclofenac é um dos AINE mais utilizados para o tratamento de doenças inflamatórias e analgesia. No entanto, o uso prolongado de diclofenac causa hepatotoxicidade. No presente estudo, a administração de diclofenac aos animais causou alterações significativas no volume da pata em comparação com o grupo de controlo normal. Qualquer medicamento, *promissor* ou mais promissor, sem avaliação da toxicidade, perde a sua importância porque a natureza não tóxica do medicamento é mais importante do que a eficácia.

De um modo geral, pode resumir-se que o extrato metanólico das flores e folhas *de Woodfordia fruticosa* apresenta um bom potencial como moléculas anti-inflamatórias potentes utilizadas para descobrir produtos naturais bioactivos que podem servir de pistas para o desenvolvimento de novos produtos farmacêuticos.

6.2 Conclusão:

Fitol (WF03)

Os estudos demonstraram que os diterpenos possuem actividades farmacológicas. O presente estudo teve como objetivo investigar as propriedades antinflamatórias do fitol. As actividades anti-inflamatórias do fitol foram avaliadas através da medição do edema da pata induzido por diferentes agentes inflamatórios (por exemplo, carragenina, cohistamina, serotonina, bradicinina e prostaglandina). Os resultados mostraram que o fitol (01, 05 e 10 mg/kg) reduziu significativamente o edema da pata induzido pela carragenina, de uma forma dependente da dose. Além disso, o fitol (10 mg/kg) inibiu o edema da pata induzido por histamina, serotonina, bradicinina e PGE2.

O composto líquido isolado é identificado como fitol (WF-03). O nome IUPAC é (7R, 11R) -3, 7, 11, 15-tetrametilhexadec-2-en-1-ol. Através da utilização de IR,[1] H-NMR, C[13] NMR, COSY e caraterização por espetrometria de massa efectuada. Utilizando um modelo de edema da pata causado por carragenina, a eficácia anti-inflamatória do composto isolado foi confirmada. O fitol reduz significativamente a inflamação (70,00%) em comparação com a referência (Diclofenac 5mg/kg). A libertação de serotonina, bradicinina e prostaglandina (49,76%), a libertação de histamina (37,54%) após uma hora e a libertação de prostaglandina (69,21%) apresentam uma percentagem de inibição notável.

Gama-sitosterol (WF01)

Woodfordia floribunda Salisb apresenta uma forte atividade anti-inflamatória indicada nas plantas medicinais indianas por B. D. Basu, K. R. Kirtikar. O Y-sitosterol é fortemente avaliado no éter de petróleo pelo aparelho soxhlet. Foi separado por cromatografia em coluna e a separação posterior foi confirmada por TLC. A caraterização do composto isolado foi efectuada por massa, IR,[1] H-NMR,[13] C-NMR. Por fim, a potência do Y-sitosterol isolado é confirmada pelo modelo de edema de pata induzido por carragenina.

O composto extraído do éter pet do Y-Sitosterol apresenta predominantemente atividade anti-inflamatória (80,48%) com administração ao padrão (Diclofenac5 mg/kg). A libertação de bradicinina (59,3%), enquanto a libertação de histamina (40,0%) e a libertação (72,06%) designam a percentagem de inibição excecional.

Esteviosídeo (WF02):

As folhas recolhidas da planta *Woodfordia floribunda* Salisb têm um papel crucial na química medicinal. O composto presente na planta também contém constituintes bioactivos. O composto ativo biológico esteviosídeo foi separado por Soxlet, cromatografia em coluna e técnica de TLC preparativa. O composto isolado foi submetido à técnica de espetroscopia, como massa, IR.[1] H NMR, C^{13} NMR e COSY. A partir dos dados espectroscópicos e da literatura, a identificação foi muito fácil. Por último, a potência anti-inflamatória do esteviosídeo isolado foi confirmada utilizando o modelo de edema da pata induzido por carragenina.

O composto sólido isolado é caracterizado por IR,[1] H-NMR, C^{13} NMR, e Massa e confirmou que é Stevioside (WF-02). A potência anti-inflamatória do composto isolado foi verificada pelo modelo de edema da pata induzido por carragenina. O esteviosídeo apresenta uma atividade anti-inflamatória significativa (80,48%) em relação ao padrão (diclofenac 5mg/kg). A libertação de histamina (38,04%) após 1 hora, a libertação de serotonina e bradicinina (62,94%) e a libertação de prostaglandina (73,01%) indicam uma inibição percentual notável.

Phorbol (WF05):

Os investigadores debruçaram-se sobre os diferentes extractos de *W. floribunda* Salisb e relataram que o extrato etanólico e metanólico tem uma fonte abundante de alcalóides, taninos e esteróides. Também prova o papel e a sua atividade biológica aplicando diferentes modelos e o seu significado. No presente cenário, isolar o composto bioativo e avaliar a sua eficácia anti-inflamatória do composto isolado. Utilizando estas técnicas modificadas de extração de soxhlet e cromatografia em coluna para isolar o composto bioativo Phorbol. Por fim, verificou-se que a eficácia anti-inflamatória do phorbol e a atividade anti-inflamatória significativa utilizando o modelo de edema da pata induzido por carragenina. O presente estudo é o primeiro a ser efectuado para normalizar o medicamento comercializado. Assim, este estudo pode ser utilizado como uma ferramenta de normalização para perspectivas futuras e pelos investigadores que pretendam trabalhar com formulações à base de plantas. Este trabalho visa explorar o potencial farmacológico destas formulações. A potência anti-inflamatória do composto isolado foi verificada pelo modelo de edema da pata induzido por carragenina. O esteviosídeo mostra uma atividade anti-inflamatória significativa (80,48%) em relação ao padrão (diclofenac 5mg/kg). A libertação de histamina (38,59%) após 1 hora, a libertação de serotonina e bradicinina (59,13%) e a libertação de prostaglandina (56,58%) indicam uma inibição percentual notável.

Lupeol (WF04)

A planta W. floribunda Salisb é considerada uma planta medicinal devido às suas propriedades farmacêuticas e também as folhas e a flor são utilizadas para curar as doenças preliminares. As folhas secas foram submetidas a um aparelho de extração soxhlet. O extrato bruto de éter de petróleo foi examinado por GC-MS e cromatografia em coluna. Com a ajuda de fracionamento sucessivo e TLC, o composto foi isolado e sujeito a caraterização como IR,[1] H-NMR,[13] C-NMR, COSY confirmou a estrutura do lupeol (WF-04).

O composto lupeol isolado do extrato de éter de animais de estimação *de W. floribunda* mostra uma atividade anti-inflamatória significativa. O lupeol (WF-04) é um triterpenóide pentacíclico amplamente distribuído no reino vegetal. O composto isolado apresenta baixa citotoxicidade em células saudáveis e é sinergicamente utilizado em terapias combinadas. Por último, a eficácia anti-inflamatória do lupeol foi administrada a ratos Wistar em doses de 1 mg/kg, 5 mg/kg e 10 mg/kg com modelo de edema da pata para determinar a sua potência anti-inflamatória in vivo. O diclofenac (5 mg/kg) foi utilizado como padrão. O Lupeol mostra uma potência anti-inflamatória significativa devido à libertação de prostaglandinas (40,52%), histaminas (51,02%) e bradicininas (53,95%).

AgNPs (WF06)

A utilização de extractos de plantas na síntese verde de nanopartículas de prata tem várias vantagens em relação aos processos convencionais, uma vez que são benéficos, simples de melhorar e amigos do ambiente. As caraterísticas estruturais e morfológicas das nanopartículas de Ag foram investigadas utilizando UV-Visível, FTIR, TEM, FESEM e XRD. As nanopartículas de Ag eram esféricas e cilíndricas. As nanopartículas de Ag produzidas tinham um tamanho médio de 23,18 nm e situavam-se na gama dos nanómetros. A imagem EDS confirma que a amostra contém Ag. O EDS e o FTIR confirmaram a pureza do pó de nanopartículas de Ag produzido com a técnica biossintética. O tamanho do pó de Ag foi validado por análises TEM e FESEM.

As AgNPs mostram uma atividade anti-inflamatória melhorada até 76,66% contra uma inibição padrão de 80,48%.

Finalmente, concluí que o Sitosterol, o Esteviosídeo e o Fitol apresentam uma forte atividade anti-inflamatória, enquanto o Lupeol e o Phorbol apresentam uma atividade anti-inflamatória moderada em ratos Wistar, utilizando o modelo de edema de pata induzido por carragenina. As AgNPs das folhas de *Woodfordia floribunda* Salisb mostram uma maior atividade anti-inflamatória até 5 a 7% em comparação com as moléculas anti-inflamatórias activas.

A abordagem ecológica das reacções de síntese é mencionada a seguir

Os dados comparativos de diferentes catalisadores versus catalisadores de AgNPs sintetizados a verde são mostrados abaixo.

Catalisador	PPA	H3BO3	CuCl2.2H2O- HCl	NH4Cl	AlCl3	ZnCl2	CAN	AgNPs D1
Temperatura	1200C	1050C	1000C	1100C	950C	750C	800C	900C
Tempo	125 min.	110min.	110 min.	90 min.	120min.	150 min.	60min.	30 min
Rendimento (%)	65%	62%	55%	50%	68%	58%	72%	85%

Catalisador	PPA	H3BO3	CuCl2.2H2O- HCl	NH4Cl	AlCl3	ZnCl2	CAN	AgNPs D2
Temperatura	1200C	1050C	1200C	1000C	900C	850C	800C	950C
Tempo	130 min.	110min.	95 min.	90 min.	120 min.	95 min.	70min.	35 min
Rendimento (%)	62%	53%	50%	68%	55%	72%	65%	87%

Catalisador	PPA	H3BO3	CuCl2.2H2O- HCl	NH4Cl	AlCl3	ZnCl2	CAN	AgNPs D3
Temperatura	1000C	1150C	1000C	1200C	900C	850C	800C	750C
Tempo	120min.	100 min.	130 min.	125min.	100min.	90min.	80 min.	30 minutos
Rendimento (%)	58%	50%	63%	67%	53%	69%	75%	82%

Catalisador	PPA	H3BO3	CuCl2.2H2O- HCl	NH4Cl	AlCl3	ZnCl2	CAN	AgNPs D4
Temperatura	1200C	1100C	1000C	1200C	1000C	900C	800C	750C
Tempo	130 min.	120 min.	110min.	110min.	130 min.	100min.	90min.	35min.
Rendimento (%)	60%	64%	58%	52%	70%	74%	68%	80%

Catalisador	PPA	H3BO3	CuCl2.2H2O- HCl	NH4Cl	AlCl3	ZnCl2	CAN	AgNPs D5
Temperatura	130 C^0	1250C	1250C	950C	1000C	850C	800C	900C
Tempo	140 min.	130 min.	110 min.	100min.	125 min.	100min.	95min.	30 min
Rendimento (%)	68%	53%	50%	58%	65%	56%	60%	78&

Catalisador	PPA	H3BO3	CuCl2.2H2O- HCl	NH4Cl	AlCl3	ZnCl2	CAN	AgNPs D6
Temperatura	1200C	1050C	1000C	950C	900C	850C	800C	750C
Tempo	145 min.	135min.	125 min.	115min.	120 min.	110min.	95 min.	35 min
Rendimento (%)	68%	53%	50%	58%	65%	56%	60%	75%

Catalisador	PPA	H3BO3	CuCl2.2H2O- HCl	NH4Cl	AlCl3	ZnCl2	CAN	AgNPs D7
Temperatura	1200C	1050C	1000C	950C	900C	950C	800C	850C
Tempo	150 min.	140 min.	135 min.	125min.	130 min.	120min.	100 min.	35 min
Rendimento (%)	60%	48%	52%	63%	69%	75%	79%	86%

Catalisador	PPA	H3BO3	CuCl2.2H2O- HCl	NH4Cl	AlCl3	ZnCl2	CAN	AgNPs D8
Temperatura	1250C	110 C^0	950C	900C	950C	970C	750C	700C
Tempo	135 min.	120min.	140min.	125min.	130 min.	145min.	100 min.	35 min
Rendimento (%)	65%	49%	60%	70%	69%	75%	80%	85%

A síntese ecológica de AgNPs a partir das folhas de *Woodfordia floribunda Salisb* é um catalisador mais eficiente do que outros catalisadores. Este catalisador é considerado mais económico em termos de energia, tempo e rendimento com uma abordagem ecológica.

Tabela 5.1 % de inibição dos compostos isolados (após 3 horas)

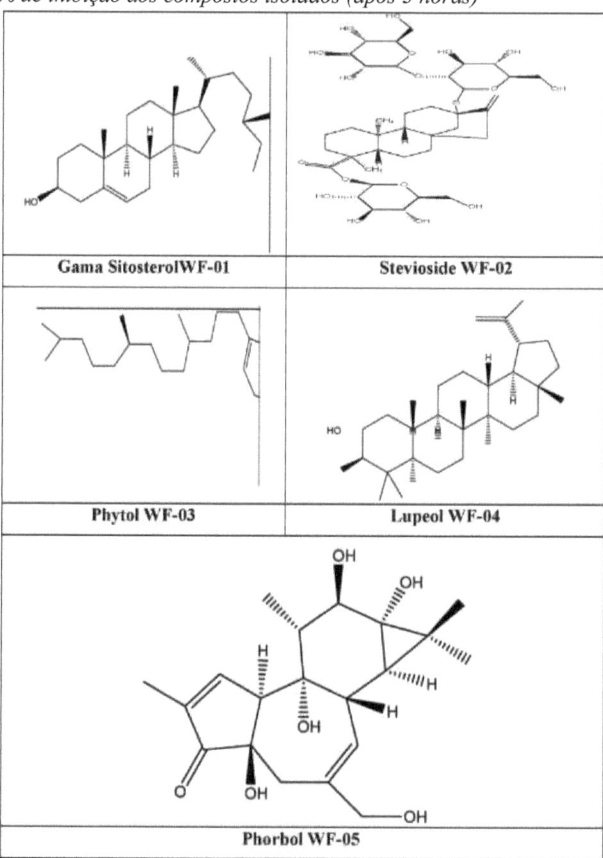

% de inibição dos compostos isolados (após 3 horas)

Tempo	0 Min	30 minutos	60Min	90 min	120 min	180 min	Observação
Padrão	2.58	32.80	48.42	60.91	68.34	80.48	-
WF01 (Y Sitosterol)	4.52	21.86	40.0	41.08	59.30	72.06	Forte
WF02 (Steviosídeo)	6.023	56.65	38.04	45.00	62.94	73.01	Forte
WF03 (Phytol)	3.65	17.92	37.54	44.50	61.69	70.0	Forte
WF04 (Lupeol)	6.66	22.58	40.52	44.33	51.02	53.95	Moderado
WF05 (Phorbol)	4.07	21.14	38.59	43.48	59.13	56.58	Moderado
WF06 (AgNPs)	1.58	20.03	36.84	44.92	67.0	76.66	Forte

Referências

1. Dobrucka, R., Dugaszewska, J. (2015). Atividades antimicrobianas de nanopartículas de prata sintetizadas usando extrato de água de Arnicae Anthodium. Indian J. Microbiol. 55(2), 168-174.

2. David, L.; Moldovan, B.et al.,(2014).Síntese verde, caraterização e atividade anti-inflamatória de nanopartículas de prata utilizando extrato de frutos de sabugueiro preto europeu. Colóides e superfícies B: Biointerfaces. 122(1), 767-777.

3. Dhandapani, K., Nookala, S. e Anbumani, D. (2016). Avaliação da atividade antibacteriana e efeitos citotóxicos de AgNPs verdes contra células de câncer de mama (MCF 7).Advances in Nano Research. 4(2), 129-143.

4. Elbagory, M.; Hussein, A.; Meyer, M. (2019). Os efeitos imunomoduladores in vitro de nanopartículas de ouro sintetizadas a partir do extrato aquoso de Hypoxis Hemerocallidea e hipoxosídeo em macrófagos e células assassinas naturais. Int. J. Nanomed. 14(2), 9007-9018.

5. Gharpure, S.; Yadwade, R.; e Ankamwar, B. (2022). Propriedades não antimicrobianas e não anticancerígenas de nanopartículas de ZnO biossintetizadas usando diferentes partes da planta de BixaOrellana. Publicação ACS. 7(2), 1914-1933.

6. Humbal, B. R.; Sadariya, K. A.; Prajapati, J. A.; Bhavsar, S. K. e Thaker, A. M.(2019). Atividade antiinflamatória de Syzygium aromaticum (L.) Merrill e óleo de perry em carragenina - edema de pata induzido em ratos fêmeas. Ann. Phytomed. 8(2), 167-171.

7. Phatanagare, N.; Gaje, T. (2018) Biossíntese de nanopartículas de óxido de titânio e foto degradação de corante por nanopartículas, International Journal of Materials Science. 13(1), 15-22.

8. Shrilakshmi, G.; Kumar, H. e Jagannath, S. (2022). Atividade antiinflamatória de extratos de calos derivados de folhas e folhas de Callicarpatomentosa L.: Uma planta medicinal endêmica de Ghats Ocidental, Karnataka, Índia em edema de pata de rato induzido por carragenina. Ann. Phytomed. 11 (1), 346-350.

9. Kumar, D.; Sharma, M.; Sorout, A.; Saroha, K.; Verma, S. (2016). Woodfordia fruticosa Kurz. Uma revisão sobre sua botânica, química e atividades biológicas. Jornal de Farmacognosia e Fitoquímica. 5(3), 293- 298.

10. Mudasir, S.; Lal, A.; Ikram, S. (2016). Uma revisão sobre a síntese mediada por extrato de plantas de nanopartículas de prata para aplicações antimicrobianas: Um verde especialização. Journal of Advanced Research. 7(2), 17-28.

11. Mmola, M.; Durrell, K.; Bolton, J.; Meyer, E.; Beukes, R. e Antunes, E. (2016). Aumento da atividade antimicrobiana e anticancerígena de nanopartículas de prata e ouro sintetizadas utilizando extractos aquosos de Sargassum Incisifolium. Molecules. 21(2), 16-33.

12. Manohar, V.; Chandrashekar, R. e Rao, N. (2012). Segurança do extrato bioinseticida do grânulo da semente de maçã de açúcar (Annona squamosa L.) na histologia do rato branco (Rattusnorvegicus B.) World J. Pharm. Pharmaceut. Sci. 4(13), 76-85.

13. Mohanty, F. (2018). Nanopartículas de prata decoradas com compósito de polietilmetacrilato/óxido de grafeno: As packaging Material. Biblioteca online Wiley. 40(2), 1199-1207.

14. Meckes, M., David-Rivera, A. D.; Nava-Aguilar, V. e Jimenez, A. (2004). Atividade de alguns extractos de plantas medicinais mexicanas no edema da pata de rato induzido por

carragenina. Anna. Phytomed. 11(5), 446-451.

15. Nautiyal, R.; Chaubey, S.; Tiwari, C. (2017).W. floribunda: Uma erva de espinha dorsal paraAll Asava e Aristha. Jornal Internacional de Ayurveda e Pesquisa Farmacêutica. 5(6), 84 - 88.

16. Nde, Z.; Brice, L.; Sylvin, K. e Ateba, B. (2021). Toxicidade aguda e reprodutiva do extrato aquoso das sementes secas de aframomumdaniellii na estirpe feminina de ratos wistar.Pharmacology & Pharmacy. 12(1), 141-153.

17. Navneet, M.; Pandurangan, A.; Kumar, P.; Bhatt, S.; Kumar, M.; 2019).Fitofarmacologia de Ficusreligiosa L. e seu significado como transportador nanoparticulado. Ann. Phytomed. 8(2), 186-193.

18. Nath, R.; Deka, N.; Tamuly, S.; Rani, S. e Deka, S. (2021). Síntese verde e caraterização de nanopartículas de prata utilizando extrato de folhas de Neem (Azadirachtaindica L.) e avaliação de sua atividade antioxidante e antibacteriana in vitro. Ann. Phytomed. 10(1), 171-177.

19. Phatangare, D., Deshmukh, K., Murade, V., Naikwadi, P. (2017). Isolamento e caraterização de Y-Sitosterol de Justicia gendarussa burm. F.-Um composto anti-inflamatório. Jornal Internacional de Farmacognosia e Pesquisa Fitoquímica. 9(9), 1280-1287.

20. Qinqin, M., Jinmeng, L., Bin, Y. e Wang, Y. (2016). Biossíntese de nanopartículas de prata utilizando biomassa de palha de trigo sob radiação luminosa e sua atividade antibacteriana. Bio Resources. 11(4), 1-11.

21. Soni, V.; Raizada, P. (2021). Tendências sustentáveis e verdes no uso de extratos vegetais para a síntese de nanopartículas metálicas biogênicas para avanços ambientais e farmacêuticos: Uma revisão. Pesquisa Ambiental. 202(6), 111- 622.

22. Tashi, T.; Gupta, V. e Mbuya, V. (2016). Nanopartículas de prata: Síntese, mecanismo de ação antimicrobiana, caraterização, aplicações médicas e efeitos de toxicidade. Jornal de Pesquisa Química e Farmacêutica. 8 (2), 526- 537.

23. Winter, C. A., Risley, E. A. e Nuss, G. W. (1962). Edema induzido por carragenina na pata traseira do rato como um ensaio para fármacos anti-inflamatórios. Actas da Sociedade para a Biologia Experimental e Medicina. 111 (3), 544-547.

Referências

1. Abate, G.; Zhange, L.; Pucci, M. e Morbini, G. (2021). Análise fitoquímica e atividade antiinflamatória de diferentes fitoextratos etanólicos de artemisia annua L. Biomolecules. 11 (7): 975-995.

2. Bharathi, G.; Lalitha, V.; Ethumathi, P.; Sivakumar, T.; Selvi, P.; Kavitha, M. e Navin, R. (2021). Plantas e seus derivados como fonte potencial no tratamento da síndrome de abstinência alcoólica e outras estratégias de tratamento: Uma revisão Ann. Phytomed. 10(2):36-43.

3. Carvalho, A.;Heimfarth, L.; Irwin, R. e Roberto A. (2020).Phytol, um componente da clorofila, produz efeitos anti-hiperalgésicos, anti-inflamatórios e antiartríticos: possível envolvimento da via NFB e redução dos níveis das citocinas pró-inflamatórias TNF-a e IL-6. Jornal de produtos naturais. 83(4), 1107-1117.

4. Daniel, R.; Thiago, V.; Cunha, M., Henrique, A. e Lemos, P. (2007).Efeitos anti-inflamatórios e analgésicos da lactona sesquiterpénica budleína an em ratinhos: mecanismo dependente da inibição da produção de citocinas. Revista Europeia de Farmacologia. 562(1-2), 155-163.

5. Emma, M.; Schymansk, L.; Neumann, S. e Miriam, N. (2016).Bases de dados de espectros de massa para metabolómica baseada em LC/MS e GC/MS: Estado do campo e perspectivas futuras. TrAC Tendências em Química Analítica. 78(1), 23-35.

6. Felix, L. e Katharina, D. (2012).Síntese de ésteres de ácidos gordos em cloroplastos de rabidopsis. A célula vegetal. 24(5), 2001-2014.

7. Gliszczynska, A.; Katarzyna, D.; Wietrzyk, J.e Maciejewska, G. (2021). Síntese de novas a-butirolactonas derivadas de fitol e avaliação da sua atividade biológica. Relatórios científicos. 11(1), 1-14.

8. Gupta, S.; Yadu N. e Kaushik, A. (2022). Actividades analgésicas e anti-inflamatórias do guggulu trayodashang, uma formulação ayurvédica. Phytomedicine Plus, 2(3):100281.

9. Grover, N. e Patni V. (2013). Caracterização fitoquímica utilizando vários extractos de solventes e análise GC-MS do extrato metanólico de W. fruticosa (L) Kurz. Folhas. Int J Pharm Sci., 5(4), 291-295.

10. Goli, P.; Pratap et al. (2021). Estudos farmacognósticos e fitoquímicos de mollugo nudicaulis Lam: Um medicamento ayurvédico de origem vegetal controverso. Ann. Phytomed. 10(2), 44-52.

11. Gyawali, R.; Bhattarai, B.; Bajracharya, S.; Bhandari, S. (2020). a- Inibição da Amilase, Atividade Antioxidante e Análise Fitoquímica de Calotropis gigantean (L.) Dryand. Jornal de saúde e ciências afins. 10(1), 77-81

12. Islam, M.; Ali, E.; Uddin, S.; Shaw, S. (2018).Phytol: Uma revisão das actividades biomédicas. Toxicologia alimentar e química. 121(2), 82-94.

13. Jabborova, D.; Kannepalli A.; Fayzullaeva, M. (2020).Isolamento e caraterização de bactérias endofíticas do gengibre (Zingier officinale Rosc.). Ann. Phytomed. 9(1), 116-121.

14. Jaradat, N.; Hussen, F. e Ali, A. (2015).Rastreio fitoquímico preliminar, estimativa quantitativa de flavonóides totais, fenóis totais e atividade antioxidante de ephedra alata Decne. J. Mater. Environ. Sci. 6(6), 1771-1778.

15. James, R.; Kinninmonth, M.; Dariel B.; Verran, J. (2014).Usando a extração de etanol soxhlet para produzir e testar material vegetal (óleos essenciais) para suas propriedades

antimicrobianas. Journal of microbiology & biology education. 15(1), 45-46.

16. Korde, P.; Ghotekar, S. Pagar.T. (2020). Síntese eco-benevolente assistida por extrato vegetal de nanopartículas de selênio - uma revisão sobre as partes da planta envolvidas, caraterização e suas aplicações recentes. Jornal de Revisões Químicas. 2(3), 157-168.

17. Kim, H.; et al. (2014). Análise de variância (ANOVA) comparando médias de mais de dois grupos. Restorative dentistry & endodontics. 39(1),74-77.

18. Koelmel, J.; Stow, S.; Sartain, M.e Murali, A. (2020).Lipid annotator: rumo a uma anotação exacta em lipidómica de espetrometria de massa em tandem de alta resolução por cromatografia líquida não direcionada (LC-HRMS/MS) utilizando um software rápido e de fácil utilização. Metabolitos. 10(3),101.

19. Khoddami, A., Wilkes, M. e RobertsT. (2013).Técnicas para análise de compostos fenólicos de plantas. Molecules. 18(2), 2328-2375.

20. Kritikar, K.R. e Basu, B.D. (1933). Indian Medicinal Plants. Vol. 3, L.M. Basu, Allahabad, Índia, pp: 17-89.

21. Khan, M. e Kuntal, D. (2019).Efeito de solventes e extractores na análise proximal, rastreio farmacognóstico e análise cromatográfica da folha de Decalepis nervosa (Wight & Arn.) Venter: Uma planta ameaçada de extinção da região de Western Ghats. Ann. Phytomed. 8(2), 64-74.

22. Lin, Y., Lin, S., Feng, C., Chen, P., Su, Y. (2015). Efeitos anti-inflamatórios e analgésicos do composto derivado do mar excavatolide B isolado do tipo de cultura formosan gorgonian Briareum excavatum. Drogas marinhas. 13 (5), 2559-2579.

23. Mtewa, T., Yapuwa, H. e Mulwafu, W. (2021).Water testing for potential phytochemical contamination and poisoning, in phytochemistry, the Military and Health. Elsevier. 6(4), 427-442.

24. Manousi, N., Sarakatsianos, I. e Samanidou, V. (2019).Técnicas de extração de compostos fenólicos e outros compostos bioactivos de plantas medicinais e aromáticas, em ferramentas de engenharia na indústria de bebidas.Elsevier. 3(2), 283-314.

25. Mohiuddin, M., Shareef *et al*. (2021).Extração, análise fitoquímica e estudos antidepressivos in silico do extrato aquoso de folhas de hibiscus sabdariffa L. Ann. Phytomed. 10(2), 448-455.

26. Mikailu, S., Obomate, N., Ugochukwu, O. (2022). Actividades anti-inflamatórias, fibrinolíticas e anti-oxidantes do extrato de N-Hexano das folhas de ficus sur forssk (Moraceae). Haya: O Jornal Saudita de Ciências da Vida. 7(2), 4450.

27. Mallavadhani, U., Aparna, Y., Mohapatra, S. (2017). Avaliação quantitativa de boerhavia diffusa e suas formulações comerciais em relação ao seu principal marcador bioativo, eupalitina galactosídeo, usando cromatografia em camada delgada de alto desempenho. JPC-Journal of planar chromatography-modern TLC. 30(6), 521-526.

28. Mathew, S., Ramavarma, S., Thekkekara, B. (2019).Avaliação preliminar da composição fitoquímica, eficácia citotóxica e antitumoral de Simarouba glauca DC. Extrato metanólico de folhas. Ann. Phytomed. 8(2), 121-126, 2019.

29. Nautiyal, R.; Chaubey e Tiwari, C. (2017).W. floribunda Salisb: Uma erva de espinha dorsal para todos os Asava e Arishta. Jornal Internacional de Ayurveda e Pesquisa Farmacêutica. 5(6), 80-83.

30. Najda,A.;Bains,A.;Chawla,P.;Kumar,A.,Balant,S.(2021).Avaliação do potencial anti-inflamatório e antimicrobiano do extrato etanólico das flores de W. fruticosa: Análise GC-MS. Molecules. 26(23), 71-93.

31. Pawar, S.; Gosavi, S.; Gorde, P.; Harak, S. (2021).Estudo de diferentes parâmetros na formulação, perfil fitoquímico e farmacológico do vinho de alcaçuz. Nveo-natural volatiles & essential oils journal nveo. 8(5):13489-13504.

32. Piwowarski, J.; Granica, S.; Zwierzyska, M. (2014). Papel do metabolismo da microbiota intestinal humana no efeito antiinflamatório de materiais vegetais ricos em elagitaninos tradicionalmente usados. Jornal de etnofarmacologia. 155(1), 801809.

33. Phatangare, N. e Deshmukh, K. (2017). Isolamento e caraterização do Y-sitosterol de Justicia gendarussa burm. F.-Um composto anti-inflamatório. Revista internacional de farmacognosia e pesquisa fitoquímica. 9(9), 1280-1287.

34. Poorniammal, R. e Prabhu, S. (2022). Potencial antimicrobiano e de cicatrização de feridas de pigmentos fúngicos de thermomycessp e penicillium purpurogenum em ratos wistar. Ann. Phytomed, 11(1):376-382.

35. Poorniammal, R. e Prabhu, S. (2022). Potencial antimicrobiano e de cicatrização de feridas de pigmentos fúngicos de Thermomyces sp. e Penicillium purpurogenum em ratos wistar. Ann. Phytomed. 11(1), 376-382.

36. Raghuvanshi R.e Nuthakki, V. (2021). Identificação de pistas multitargeted à base de plantas para a doença de alzheimer: Validação in-vitro e in-vivo de W. fruticosa (L.) Kurz. Phytomedicine. 91(1), 153-659.

37. Roshanak, M.; Rahimmalek e Goli, S. (2016). Avaliação de sete tratamentos de secagem diferentes no que respeita ao teor total de flavonóides, fenólicos, vitamina C, clorofila, atividade antioxidante e cor das folhas de chá verde (camellia sinensis ou C. assamica). Jornal de ciência e tecnologia alimentar. 53(1), 721-729.

38. Raj, H.; Upmanyu e Neeraj (2020). Efeito anti-inflamatório do extrato etanólico das folhas de W. fructicosa em ratos tratados com adjuvante e carragenano. Agentes Anti-Inflamatórios e Anti-Alérgicos em Química Medicinal (Anteriormente Química Medicinal Atual - Agentes Anti-Inflamatórios e Anti-Alérgicos). 19(2), 103-112.

39. Renan, O., Rivelilson, M.; Freitas, J.; Venes, R. (2014). O fitol, um álcool diterpeno, inibe a resposta inflamatória, reduzindo a produção de citocinas e o estresse oxidativo. Farmacologia fundamental e clínica. 28(4), 455-464.

40. Rana, S., Chandel, S., Thakur, S. (2021).Isolamento, identificação e caraterização de cytospora chrysosperma associada à doença do cancro de Salix alba L. Ann. Phytomed. 10(2), 124-129.

41. Saibaba, P., Sales, G.; Stodulski, G. (1996).Comportamento de ratos em suas gaiolas domésticas: variações diurnas e efeitos de procedimentos de rotina de criação analisados por técnicas de amostragem de tempo. Laboratory Animals. 30 (1), 13-21.

42. Tanaka, N.; e Kashiwada, Y. (2021).Estudos fitoquímicos sobre medicamentos tradicionais à base de plantas com base na informação etnofarmacológica obtida por estudos de campo. Journal of natural medicines. 75 (4):762-783.

43. Vasconcelos, D.;Jacqueline, A.; Leite,L.; Regina, P.;Raquel,M.; Vitorinoe Sandra Mascarenhas, R. (2011).Atividade anti-inflamatória e antinociceptiva da ouabaína em ratinhos. Mediators of Inflammation. 2011(2), 1-11.

44. Alavala, S. *et al.* (2019). O esteviosídeo, um glicosídeo diterpenóide, mostra propriedade antiinflamatória contra a colite ulcerativa induzida por Dextran Sulfato de Sódio em camundongos. European Journal of Pharamcology. 855(1), 192-201.

45. Boonkaewwan, C., Toskulkao, C. e Vongsakul, M. (2006). Actividades anti-inflamatórias e imunomoduladoras do esteviosídeo e do seu metabolito esteviol em células

THP-1. J Agri Food Chem. 54(3), 785-789.

46. Bhatt, P., Patel, U., Modi, C., Pandya, K. e Patel, H. (2019). Cromatografia em camada fina e atividade de eliminação de radicais livres in vitro de algumas plantas medicinais dos arredores de Junagadh, Gujarat, Índia. Ann. Phytomed. 8(1), 45-55.

47. Chatsudthipong, V., Muanprasat, C. (2009). Esteviosídeo e compostos relacionados: Benefícios terapêuticos para além da doçura. Pharmacol Ther. 20(2), 121:41-54.

48. Cait, J., Alissa, C., Winder, S., Charlotte, B., Winder, G. e Mason, J. (2022).O alojamento convencional em laboratório aumenta a morbilidade e a mortalidade em roedores de investigação: resultados de uma meta-análise, BMC Biology. 20 (15).1-22.

49. Dilfuza, J., Kannepalli, A., Fayzullaeva, M., Khurshid, S.; Dilbar, K., Zafarjon, J. e Sayyed, R. (2020). Isolamento e caraterização de bactérias endofíticas de gengibre (Zingiber officinale). Ann. Phytomed. 9(1), 116-121.

50. Falguni,D.; Modi,S.; Jatin,B.; Patel, H.; Rasesh,D.; Varia,Modi, M. e Kale, N. (2019). O perfil farmacocinético da rutina após administração intramuscular em ratos favorece sua atividade antiinflamatória in vivo no modelo de inflamação em roedores induzido por carragenina. Ann. Phytomed. 8(1), 185-192.

51. Fratiglioni, L., Winblad, B., Strauss, V. (2007). Prevention of Alzheimer's disease and dementia. Principais conclusões do Projeto Kungsholmen. Physiol Behav. 92(1), 98-104.

52. Gregersen, S., Rolfsen, E., Jepsen, M., Colombo, M.; Agger, A.; Xiao, J.; Kruh0ffer,M.;0rntoft, T.;Hermansen,K. (2003).Antihyperglycemic and blood pressure reducing effects of stevioside in the diabetic GotoKakizaki rat. Metabolismo. Biblioteca Nacional de Medicina. 52 (3), 372-378.

53. Hossain, F., Islam, T., Islam, A. e Akhtar, S. (2017). Cultivo e usos da Stevia (Stevia rebaudiana Bertoni): A review. Jornal Africano de Alimentação, Agricultura, Nutrição e Desenvolvimento. 17(4), 12745-12757.

54. Kawamata, T., Katayam, Y., Meda, T., Mori, T., Aoyama, N., Kikuchi, T. *et al.* (2005).Antioxidante OPC-14117, atenua a formação de edema e os défices comportamentais após contusão cortical em ratos. Ata Neurochir Suppl. 70 (1),1913.

24. Kharashi, S. (2018). Papel do estresse oxidativo, inflamação, hipóxia e angiogênese no desenvolvimento da retinopatia diabética. Saudi J Ophthalmol,. 32(4), 318-323.

25. Mohideen, A. (2021). Síntese verde de nanopartículas de prata (AgNPs) usando extratos de folhas de Laurus nobilis L. e avaliando sua atividade antiartrítica por ensaios de desnaturação de proteínas in vitro e estabilização de membrana. Ann. Phytomed. 10(2), 67-71.

26. Meckes, M., David-Rivera, A. D., Nava-Aguilar, V. e Jimenez, A. (2004). Atividade de alguns extractos de plantas medicinais mexicanas no edema de pata de rato induzido por carragenina. Anna. Phytomed, 11(5), 446-451.

27. Rao, N., Nagender, G., Satyanarayana, A. e Rao, G. (2011).Estudos de preparação e armazenamento de aril em pó de quamachil (Pithecellobium dulce). Jornal de Ciência e Tecnologia Alimentar. 48(1), 90-95.

28. Raj, H., Gupta, A. e Upmanyu, N. (2020).Efeito anti-inflamatório do extrato etanólico das folhas de Woodfordia fructicosa em ratos tratados com adjuvante e carragenano. 19(2), 103-112.

29. Shrilakshmi, G.; Kumar, H. e Jagannath, S. (2022). Atividade anti-inflamatória de extractos de calos derivados de folhas e folhas de Callicarpa tomentosa L.: Uma planta medicinal endémica dos Ghats Ocidentais, Karnataka, Índia, em edema de pata de rato

induzido por carragenina. Ann. Phytomed. 11(1), 346-350.

30. Ullah, A.; Baratto, C.; Paula, C.; Silva, H.; Soares, J.; Oliveira, H. (2016). Preparação de Derivados do Ácido Betulínico, Esteviol e Isosteviol e Avaliação das Atividades Antitrypanosomal e Antimalárica. J of the Brazilian Chem Soc. 27(7): 1245-1253.

31. Ullah, A.; Munir, S., Mabkhot, Y., Badshah, L. (2019). Perfil de Bioatividade do DiterpenoIsosteviol e seus Derivados. Moléculas. 24(1), 678-686.

32. Winter, C. A.; Risley, E. A. e Nuss, G. W. (1962). Carrageenan-induced edema "Potentialsweetening agents of plant origin II. Field search for sweettasting Stevia species", Econ Bot. 37 (1), 71-79.

33. Yadav, V.; Jayalakshmi, S.; Singla, R.K. e Patra, A. (2011). Avaliação preliminar da atividade anti-inflamatória do extrato de folhas de Callicarpamacrophylla. Jornal Indo-Global de Ciências Farmacêuticas. 1(3), 219-222.

34. Kawamura, S.; Hang, C.; Felding J. andBaran S. (2016). Síntese total de dezenove etapas de (+) -phorbol. National liraray of Medicine. 532 (1), 90-93.

35. Goel, G.; Harinder, P.; Makkar, S.; Francis, G.e Becker, K. (2007). Ésteres de forbol: Structure, Biological Activity, and Toxicity in Animals. Jornal Internacional de Toxicologia.2007; 26(1), 279-288.

36. Por Fred J. Evans (2018) Phorbol: Its Esters and Derivatives, Book Naturally Occurring Phorbol Esrters.

37. Gunjan Goel et al. (2007). Ésteres de forbol: Structure, Biological Activity, and Toxicity in Animals Mostrar todos os autores. Revista Internacional de Toxicologia. 26(4), 279-288.

38. Wang, Yang, X.; Liu, Ping, Li.; Guo, T. (2015). "Tigliane Diterpenoids das famílias Euphorbiaceae e Thymelaeaceae". Chemical Reviews.115 (9), 2975-3011.

39. Alexandra C Newton (2018). Proteína quinase C: perfeitamente equilibrada. Revisões críticas em bioquímica e biologia molecular. 53(2), 208- 230.

40. Becker, K.; Makkar, HPS. (1998). Efeitos dos ésteres de forbol na carpa (Cyprinus carpio L). Toxicologia veterinária e humana. 40(2), 82-86.

41. Ahmed, O.; Adam, SEI. (1979). Efeitos da Jatropha curcas em vitelos. Patologia Veterinária. 16 (4), 476-482.

42. Adam, SEI. Magzoub, M. (2012).Toxicidade de Jatropha curcas para cabras. Toxicologia. 59(2012), 347-354.

43. Gandhi, V M., Cherian, KM., Mulky, MJ. (1995). Estudos toxicológicos sobre o óleo de ratanjyot. Food and Chemical Toxicology. 33(1):39- 42.

44. Devappa, R K., Rajesh, SK., Kumar, V., Makkar, HPS. E Becker, K. (2012). Atividades dos ésteres de forbol de Jatropha curcas em vários bioensaios. Ecotoxicologia e Segurança Ambiental.2012 (78), 57-62.

45. Li, CY., Devappa, RK., Makkar, J. e Becker, K. (2010). Toxicidade dos ésteres de forbol de Jatropha curcas em ratos. Toxicologia alimentar e química. 48 (2), 620-625.

46. Kang, L.; Fan, J.; Betz, A.; Brose, N. et al. (2006). Munc13-1 é necessário para a libertação sustentada de insulina das células pancreáticas. Cell Metabolism. 3(6), 463-468.

47. Shanker, R. e Rawat, M. (2013).Exploração, conservação e cultivo de Woodfordia fruticosa kurz no nordeste da Índia. Intern J Med Plnt. Photon. 105 (1), 213-217.

48. Kirtikar, KR. e Basu, BD. (1935). Indian Medicinal Plants. Partes 1- 3.

49. Syed, Y.; Khan, M.; Bhuvaneshwari, J. e Ansari, JA. (2016). Investigação fitoquímica

e padronização de extractos de flores de Woodfordia fruticosa; um estudo preliminar. Jornal de Ciências Farmacêuticas e Biológicas. 5(3), 293-298

50. Chandan, K.; Ratan, K.; Kumar, S. e Rajeswari D. (2015). Extração de corante natural da flor de calêndula (Tageteserectal.) E tingimento de tecidos e fios: Um foco na análise colorimétrica e propriedades de solidez. Biblioteca de Investigação Académica, Der Pharmacia Letter. 7(1), 185-195.

51. Colin, F. (1999).A cromatografia plana na viragem do século. Biblioteca Nacional de Medicina. 856(1), 399-427.

52. Franz Bucar, Abraham Wube e Martin Schmid, (2013). Isolamento de produtos naturais - como passar de material biológico a compostos puros. Royal Society of Chemistry, (Artigo de revisão) Nat. Prod. Rep. 30(1), 525-545.

53. Houghton, P. e Raman, A. (1998). Análise de extractos brutos, fracções e compostos isolados. In: Laboratory Handbook for the Fractionation of Natural Extracts. Springer, Boston, MA.

54. Chanda, S. *et al.* (2011). Citotoxicidade de camarão de salmoura de partes aéreas de Caesalpinia pulcherrima, atividade antimicrobiana e caraterização de ativos isolados fracções Natural Product Research Formerly Natural Product Letters V. 20 (1), 1955-1964.

55. Enrique, J. e Chan-Higuera, et al. (2019). Xanthommatin está por trás da atividade antioxidante da pele de Dosidicus gigas. Molecules. 24(2), 3420.

56. Mudiganti, R., Rao, K. e Selva, K. (2017). Análise fitoquímica preliminar da planta herbácea Hygrophila ariculata. Jornal Indo-Amricano de Ciências Farmacêuticas. 4(12), 4580-4583.

57. Gomathi, P., Elizabeth, A., Anthony, J., Vani, K. *et al.* (2017). A análise GC MS de uma planta medicinal, Premna tomentosa. Jornal de Ciências Farmacêuticas e Pesquisa. 9(9), 1595-1597.

58. Jayapriya, G. e Shoba G. (2015). Análise GC-MS de compostos bioactivos em extractos metanólicos de folhas de Justicia adhatoda (Linn.). Jornal de Farmacognosia e Fitoquímica. 4(1), 113-117.

59. Kanthal, L K., Satyavathi, K. e Bhojaraju, P. (2014). Análise GC-MS de compostos bio-activos no extrato metanólico de Lactuca runcinata DC. Pharmacognosy Res. 6(1), 58-6.

60. Selva, K. e Choudhury, S. et al. (2018). Eficácia antibacteriana in vitro de Mucuna pruriens e Vetiveria zizanoides em patógenos humanos selecionados. Jornal Indo-Americano de Pesquisa Farmacêutica. 8(1), 1281-1286.

61. Kumari, K.; Sridevi, V. e Lakshmi, M. (2012). Estudos sobre o rastreio fitoquímico do extrato aquoso recolhido de fertilizantes afectaram duas plantas medicinais. J Chem Bio Phy Sci. 2(1), 1326-1332.

62. Vijyalakshmi, R. e Ravindran, R. (2012). Rastreio fitoquímico comparativo preliminar de extractos de raiz de Diospyrus ferrea (Wild.) Bakh e Arva lanata (L.) Juss. Ex Schultes. Asian J Plant Sci Res. 2(1), 581-587

63. Pandey, P.; Mehta, R. e Upadhyay, R. (2013). Triagem físico-química e fitoquímica preliminar de Psoralea corylifolia. Arch Appl Sci Res. 5(1), 261-265.

64. Doss, A. (2009).Rastreio fitoquímico preliminar de algumas plantas medicinais indianas. Anc Sci Life. 29(1), 12-16.

65. Raphael E. (2012).Constituintes fitoquímicos de alguns extractos de folhas de Aloe

vera e Azadirachta indica espécies de plantas. Glo Adv Res J Environ Sci Toxicol. 1 (3), 14-17.

66. Goli, P.; Brahmanapalle, J. at el. (2021).Estudos farmacognósticos e fitoquímicos de Mollugo nudicaulis Lam: Um medicamento ayurvédico de origem vegetal controverso. Ann. Phytomed. 10 (2):44-52.

67. Dubey, P.; Shiv, Jayant, S. e Srivastava, N. (2020). Triagem fitoquímica preliminar, análises FTIR e GC-MS de extratos aquosos, etanólicos e metanólicos do caule de Tinospora cordifolia (Guduchi) para busca de compostos antidiabéticos. Ann. Phytomed. 9(2), 183-197.

68. Punit, R.; Bhatt, K.; B. Pandya, D.; Harshad, B. e Bhavesh, B. (2019). Atividade antidiabética, antioxidante e antiinflamatória de plantas medicinais coletadas na área próxima de Junagadh, Gujarat. Ann. Phytomed. 8(2),7584.

69. Kriker, S.; Bouatrouss, Y., Erenler, R. e Yahia, A. (2021). Atividade antimicrobiana, citotóxica e antioxidante de saponinas e extractos de taninos de Glycyrrhiza glabra L. Ann. Phytomed. 10 (2), 318-326.

70. Shrilakshmi, G.; Hemanth, K. e Jagannath, S. (2022). Atividade antiinflamatória de extratos de calos derivados de folhas e folhas de Callicarpa tomentosa L.: Uma planta medicinal endêmica de Ghats Ocidental, Karnataka, Índia em edema de pata de rato induzido por carragenina. Ann. Phytomed. 11(1), 346-350.

71. Tamoli, S., Gokarn, V., Ibrahim, M. e Ahmad, S. (2022). Investigação comparativa do extrato de Ashwagandha FMB e extrato padronizado por seu potencial antioxidante, antiinflamatório e imunomodulador. Ann. Phytomed. 11(1), 405-412.

72. Ovesna Z, Vachalkova A, Horvathova K, Tothova D. (2004). Ácidos triterpenoicos pentacíclicos: novos compostos quimioprotectores. Minireview Neoplasma. 51(1), 327-333.

73. Rao SD, Rao BN, Devi PU, Rao A.K. (2017). Isolamento de Lupeol, Design e Síntese de Derivados de Lupeol e sua Atividade Biológica. Jornal Oriental de Química. 33(1), 173-80.

74. Emaikwu, V., Ndukwe, G, Iyun, ORA, Anyan, V. (2019). Triagem preliminar de atividade fitoquímica e antimicrobiana de extratos brutos de cal de pássaro (Tapinanthus globiferus). J.Appl. Sci. Environ. Manage. 23(2), 114.

75. Patocka J. (2003).Triterpenos pentacíclicos biologicamente activos e o seu significado na medicina atual. Jornal de Biomedicina Aplicada. 1(1),7-12

76. Variya, Bhavesh C, Bakrania Anita, K Patel, Snehal S. (2016). Emblica officinalis (Amla): Uma revisão de sua fitoquímica, usos etnomedicinais e potenciais medicinais em relação aos mecanismos moleculares. Investigação farmacológica. 11(1), 180-200.

77. Moreau RA, Whitaker BD, Hicks K.B. (2002). Fitoesteróis, fitoestanóis e seus conjugados nos alimentos: diversidade estrutural, análise quantitativa e utilizações para a promoção da saúde. Prog Lipid Res. 41(1), 457-500.

78. Beveridge TH, Li TS, Drover J.C. (2002). Teor de fitosterol no óleo de sementes de ginseng americano. J Agric Food Chem. 50(1), 744-750.

79. Alander J, Andersson A. (2005).A família da manteiga de karité - a gama completa de emolientes para formulações de cuidados da pele. Cos Toil Man Worldwide. 2(1):28-32.

80. Prasad S, Kalra N, Singh M, Shukla Y. (2008). Efeitos protectores do lupeol e do extrato de manga contra o stress oxidativo induzido por androgénios em ratos albinos suíços. Asian J Androl. 10 (1):313-318.

81. Zhang L, Zhang Y, Zhang L, Yang X, Lv Z. (2009). Lupeol, um triterpeno dietético, inibiu o crescimento e induziu a apoptose através da regulação negativa de DR3 em células SMMC7721. Cancer Invest. 27(1),163-170.

82. Vidya L, Lenin M, Varalakshmi P. (2002). Avaliação do efeito dos triterpenos nos factores de risco urinário da formação de cálculos em ratos hiperoxalúricos deficientes em piridoxina. Phytother Res. 16(1), 514-518.

83. Sudharsan PT, Mythili Y, Selvakumar E, Varalakshmi P. (2006). O Lupeol e o seu éster exibem um papel protetor contra a toxicidade mitocondrial cardíaca induzida pela ciclofosfamida. J Cardiovasc Pharmacol. 47(1), 205-210.

84. Sudhahar V, Kumar SA, Sudharsan PT, Varalakshmi P. (2007).Efeito protetor do Lupeol e do seu éster nas anomalias cardíacas na hipercolesterolemia experimental. Vascul Pharmacol. 46(1), 412-418.

85. Lee TK, Poon RT, Wo JY, Ma S, Guan XY, Myers JN, *et al.* (2007). O Lupeol suprime a ativação do fator nuclear KappaB induzida pela cisplatina no carcinoma espinocelular da cabeça e do pescoço e inibe a invasão local e as metástases nodais num modelo ortotópico de ratinho nu. Cancer Res. 67(1), 88008809.

86. Saleem M, Kweon MH, Yun JM, Adhami VM, Khan N, Syed D.N. (2005). Um novo triterpeno dietético Lupeol induz a morte apoptótica mediada por fas de células de cancro da próstata sensíveis a androgénios e inibe o crescimento do tumor numa
modelo de xenoenxerto. Cancer Res. 65(1), 11203-11213.

87. Saleem M, Murtaza I, Tarapore R, Suh Y, Adhami VM, Johnson J.J.(2009).Lupeol Inhibits Proliferation of Human Prostate Cancer Cells by Targeting {beta}-catenin Signaling. Carcinogénese. Online published ahead. 30(5), 808-17

88. Fernandez MA, de las Heras B, Garda MD, Saenz MT, Villar A. (2001). New insights into the mechanism of action of the anti-inflammatory triterpene lupeol. J Pharm Pharmacol. 53 (1), 1533-1539.

89. Fernandez A, Alvarez A, Garda MD, Saenz M.T. (2001). Efeito antiinflamatório da Pimenta racemosa var. ozua e isolamento do triterpeno lupeol. Farmaco. 56 (1), 335-338.

90. Sudhahar V, Ashok Kumar S, Varalakshmi P, Sujatha V. (2008). Efeito protetor do lupeol e do inoleato de lupeol na lesão renal associada à hipercolesterolemia. Mol Cell Biochem. 88(7), 11-20.

91. Lima LM, Perazzo FF, Tavares Carvalho JC, Bastos J.K. (2007). Atividades antiinflamatória e analgésica dos extratos etanólicos das folhas e da casca do caule de Zanthoxylum riedelianum (Rutaceae). J Pharm Pharmacol. 59(1), 1151-1158.

92. Akihisa T, Yasukawa K, Oinuma H, Kasahara Y, Yamanouchi S, Takido M. (1996). Álcoois triterpénicos das flores de compositae e os seus efeitos anti-inflamatórios. Phytochemistry. 43 (1), 1255-1260.

93. Davis RH, DiDonato JJ, Johnson RW, Stewart C.B. (1994). Influência do Aloé vera, da ydrocortisona e do esterol na resistência à tração da ferida e na anti-inflamação. J Am Podiatr Med Assoc. 84(1), 614-621.

94. Ramirez Apan AA, Pd'ez-Castorena AL, de Vivar A.R. (2004).Anti- inflammatory constituents of Mortonia greggii Gray. Z Naturforsch. 59(1), 237- 243.

95. Geetha T, Varalakshmi P. (1999).Atividade anticomplementar dos triterpenos da casca do caule de Crataeva nurvala na artrite adjuvante em ratos. Gen Pharmacol. 32(1), 495-497.

96. Bani S, Kaul A, Khan B, Ahmad SF, Suri KA, Gupta B.D. (2006). Supressão da

atividade dos linfócitos T pelo lupeol isolado da Crataeva religiosa. Phytother Res. 20(1), 279-287.

97. Latha RM, Lenin M, Rasool M, Varalakshmi P. (2001). Um novo derivado de triterpeno pentacíclico e ácido gordo ómega 3. Prostaglandins Leukot Essent
Ácidos gordos. 64(1):81-85.

98. Vasconcelos JF, Teixeira MM, Barbosa-Filho JM, Lucio AS, Almeida JR, de Queiroz L.P.(2008).O triterpenóide lupeol atenua a inflamação alérgica das vias aéreas num modelo murino. Int Immunopharmacol. 8(1), 1216-1221.

99. Saibaba, P.; Sales, G. and Stodulski, G. (1996).Behaviour of rats in their home cages: daytime variations and effects of routine husbandry procedures analysed by time sampling techniques. Laboratory Animals. 30(1), 13-21.

100. Mtewa, T., Yapuwa, H. e Mulwafu, W. (2021). Teste de água para potencial contaminação fitoquímica e envenenamento, em fitoquímica, militar e saúde. Elsevier. 6(4), 427-442.

101. Poorniammal, R. e Prabhu, S. (2022). Potencial antimicrobiano e de cicatrização de feridas de pigmentos fúngicos de Thermomyces sp. e Penicillium purpurogenum em ratos wistar. Ann. Phytomed. 11(1), 376-382.

102. Najda, A.; Bains, A.; Chawla, P.; Kumar, A. e Balant, S. (2021). Avaliação do potencial antiinflamatório e antimicrobiano do extrato etanólico das flores de W. fruticosa: Análise GC-MS. Molecules. 26(23), 71-93.

103. Ahmad, T.; Irfan, M. e Bhattacharjee, S. (2016). Efeito do tempo de reação na síntese verde de nanopartículas de ouro usando extrato aquoso de ElaiseGuineensis (folhas de palmeira de óleo). Procedia eng. 14(8), 467-472.

104. Arora, A.; Chhajed, S. e Jain, J. (2022). Caracterização de nanopartículas de prata fitossintetizadas usando extrato de sementes de Nigella sativa L. e avaliar a eficácia antimicrobiana contra isolados bacterianos de úlcera de pé diabético. Ann. Phytomed. 11(11), 751-758.

105. Borgi, W.; Ghedira, K. and Chouchane, N. (2007).Anti-inflammatory and analgesicactivities of Zizyphus lotus root barks. Fitoterapia. 78(1), 16-19.

106. Sudha, B.; Sumathi, S. e Swabna, V. (2020). Síntese mediada por enzimas e caraterização de nanopartículas de prata usando microrganismos produtores de enzimas queratinase. Ann. Phytomed. 9(1), 147-153.

107. Carmona, E. e Benito, N. (2017). Síntese verde de nanopartículas de prata usando extratos de folhas do endêmico Buddlejaglobosahope. Cartas e revisões de química verde. 10(4), 250-256.

108. Carlson, C.; Hussain, M. e Schrand, M. (2008). Interação celular única de nanopartículas de prata: Geração de espécies reactivas de oxigénio dependente do tamanho. J Phys Chem B. 112(43), 13-19

109. Mohideen, A. (2021). Síntese verde de nanopartículas de prata (AgNPs) usando Laurus nobilis
L. e avaliando a sua atividade antiartrítica através de ensaios in vitro de desnaturação de proteínas e estabilização de membranas. Ann. Phytomed. 10(2):67-71.

110. Sagar P K, Murugeswaran R, Meena RP, Khan AS, Mageswari S, Sri PMD, Sajwan S, Ahmad SG. (2020). Padronização e desenvolvimento de monografias, HPTLC .Estudos de pesquisa de impressão digital da Formulação Poly Herbal Habb-e-Nishat Jadeed. Revista Europeia de Ciências Biomédicas e Farmacêuticas. 7(12), 210-218.

111. Kharashi, S. (2018). Papel do estresse oxidativo, inflamação, hipóxia e angiogênese no desenvolvimento da retinopatia diabética. Saudi J Ophthalmol. 32(4):318-323

112. Dilfuza, J., Kannepalli, A., Fayzullaeva, M., Khurshid, S., Dilbar, K., Zafarjon, J. e Sayyed, R. (2020). Isolamento e caraterização de bactérias endofíticas de gengibre (Zingiber offcinale). Ann. Phytomed. 9(1):116-121.

113. Bhatt, P., Patel, U., Modi, C., Pandya, K. e Patel, H. (2019). Cromatografia em camada fina e atividade de eliminação de radicais livres in vitro de algumas plantas medicinais dos arredores de Junagadh, Gujarat, Índia. Ann. Phytomed. 8(1):45-55.

114. Farmacopeia japonesa, (2021). A Farmacopeia Japonesa, Ministério da Saúde, Trabalho e Bem-Estar, www.pmda.go.jp. Acedido. 1 (3), 45-65.

115. Sagar PK, Khan AS, Sonali S. (2022). Estudos de farmacognosia, físico-químicos, toxicidade e evolução da qualidade da flor de calêndula - Tagetes erecta L. 4(2), 57-66.

116. Kameyama, Y., Matsuhama, M., Mizumaru, C., Saito, R., Ando, T., Miyazaki S. (2019). Estudo comparativo das farmacopeias do Japão, da Europa e dos Estados Unidos: rumo a uma maior convergência das normas internacionais de farmacopeia. Chem. Pharm. Bull. 67(12), 1301-1313.

117. Sagar PK, Khan AS, Sajwan S, Kashyap S, Ahmad R. (2024). Uma visão geral concisa sobre a investigação de normalização de medicamentos formulados e únicos à base de plantas ASU-TAM, produtos. 6(1), 86-95.

118. Giri X S, Dey G, Sahu R, Paul P ,Nandi G, Dua T K.(2023). Usos tradicionais, fitoquímica e actividades farmacológicas de Woodfordia fruticosa (L) Kurz: A Comprehensive Review. 85(1), 1-12.

119. Sagar P.K., *et.al.* (2023). Validação de padrões científicos e HPTLC. Estudos de impressão digital da Formulação Unani Poli-herbal Majoon-e-Maddat-ul-Hayat Jadwari, Journal of Scientific Research in Chemistry. 8(4), 14-29.

120. Anónimo (2021). Herbs-Dhataki (Woodfordia fruticosa) Herb Ayurvedic Overview, publicado pela página do Google- Wave Deep Ayurveda Editorial Team.

121. Najda A, Bains A, Chawla P, Kumar A, Balant S, Walasek-Janusz M, Wach D e Kaushik R.(2021). Avaliação do potencial anti-inflamatório e antimicrobiano de Extrato Etanólico das Flores de Woodfordia fruticosa: Análise GC-MS, Journal of Molecules. 26(23), 2-14.

122. Naaz A, Viquar U, Naikodi M A R, Siddiqui JI, Zakir M, Kazmi MH, Minhajuddin A.(2021). Desenvolvimento de Procedimentos Operacionais Padrão (SOPs), Padronização, TLC e HPTLC Fingerprinting de uma Formulação Unani Poliherbal. Jornal de Medicina Celular. 11(4), 1-9.

123. Sagar P K, Murugeswaran R, Meena R P, Ahmed M W, Ansari S A, Khair S, *et al.* (2020). Estudos de padronização e impressão digital HPTLC da formulação de poli-ervas - Itrifal Haamaan. Jornal Internacional de Ayurveda e Química Farmacêutica. 12(3), 220-232.

124. Dr. Ramya Rao, Dr. Naveen V, Dr. Shivamanjunath M.P, Dr. Seema Pradeep.(2022). Indravaruni moola (Citrullus colocynthis) A pharmacognostic research, International Journal of Research and Analytical Reviews. 09(02), 419-430.

125. Jadhav, S.,Singh, A., Jagtap, S. (2022). Sariva: plantas medicinais indianas de largo espetro e papel da cromatografia na sua autenticação, A Journal of Physical Sciences, Engineering and Technology. 14(03), 58-69.

126. Yousuf, M., Mohammad, H., Zamal, R. (2018).Padronização, controlo de qualidade e revisão farmacológica sobre Asparagus racemosus willd, Journal of Hamdard University Bangladesh. 4(02), 1-21.

127. Suman, A., Prasad, M. (2019). Padronização farmacognóstica de Albizia lebbeck (L.) Benth (Fabaceae), Journal of Drug Delivery and Therapeutics. 9(4-s), 1129-1137.

128. Verma, A., Kumar, B., Alam, P., Singh, V., Gupta, S. (2016). Rubia cordifolia - Uma revisão sobre farmacognosia e fitoquímica, International Journal of Pharmaceutical Science and Research. 07(7), 2720-2731.

129. Thakur, T., Ravinder, V., Sharma, S., Thamman, R. (2022). Uma revisão sobre Bauhinia variegata e seus fitoconstituintes, Um Jornal Internacional de Pesquisa em AYUSH e Sistemas Aliados. 9(03), 94-99.

130. Satpudke, S., Pansare, T. (2019). Estudo comparativo in vivo do efeito antidiabético de extractos aquosos de Khadira (Acacia catechu willd.) e Arjuna (Terminalia arjuna Roxb.), Revista Internacional de Investigação em Farmácia e Ciência. 9(02), 22-35.

131. Faiza, M., Boufadi, M., Keddari, S., Abdelkader, H. (2020). Composição química e propriedades antimicrobianas do extrato de Elettaria cardamomum, Um Jornal Multifacetado no Campo dos Produtos Naturais e Farmacognosia. 12(05), 1058-1063.

132. Wael, A., *et al.* (2022).Óleos essenciais de grãos de Elettaria cardamomum (L.) Maton e cascas de Cinnamomum verum J. Persal: Chemical examination and bioactivity studies, Journal of Pharmacy and Pharmacognosy Research. 10(01), 173-185.

133. . Garg, M., Dwivedi, N. (2021). Estudos físico-químicos e fitoquímicos sobre Sphaeranthus indicus Linn. Com impressão digital HPTLC, Journal of Drug Delivery and Therapeutics. 11(02), 100-107.

134. Chen S, Wang H, Su Y, John JV, McCarthy A, Wong SL, Xie J (2020). Andaimes 3D personalizados carregados de células-tronco mesenquimais com estrutura controlada e alinhamento de fibras promovem a cicatrização de feridas diabéticas. Ata Biomater. 108(1), 153-167.

Artigo publicado

1. **Pankaj H. Naikwadi**, Narendra D. Phatangare, Rahul Waghmare e **Dhananjay V. Mane** (2022). Stevioside potente composto anti-inflamatório de Woodfordia floribunda Salisb. Ann. Phytomed., 11(2): 447-454.

2. **Pankaj H. Naikwadi**, Narendra D. Phatangare e **Dhananjay V. Mane** (2022). Estudo etanofarmacológico anti-inflamatório de fitol em extrato etanólico de *Woodfordia floribunda* Salisb. Ann. Phytomed, 11(2) : 1-12.

3. **Pankaj H. Naikwadi**, Narendra D. Phatangare e **Dhananjay V. Mane** (2022).Potência anti-inflamatória ativa do Y-Sitosterol de *Woodfordia floribunda* Salisb.Journal of Plant Science Research 38 (2) 691-700.

4. **Pankaj H. Naikwadi**, Narendra D. Phatanagre, Tukaram R. Gaje, Suresh G. Muthe e **Dhananjay V. Mane** (2022). Síntese verde de nanopartículas de prata e caraterização de *Woodfordia floribunda* Salisb. Extrato aquoso de folhas e sua atividade anti-inflamatória. Ann. Phytomed., 11(2): 755764.

5. **Pankaj H. Naikwadi**, Narendra D. Phatangare e **Dhananjay V. Mane** (2023). Phorbol um composto anti-inflamatório ativo de *Woodfordia floribunda* Salisb. Boletim Químico Europeu. 2023, 12(Special Issue 5), 10461062.

6. **Pankaj H. Naikwadi**, Narendra D. Phatangare e **Dhananjay V. Mane** (2023). Isolamento e Caracterização de Lupeol das folhas de *Woodfordia floribunda* Salisb e sua atividade Antinflamatória. Avanços em Bioresearch. 14 (1), 165-175.

7. **Pankaj H. Naikwadi,** Narendra D. Phatangare e **Dhananjay V. Mane** (2024). Preparação e Caracterização de nano partículas de prata de Woodfordia floribunda Salisb. como abordagem verde e actua como catalisador proeminente na reação de Biginelli. Nanoscience and Technology-An International Journal.... Comunicado.

Documento apresentado

1. O estudo GC-MS dos extractos *de Woodfordia floribunda* Salisb. Conferência Virtual Internacional sobre o Cenário Atual em Ciências Químicas (CSCS - 2022) organizada pela Escola de Ciências Químicas, Moolji Jaitha College (Autónoma), Jalgaon (MS), Índia, nos dias 16 e 17 de setembro de 2022.

2. Estudo Fitoquímico de *Woodfordia floribunda* Salisb. Workshop Nacional

sobre Tendências Recentes em Biodiversidade (RTB-2023) realizado em 10th e 11th fevereiro de 2023.no Adv. M.N. Deshmukh Arts, Science and Commerce College Rajur.

Printed by Books on Demand GmbH, Norderstedt / Germany